T0135828

כתבי האקדמיה הלאומית הישראלית למדעים

PUBLICATIONS OF THE ISRAEL ACADEMY
OF SCIENCES AND HUMANITIES

SECTION OF SCIENCES

FLORA PALAESTINA

EQUISETACEAE TO UMBELLIFERAE

by

MICHAEL ZOHARY

ERICACEAE TO ORCHIDACEAE

by

NAOMI FEINBRUN-DOTHAN

FLORA PALAESTINA

PART TWO · PLATES

PLATANACEAE TO UMBELLIFERAE

BY

MICHAEL ZOHARY

JERUSALEM 1987

THE ISRAEL ACADEMY OF SCIENCES AND HUMANITIES

First Printing 1972
Second Printing 1987

Drawings by Mrs Esther Huber, Mrs Ruth Koppel,
Mrs Katty Torn and Mrs Dulic Amsler

ISBN 965-208-000-4
ISBN 965-208-002-0

Printed in Israel

CONTENTS

PLATES

x4

1. Platanus orientalis L.   דֹּלֶב מִזְרָחִי

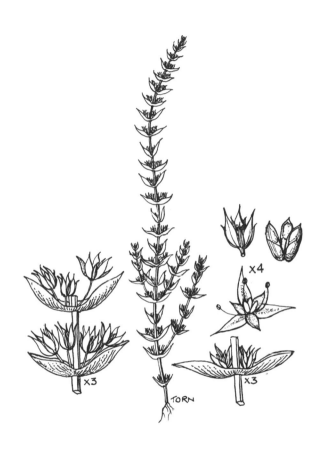

2. Crassula alata (Viv.) Berger קְרַסּוּלָה מְכֻנֶּפֶת

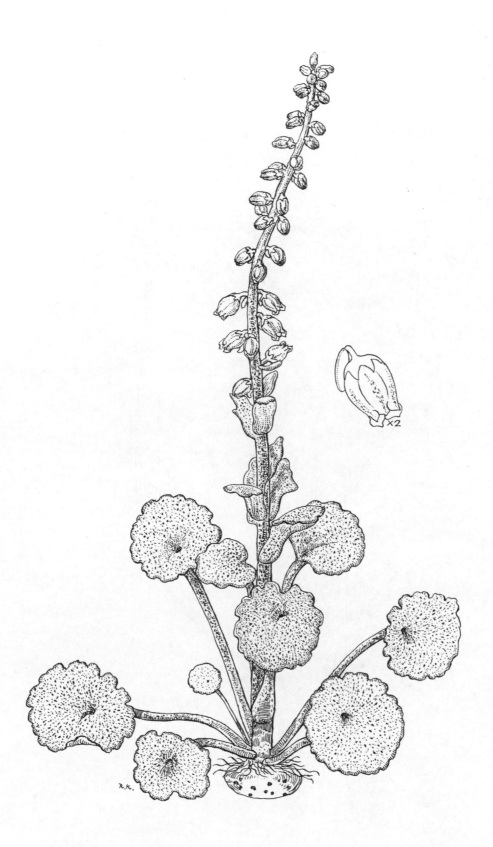

3. Umbilicus intermedius Boiss. טַבּוּרִית נְטוּיָה

x10

x3

4. Rosularia libanotica (L.) Sam.   שׁוֹשַׁנְתִּית הַלְּבָנוֹן

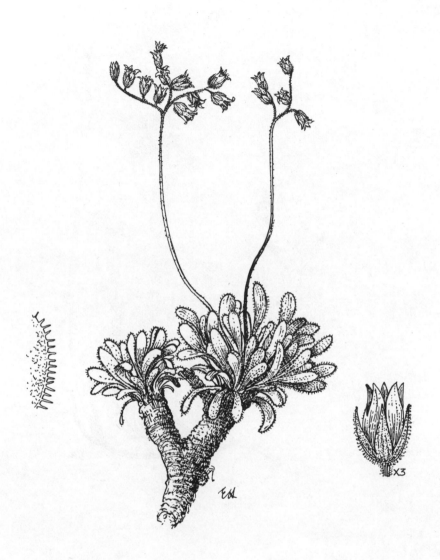

5. Rosularia lineata (Boiss.) Berger שׁוֹשַׁנְתִּית מְשֻׂרְטֶטֶת

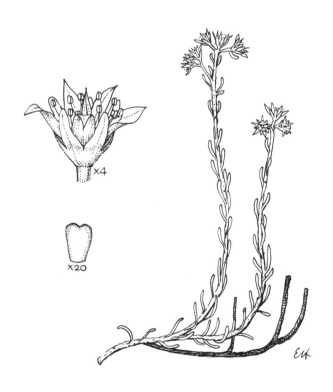

6. Sedum laconicum Boiss. et Heldr. צוּרִית יְוָנִית

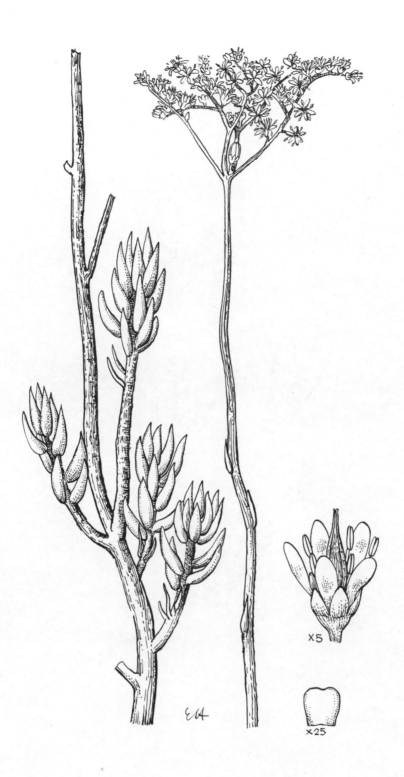

7. Sedum nicaeense All.   צוּרִית גְּבוֹהָה

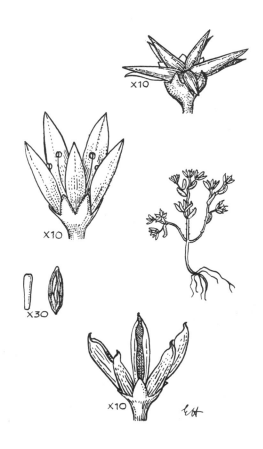

8. Sedum caespitosum (Cav.) DC. צוּרִית אֲדֻמָּה

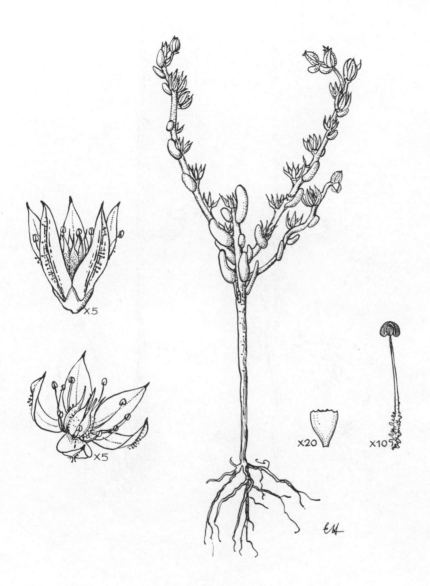

9. Sedum pallidum M.B. צוּרִית חִוֶּרֶת

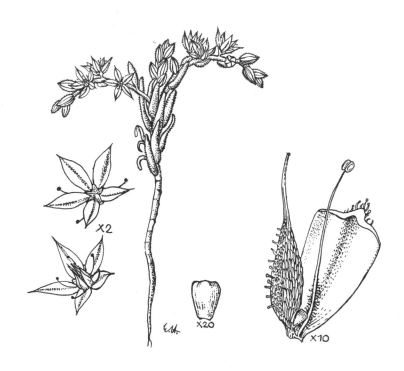

10. Sedum rubens L. צורית בלוטית

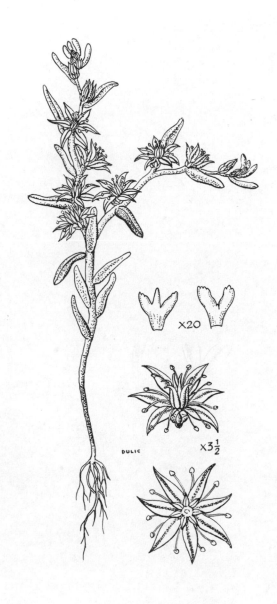

×20

×3½

DULIC

11. Sedum hispanicum L.　צוּרִית סְפָרַדִּית

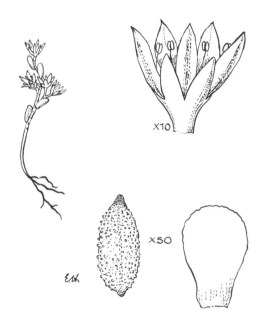

12. Sedum litoreum Guss.   צוּרִית חוֹפִית

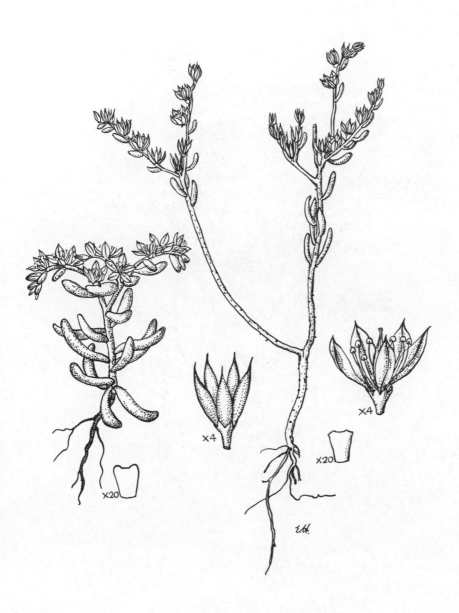

13. *Sedum palaestinum* Boiss. צוּרִית אֲרַצְיִשְׂרְאֵלִית

14. Sedum microcarpum (Sm.) Schönl. צוּרִית קְטַנַּת־פְּרִי

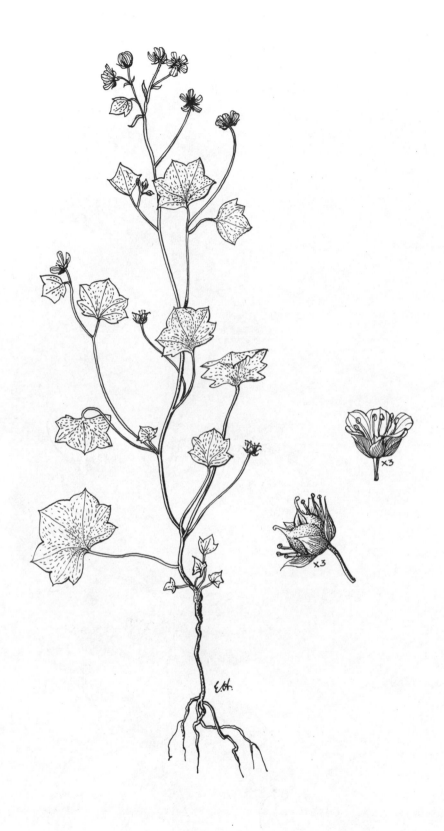

15. Saxifraga hederacea L.　בְּקַעֲצוּר הַחֹרֶשׁ

16. Rubus sanguineus Frivaldszk. פֶּטֶל קָדוֹשׁ

17. Rubus tomentosus Borkh.   פֶּטֶל לָבִיד

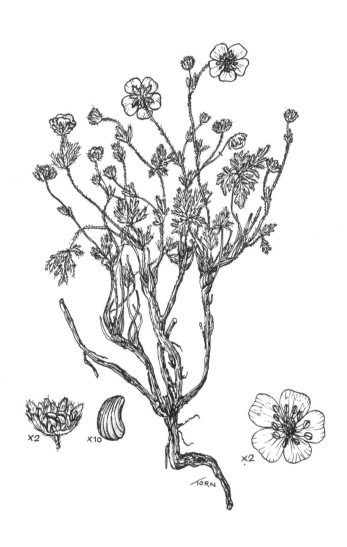

18. Potentilla geranioides Willd. חַמְשַׁן נָדִיר

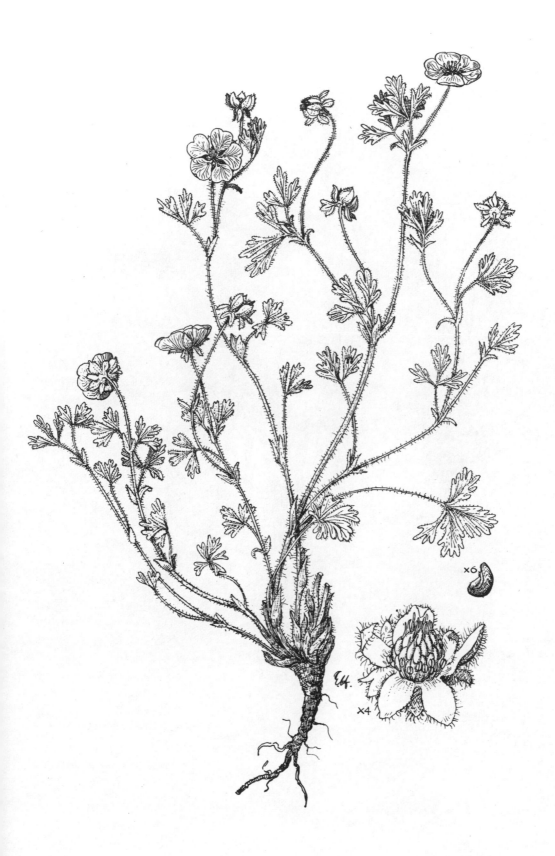

19. Potentilla reptans L. חַמְשָׁן זוֹחֵל

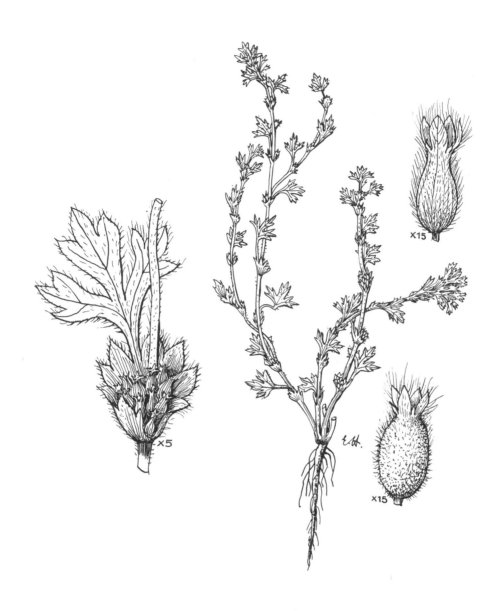

20. Aphanes arvensis L. עֲטִיָּה זְעִירָה ‏20·

21. Agrimonia eupatoria L. אַבְגָּר צָהֹב

Torn

×2

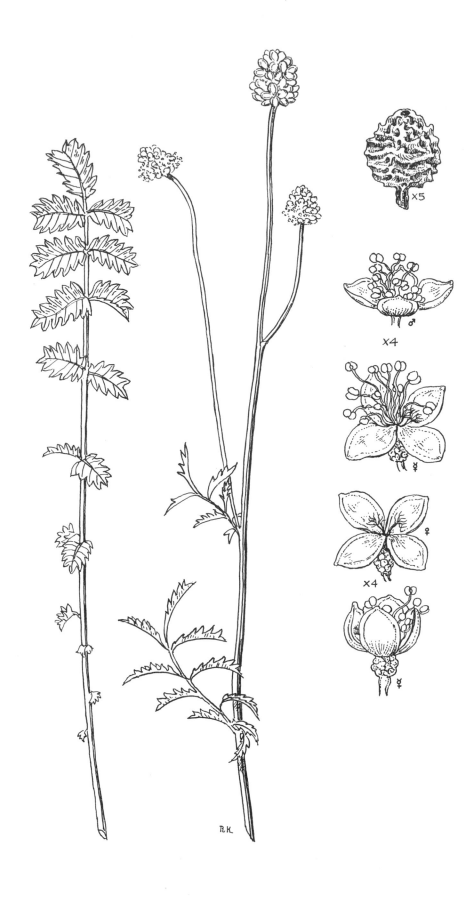

22. Sanguisorba minor Scop. ssp. verrucosa (Link) Holmboe בֶּן־סִירָה קָטָן תַּת־מִין מְיֻבָּל.

23. Sarcopoterium spinosum (L.) Sp.　סִירָה קוֹצָנִית

X3

DULIC

24. Rosa canina L. וֶרֶד הַכֶּלֶב

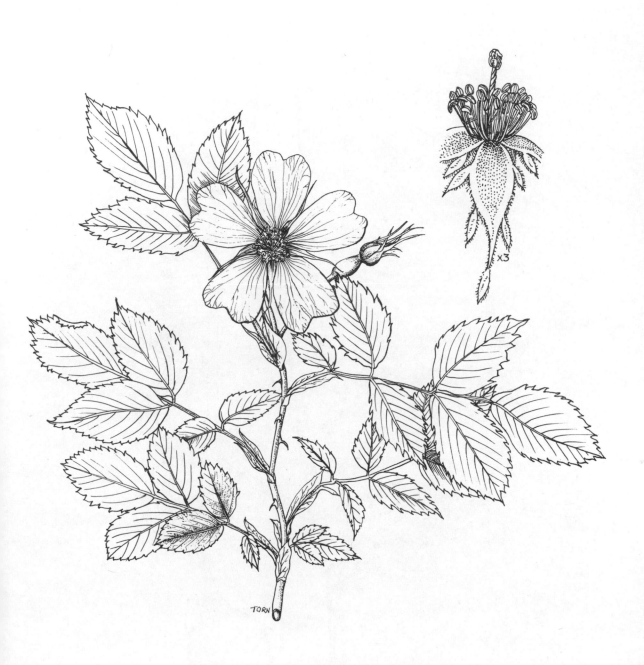

25. Rosa phoenicia Boiss. וֶרֶד צִידוֹנִי

26. Pyrus syriaca Boiss. אַגָּס סוּרִי

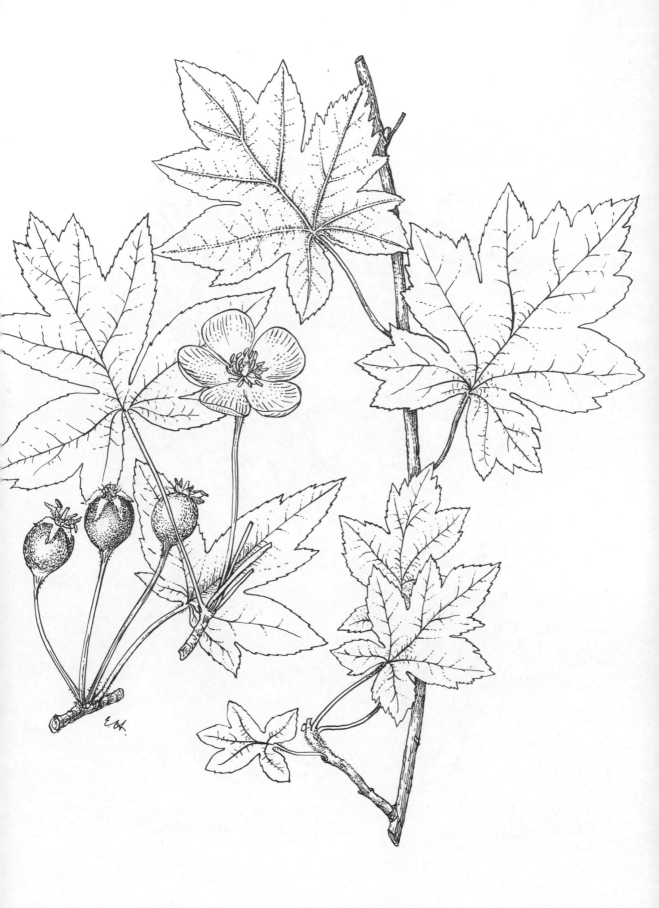

27. Eriolobus trilobatus (Labill.) M. Roem. חֻזְרָר הַחֹרֶשׁ

28. Crataegus azarolus L.　עֻזְרָר אָדֹם

29. Crataegus aronia (L.) Bosc. עֻזְרָר קוֹצָנִי

30. Crataegus עֻזְרָר חַד־גַּלְעִינִי
monogyna Jacq.

31. Amygdalus communis L.   שָׁקֵד מָצוּי

32. Amygdalus korschinskii (Hand.-Mazzetti) Bornm. שָׁקֵד קְטַן־עָלִים

33. Amygdalus orientalis Mill.   שָׁקֵד מִזְרָחִי

34. Amygdalus arabica Oliv.   שָׁקֵד עֲרָבִי

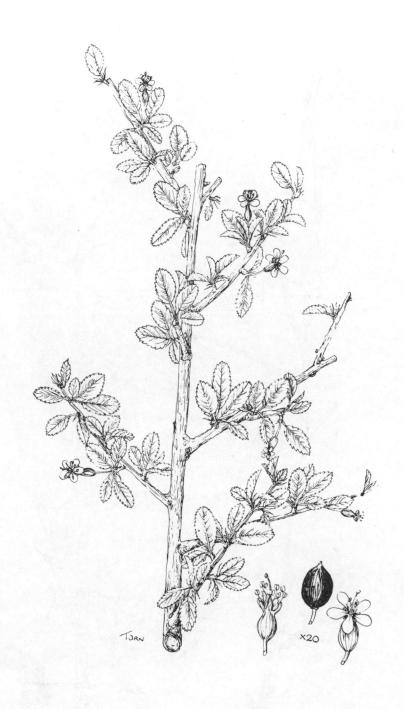

35. Cerasus microcarpa (C.A. Mey.) C. Koch דֻּבְדְּבָן שָׂרוּעַ

36. Prunus ursina Ky.   שְׁזִיף הַדֹּב

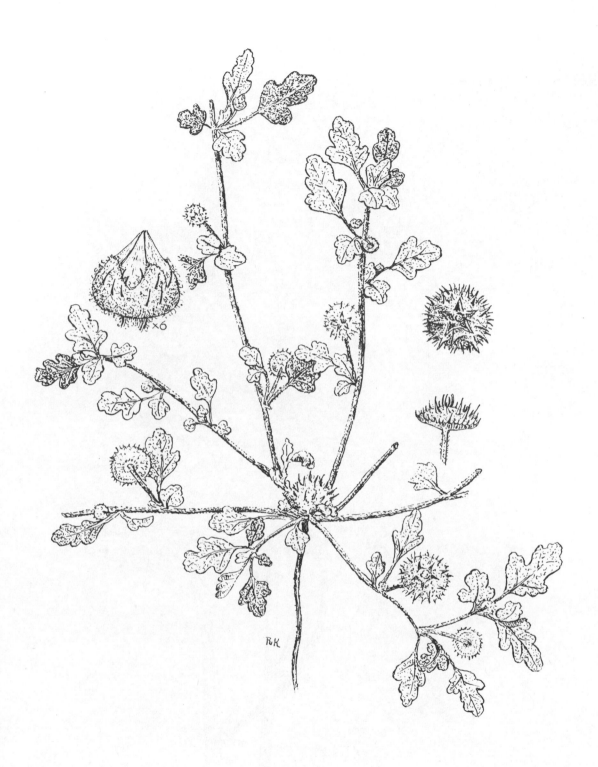

37. Neurada procumbens L. כַּפְתּוֹר הַחוֹלוֹת

38. Acacia albida Del.   שִׁטָּה מַלְבִּינָה

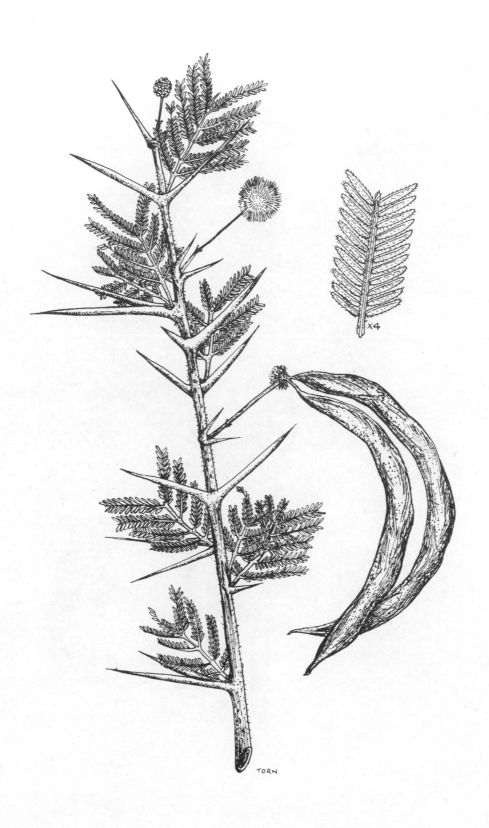

39. Acacia gerrardii Benth. ssp. negevensis Zoh.   שִׁטַּת הַנֶּגֶב

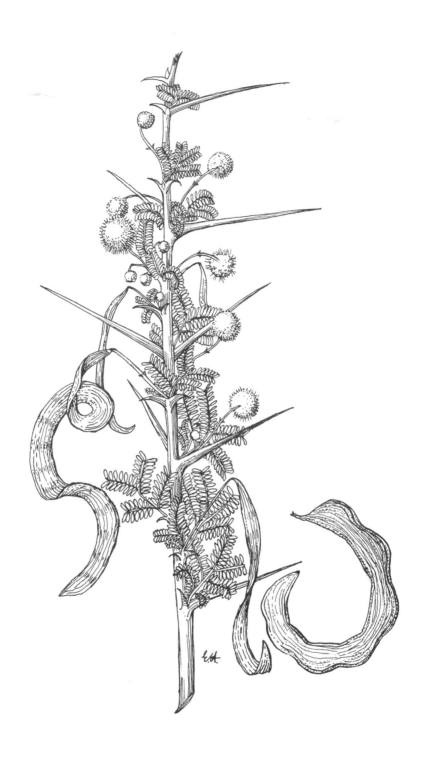

40. Acacia raddiana Savi   שִׁטָּה סְלִילָנִית

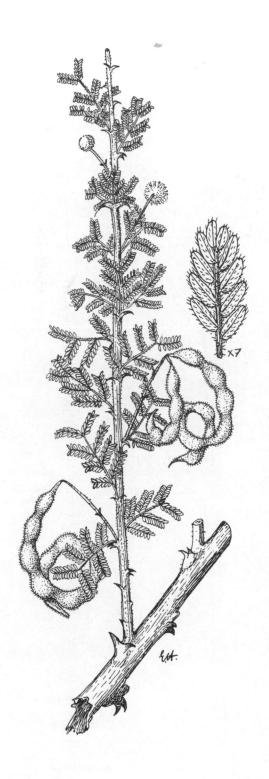

41. Acacia tortilis (Forssk.) Hayne שִׁטַּת הַסּוֹכֵךְ

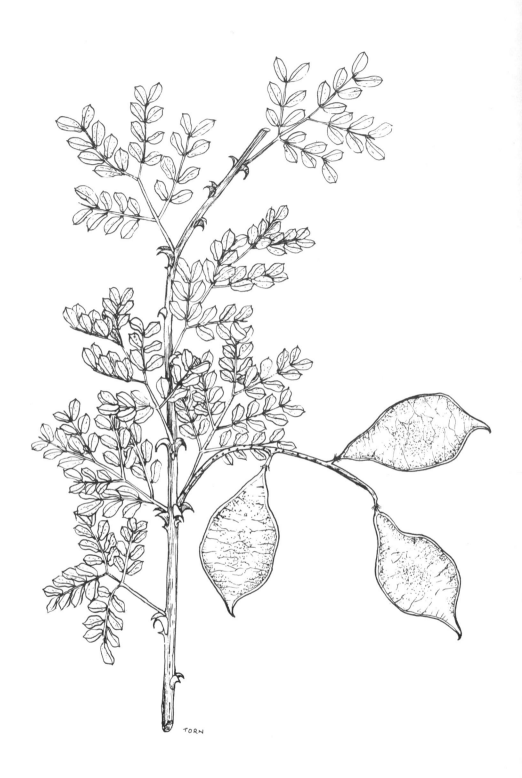

42. Acacia laeta R. Br.   שִׁטָּה רַעֲנָנָה

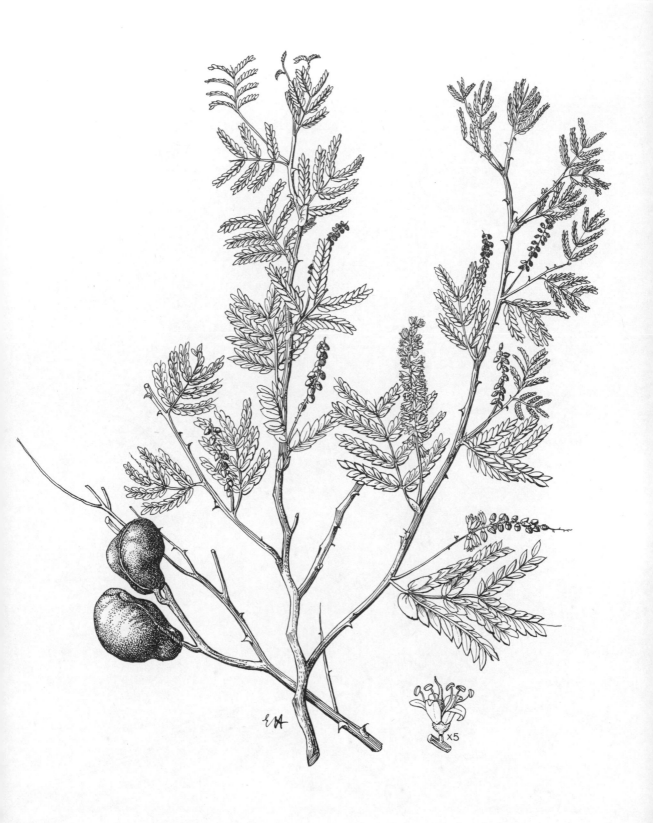

43. Prosopis farcta (Banks et Sol.) Macbride יַנְבּוּט הַשָּׂדֶה

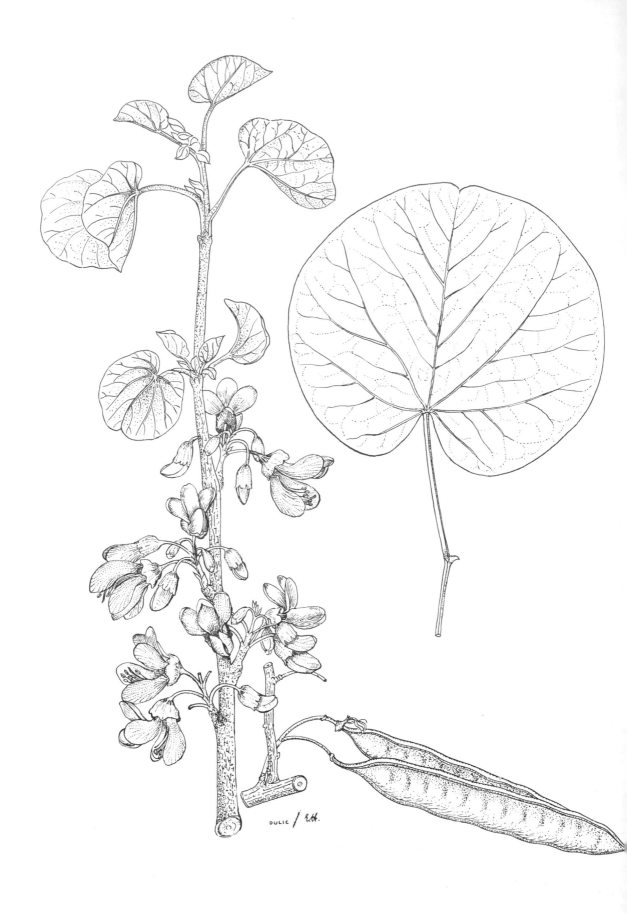

44. Cercis siliquastrum L.   כְּלִיל הַחֹרֶשׁ

45. Ceratonia siliqua L.   חָרוּב מָצוּי

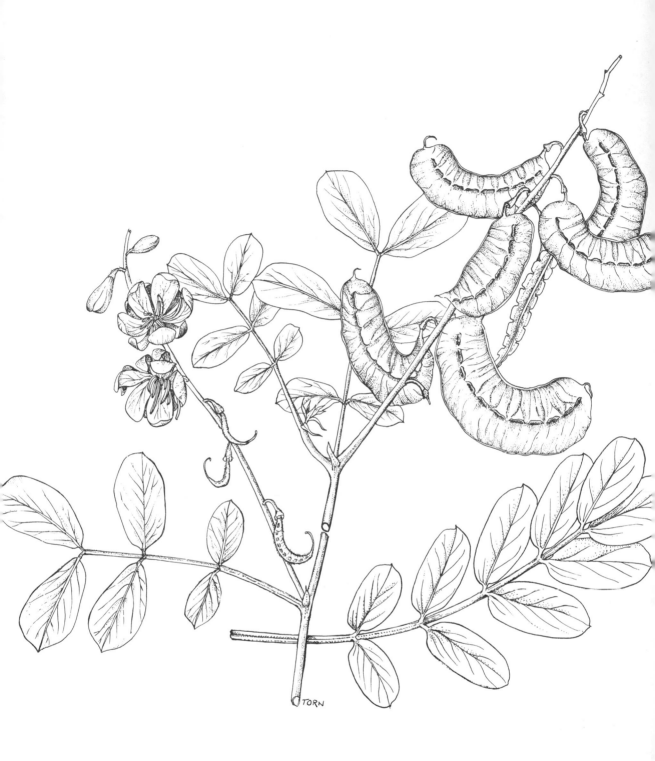

46. Cassia italica (Mill.) Lam. כַּסִּיָּה מִדְבָּרִית

47. Cassia senna L. ‏כַּסְיָה מְחֻדֶּדֶת‎

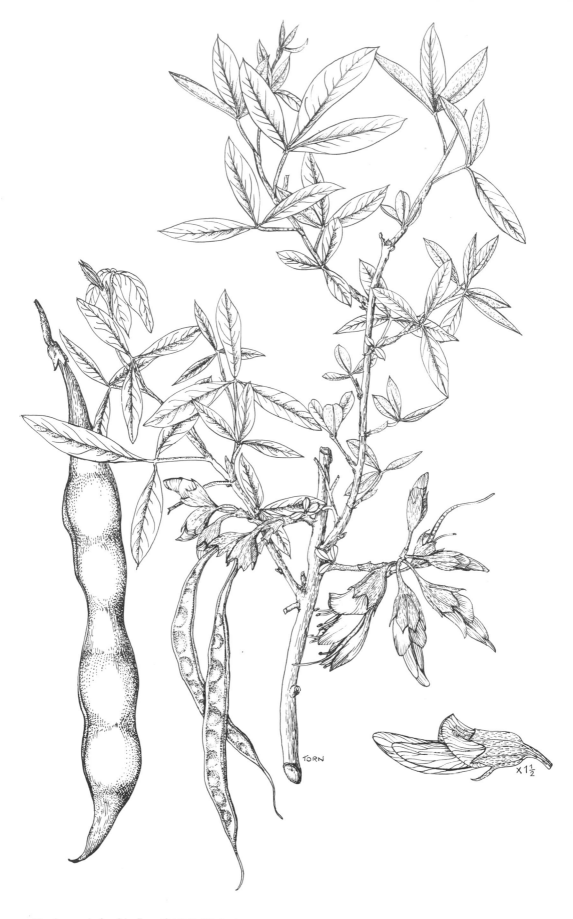

48. Anagyris foetida L. צַחֲנָן מַבְאִישׁ

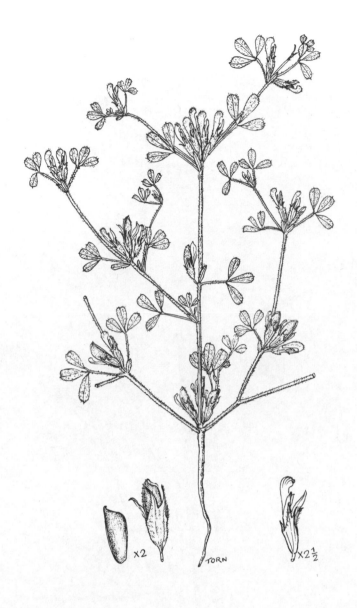

x2 TORN X2½

49. Lotononis platycarpa (Viv.) Pichi-Sermolli   לוֹטוֹנִית מְדֻקְרֶנֶת

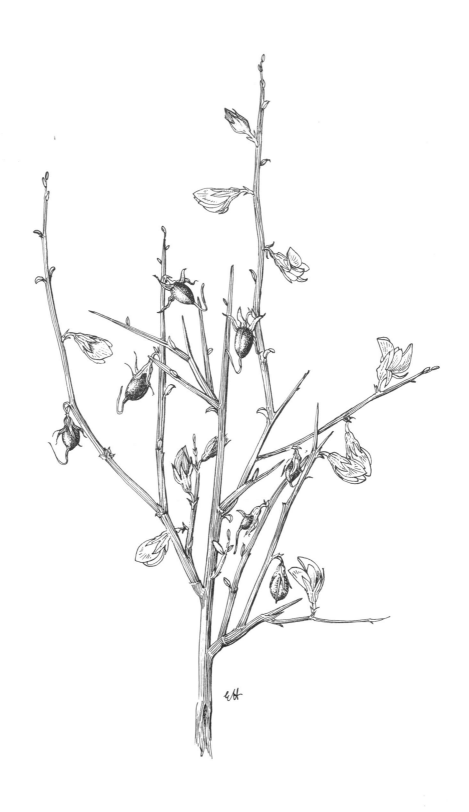

50. Crotalaria aegyptiaca Benth. קְרוֹטַלַרְיָה מִצְרִית

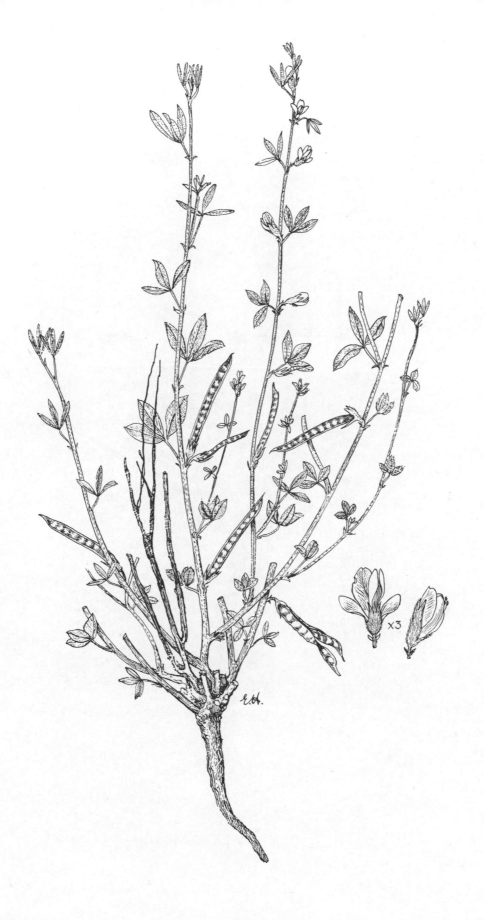

51. Argyrolobium uniflorum (Decne.) Jaub. et Sp. כְּסַפְסַף חַד־פִּרְחִי

52. Argyrolobium crotalarioides Jaub. et Sp.   כְּסַפְסַף רְחַב־פְּרִי

53. Lupinus varius L. ssp. orientalis Franco et P. Silva תֻּרְמוֹס הֶהָרִים תַּת־מִין מִזְרָחִי

54. Lupinus palaestinus Boiss.　תֻּרְמוֹס אֶרֶצִישְׂרְאֵלִי

55. Lupinus albus L. ssp. albus   תֻּרְמוֹס תַּרְבּוּתִי

TORN

56. Lupinus micranthus Guss.   תֻּרְמוֹס שָׂעִיר

57. Lupinus angustifolius L.   תֻּרְמוֹס צַר־עָלִים

58. Lupinus luteus L.   תֻּרְמוֹס צָהֹב   TORN

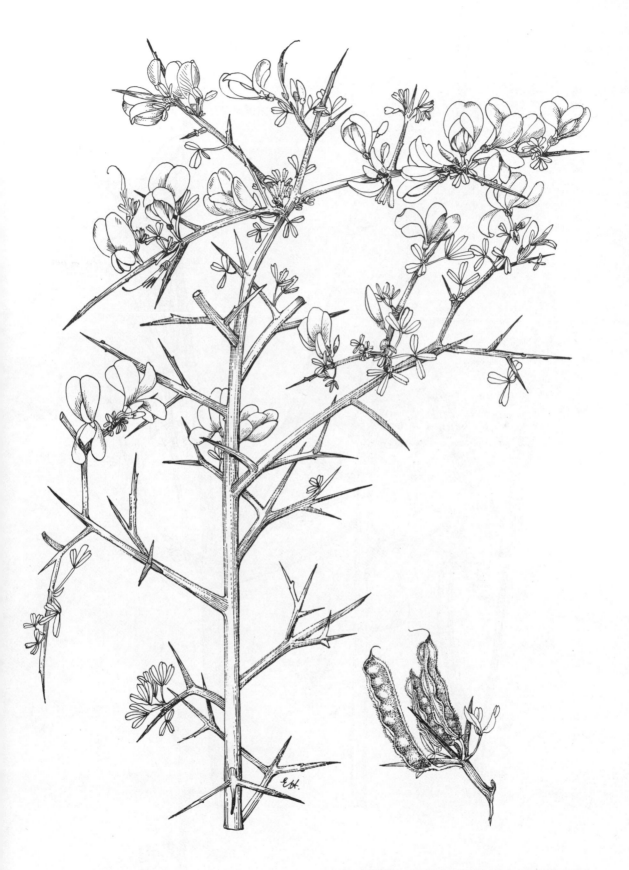

59. Calycotome villosa (Poir.) Link קְדָה שְׂעִירָה

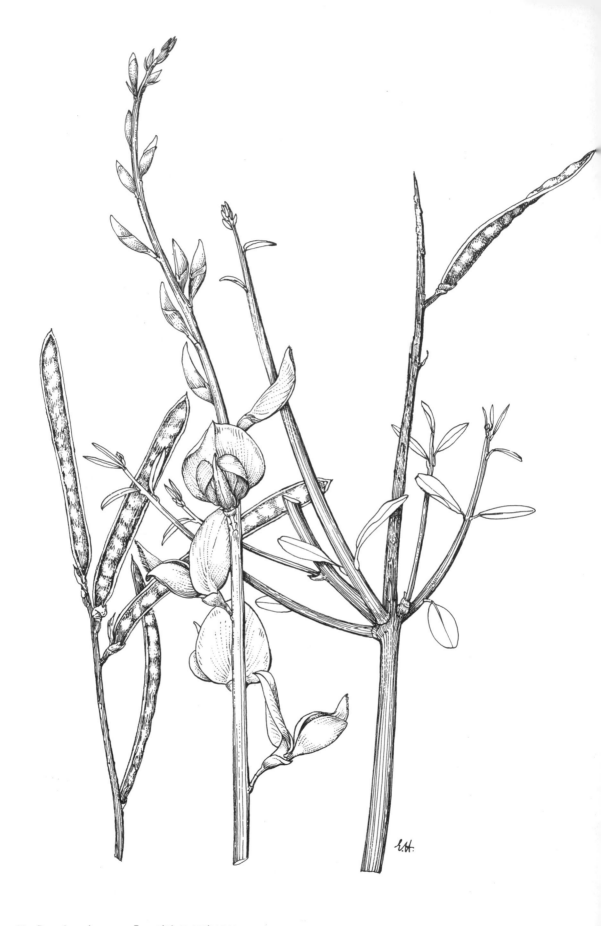

60. Spartium junceum L. אֲחִירֹתֶם הַחֹרֶשׁ

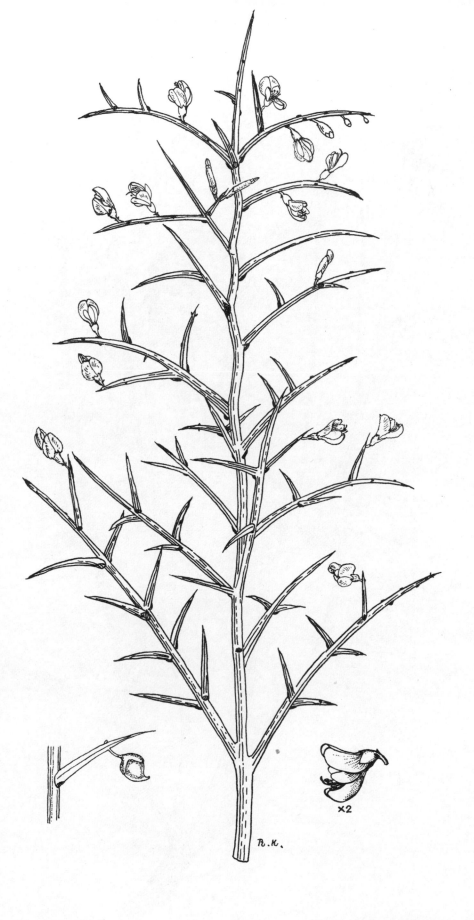

×2

61. Genista fasselata Decne. רְתָמָה קוֹצָנִית

62. *Gonocytisus pterocladus* (Boiss.) Sp.   צֶלָעָן הַגָּלִיל

x2

63. Retama raetam (Forssk.) Webb   רֹתֶם הַמִּדְבָּר

64. Indigofera oblongifolia Forssk.   נִיל דַּל־עָלִים

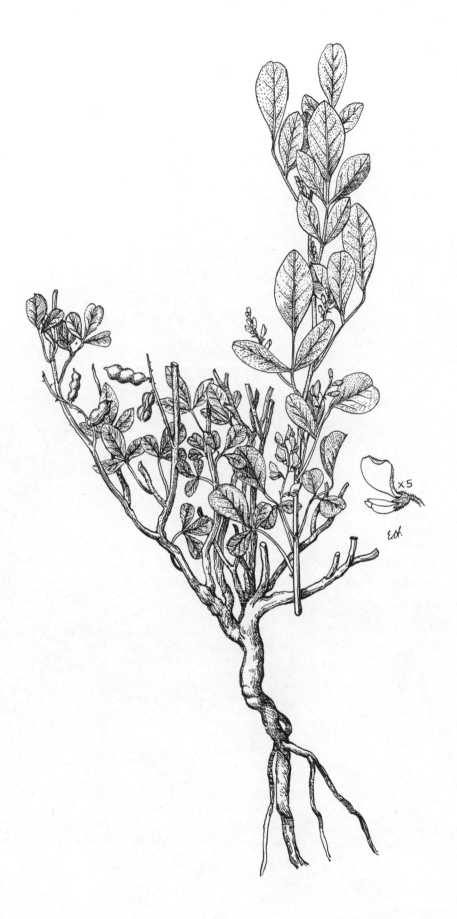

65. Indigofera articulata Gouan ניל מַכְסִיף

66. Psoralea bituminosa L.   שַׁרְעוֹל שָׂעִיר

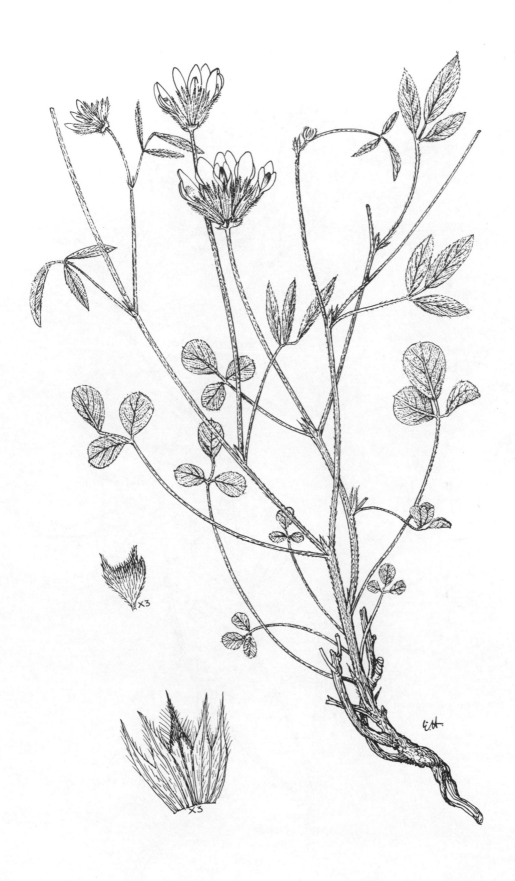

67. Psoralea flaccida Nab. שַׁרְעוֹל אֲדוֹמִי

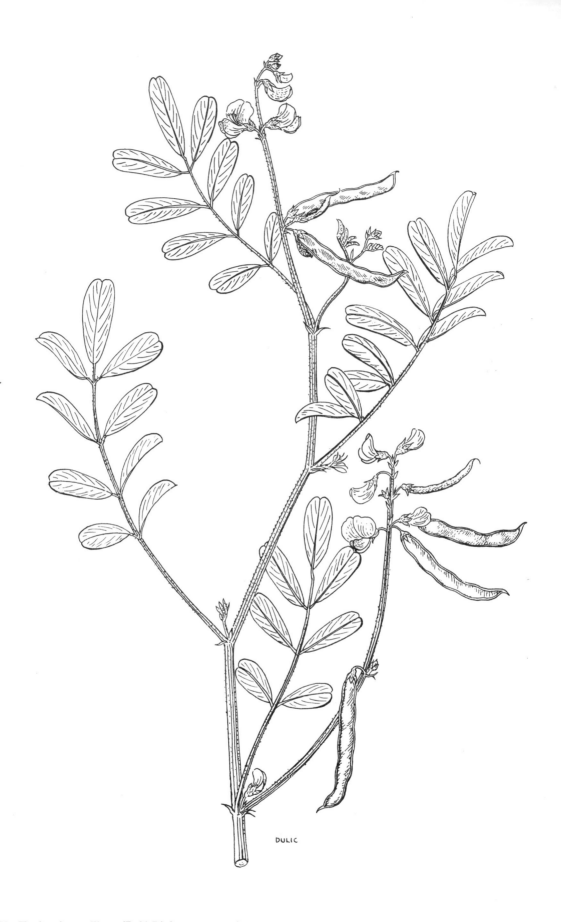

68. Tephrosia apollinea (Del.) Link טֶפְרוֹסְיָה נָאָה

DULIC

69. Tephrosia nubica (Boiss.) Baker var. abyssinica (Jaub. et Sp.) Schweinf. טֶפְרוֹסְיָה נוּבִּית זַן חַבַּשִׁי

70. Colutea cilicica Boiss. et Bal.   קַרְקָשׁ קִילִיקִי

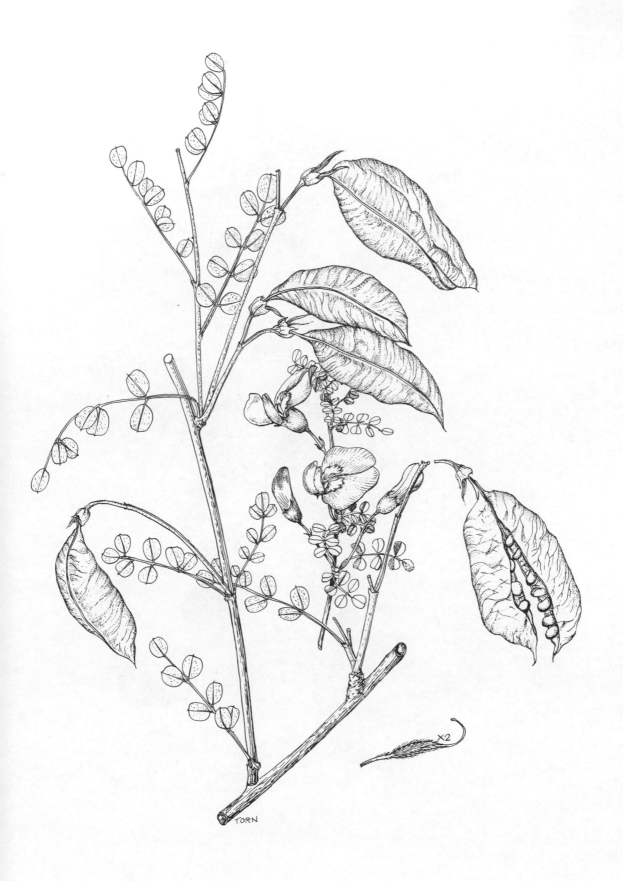

71. Colutea istria Mill. קַרְקַשׁ צָהֹב

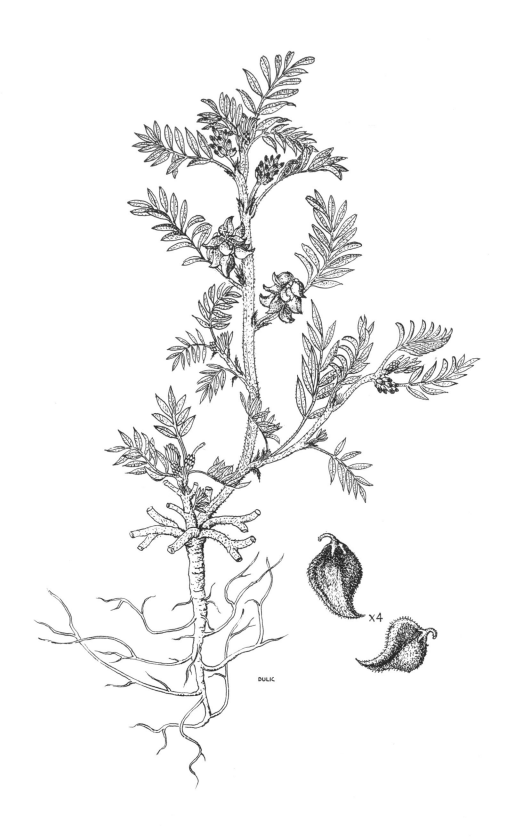

72. Astragalus epiglottis L. קֶדֶד זָעִיר

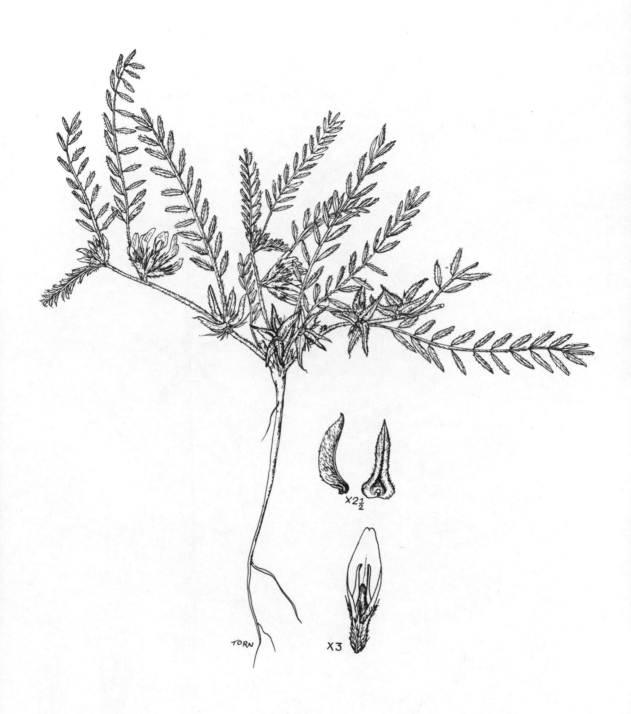

73. Astragalus tribuloides Del. קֶדֶד קְטַבִּי

74. Astragalus cruciatus Link   קֶדֶד מַצְלִיב

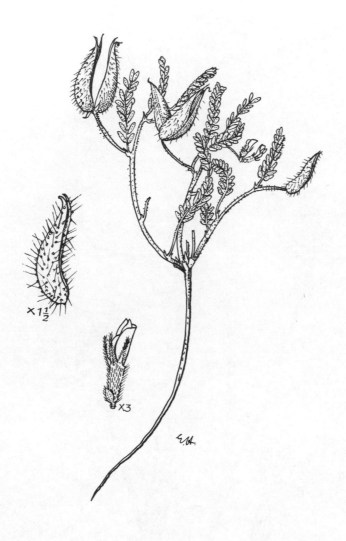

75. Astragalus transjordanicus Sam. קֶדֶד עֵבֶר־הַיַּרְדֵּנִי

X2

TORN

X1½

76. **Astragalus schimperi** Boiss.   קָדַד שִׁימְפֶּר

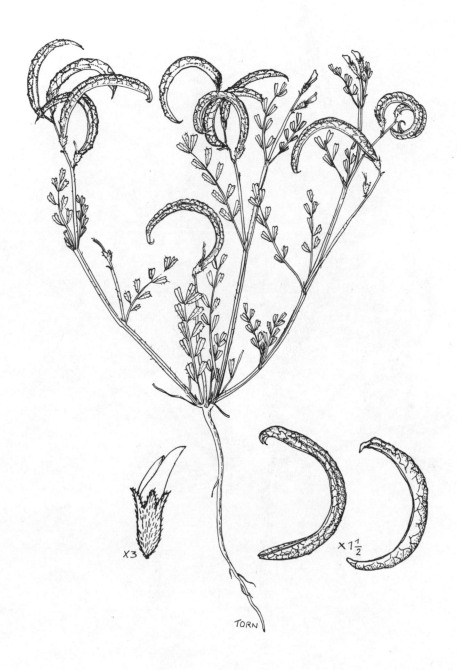

77. Astragalus corrugatus Bertol. קֶדֶד מְקֻמָּט

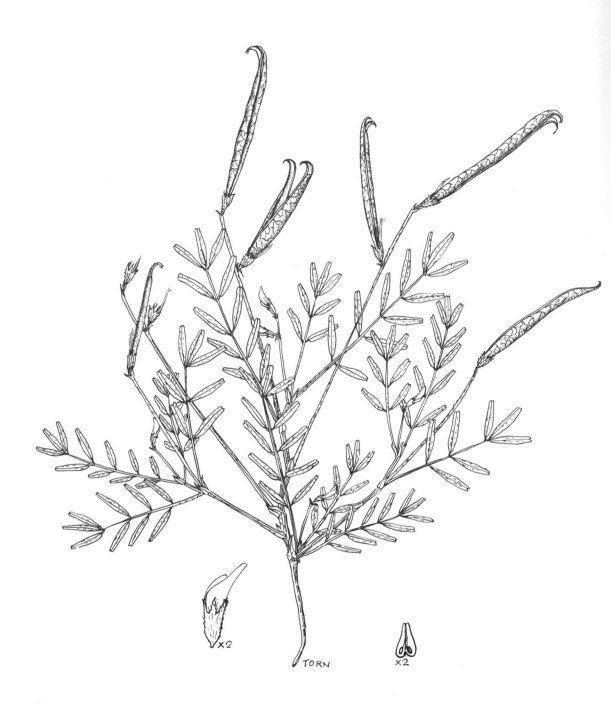

78. Astragalus negevensis Zoh. et Fertig קֶדֶד דַּמַּשְׂקָאִי

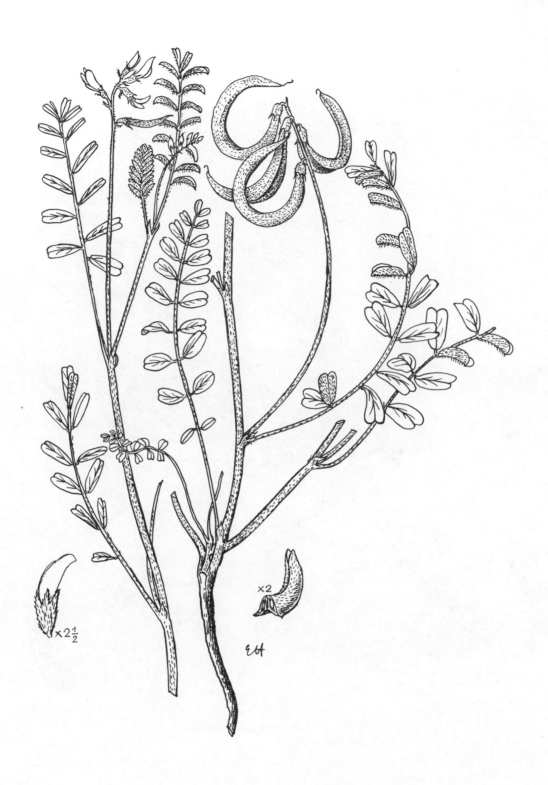

79. Astragalus trimestris L. קֶדֶד אָפִיל

X3

X2

TORN

80. **Astragalus gyzensis Del.**   קְדַד מִדְבָּרִי

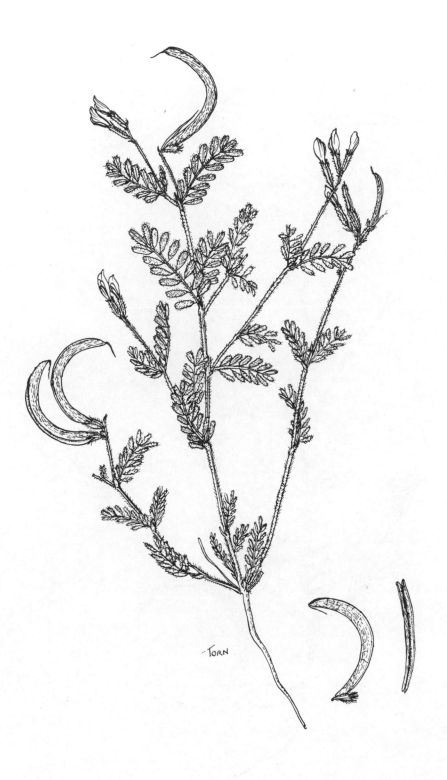

TORN

81. Astragalus intercedens Sam. קֶדֶד יַם־הַמֶּלַח

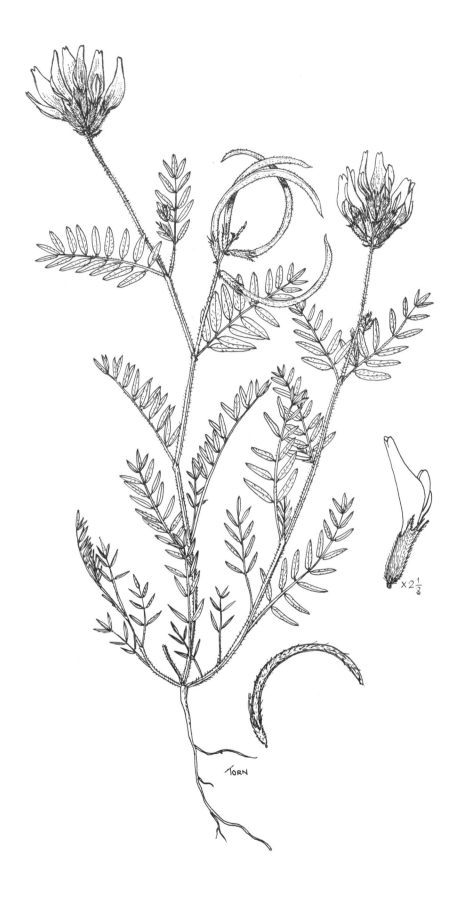

82. Astragalus callichrous Boiss. קֶדֶד יָפֶה

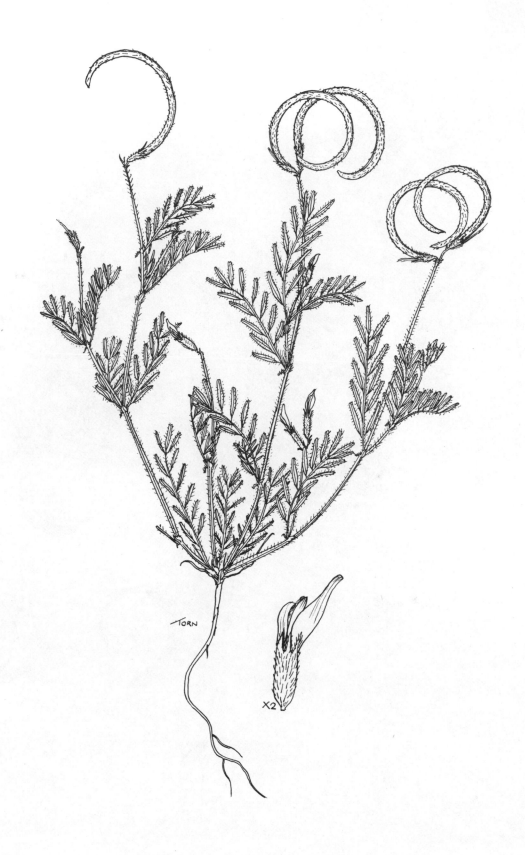

83. Astragalus hispidulus DC. קֶדֶד שָׂעִיר

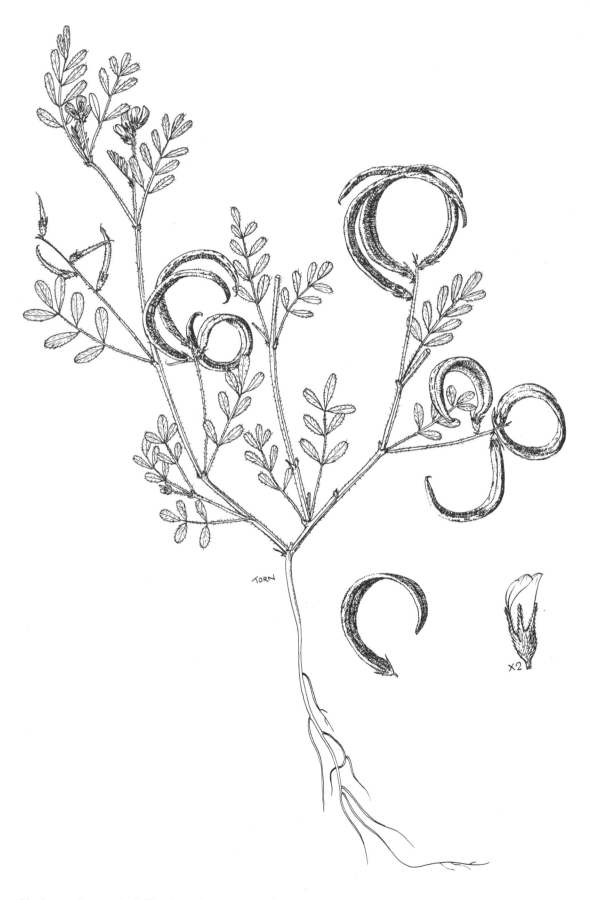

TORN

×2

84. Astragalus annularis Forssk. קֶדָד הַטַּבָּעוֹת 84.

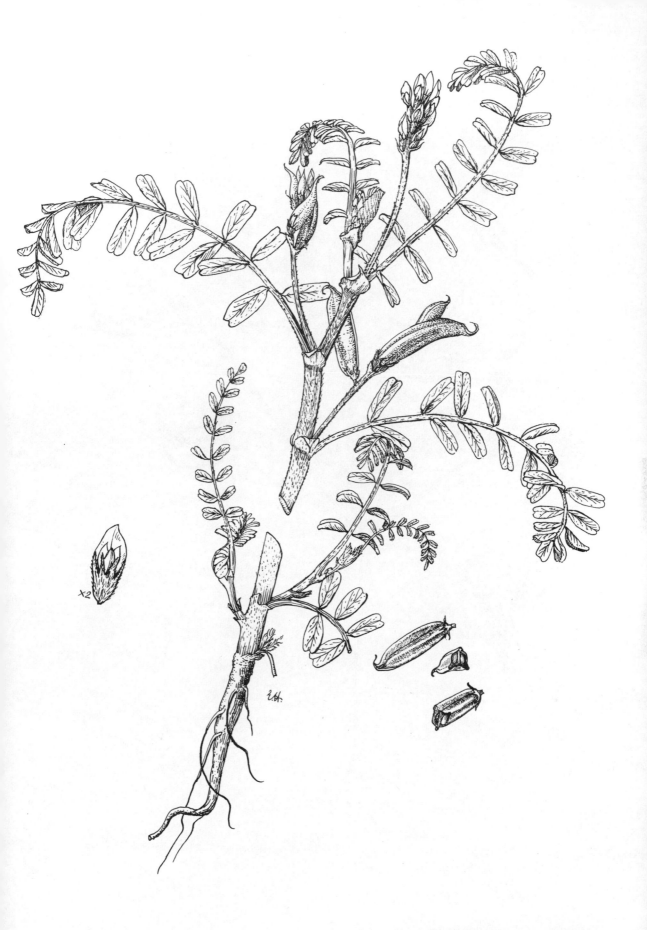

85. Astragalus boeticus L. קֶדֶד סְפָרַדִּי

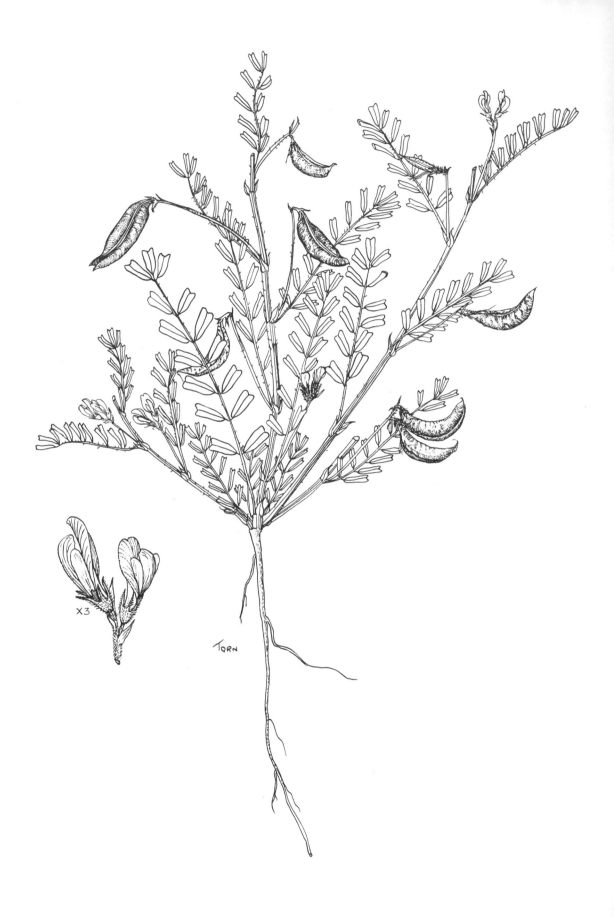

X3
TORN

86. Astragalus guttatus Banks et Sol. קֶדֶד מְכֻפָּל

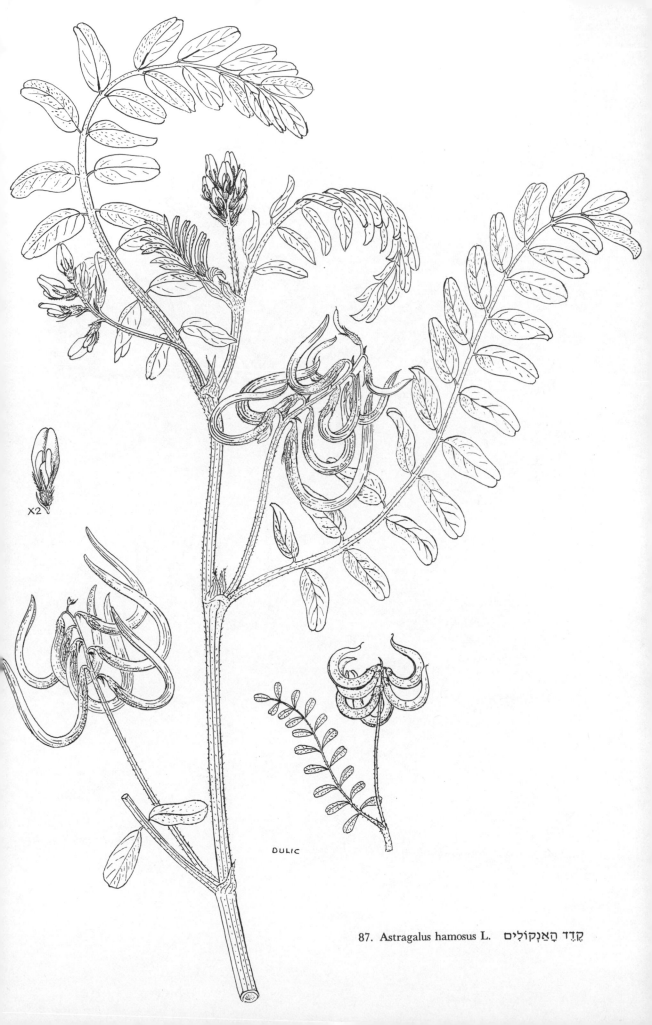

X2
DULIC

87. Astragalus hamosus L. קֶדֶד הָאַנְקוֹלִים

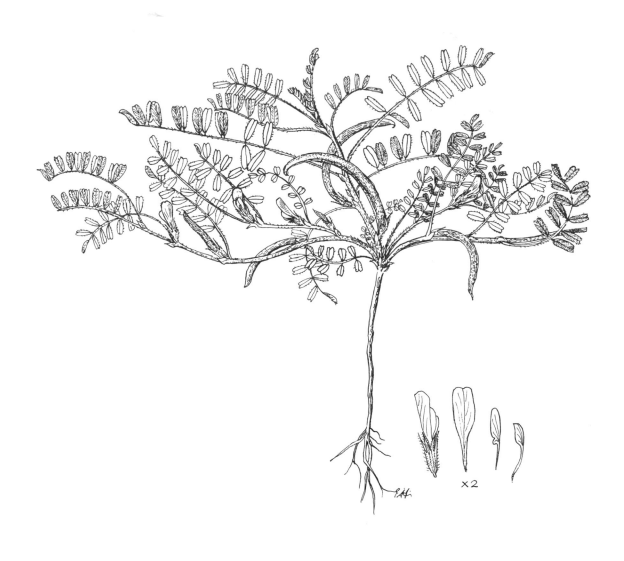

88. Astragalus scorpioides Pourr. קֶדֶד עַקְרַבִּי

89. Astragalus palaestinus Eig ssp. palaestinus קֶדֶד אֶרֶצְיִשְׂרְאֵלִי תַּת־מִין טִיפּוּסִי

X2

X1½

Torn

X2

X1½

90. **Astragalus bombycinus Boiss.** קְדַד מְשִׁינִי

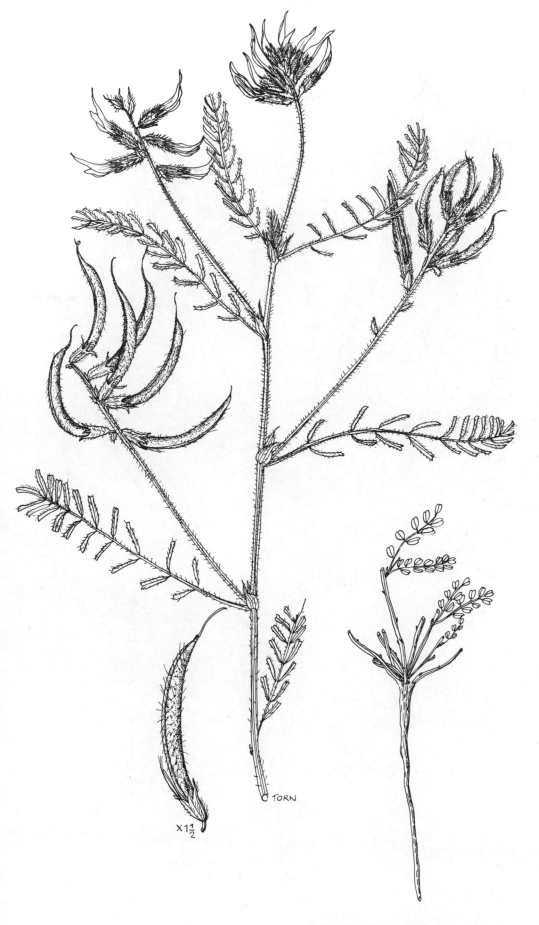

91. Astragalus berytheus Boiss. et Bl. קֶדֶד בֵּירוּתִי

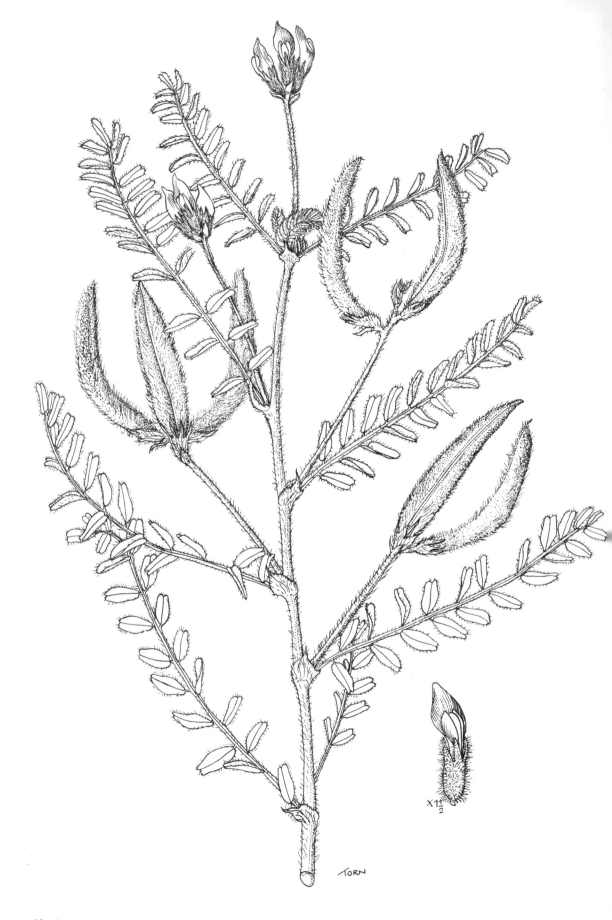

X1½
TORN

92. Astragalus peregrinus Vahl קֶדֶד הָאֶצְבָּעוֹת

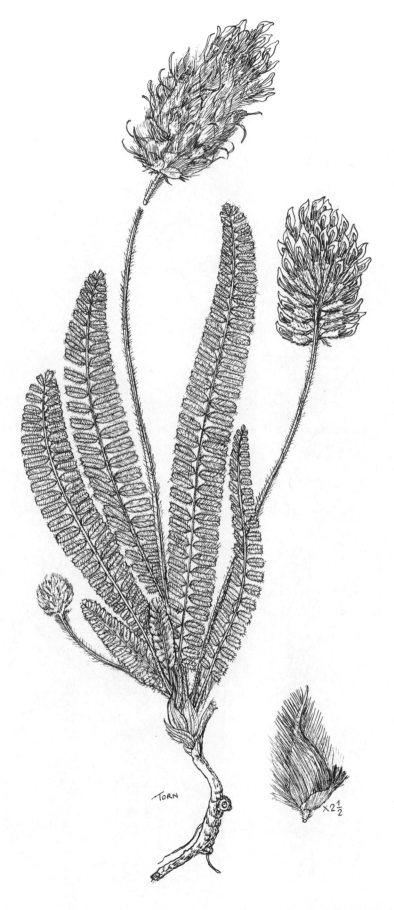

TORN
X2½

93. Astragalus cretaceus Boiss. et Ky. קֶדֶד נָאֶה

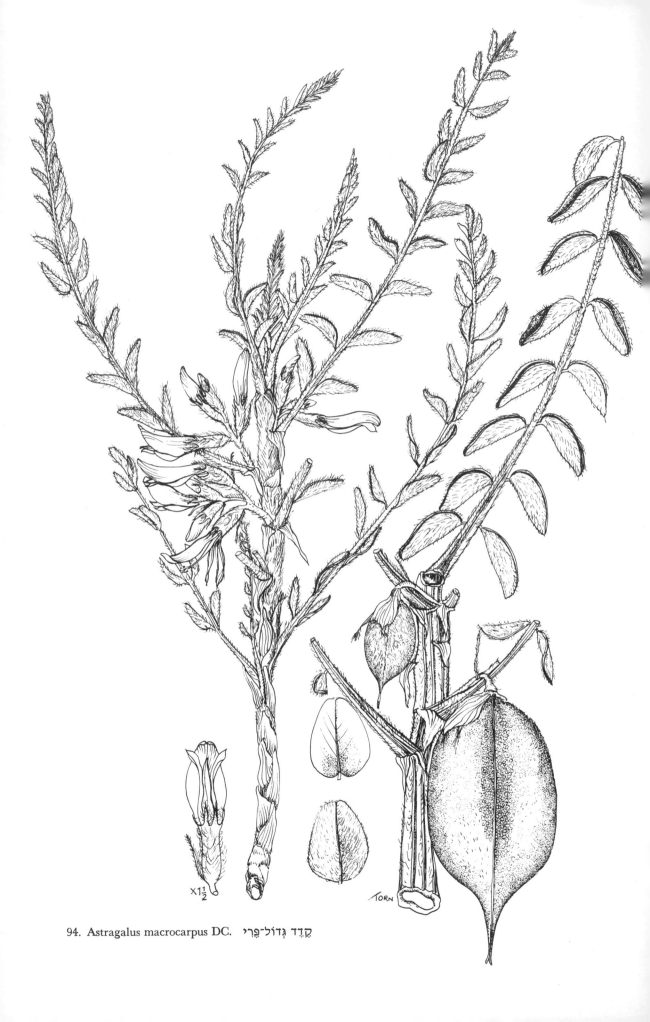

94. Astragalus macrocarpus DC. קֶדֶד גְּדוֹל־פְּרִי

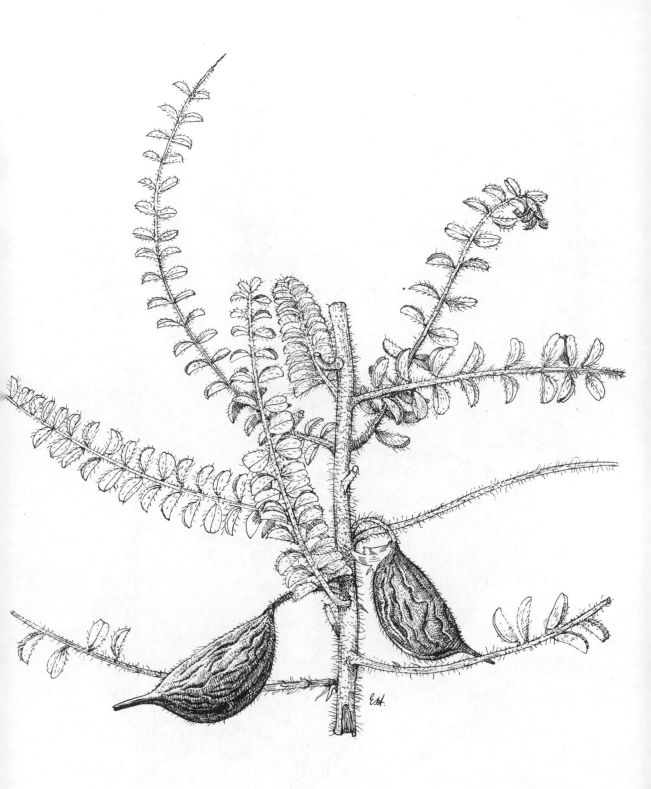

95. Astragalus gileadensis Eig קֶדֶד הַגִּלְעָד

96. Astragalus postii Eig קֶדֶד פּוֹסְט

96a. Astragalus galilaeus Freyn et Bornm. קֶדֶד הַגָּלִיל

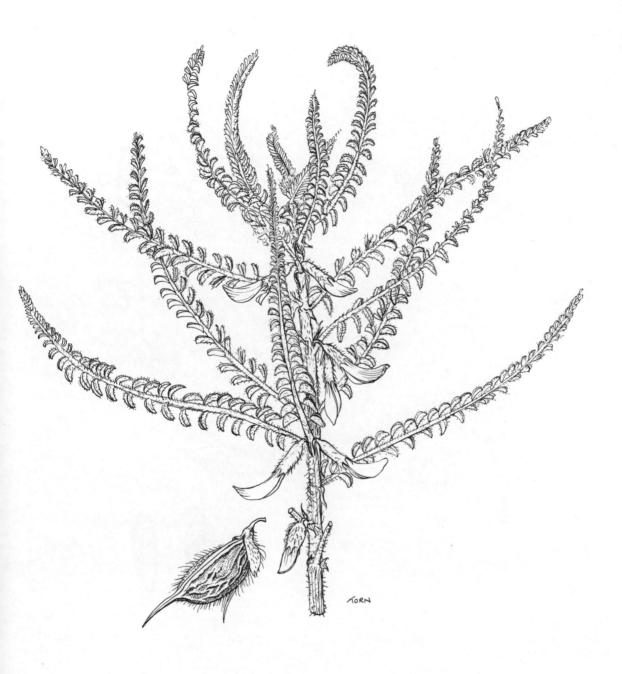

97. Astragalus feinbruniae Eig קֶדֶד פַּיְנְבְּרוּן

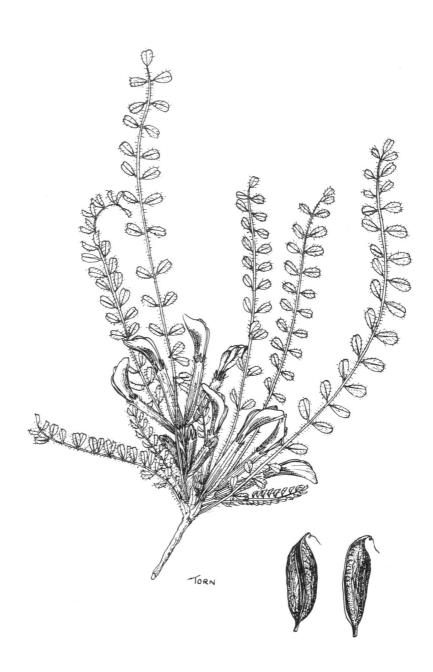

98. *Astragalus platyraphis* Fisch. קֶדֶד רְחַב־הַתֶּפֶר

×2

TORN

99. **Astragalus beershabensis Eig et Sam.** קֶדַד בְּאֵר־שֶׁבַע

100. Astragalus beershabensis Eig et Sam. var. elongatus (Barb.) Eig קֶדֶד בְּאֵר־שֶׁבַע זַן מָאֳרָךְ

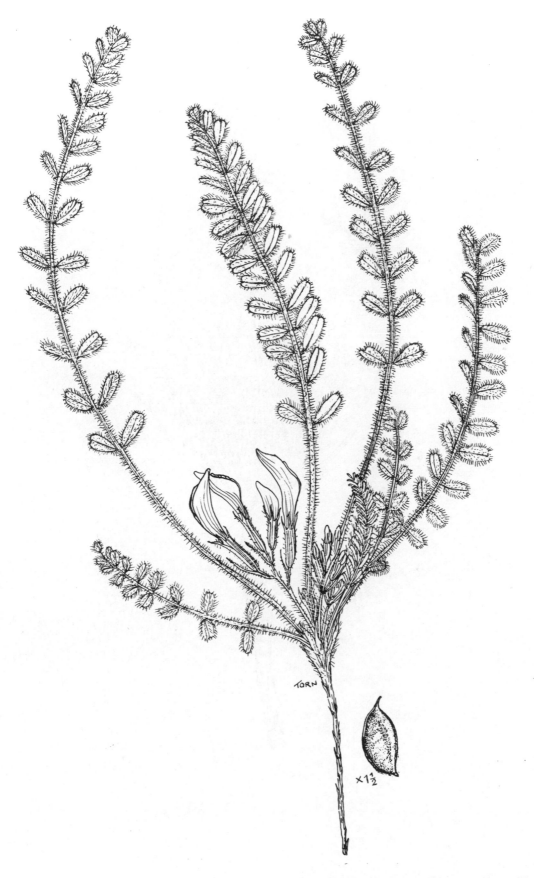

101. Astragalus alexandrinus Boiss. קֶדֶד אֲלֶכְּסַנְדְּרוֹנִי

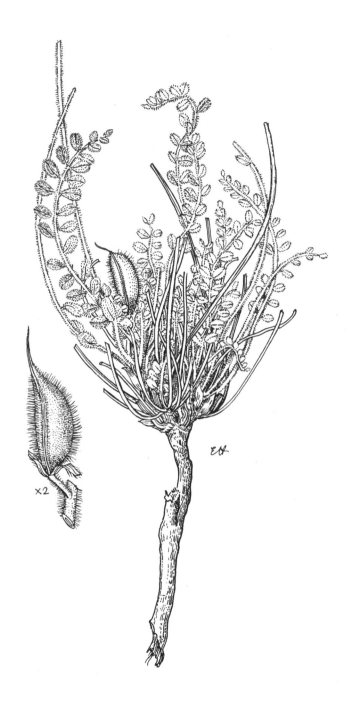

×2

102. Astragalus aaronsohnianus Eig קֶדֶד אַהֲרוֹנְסוֹן

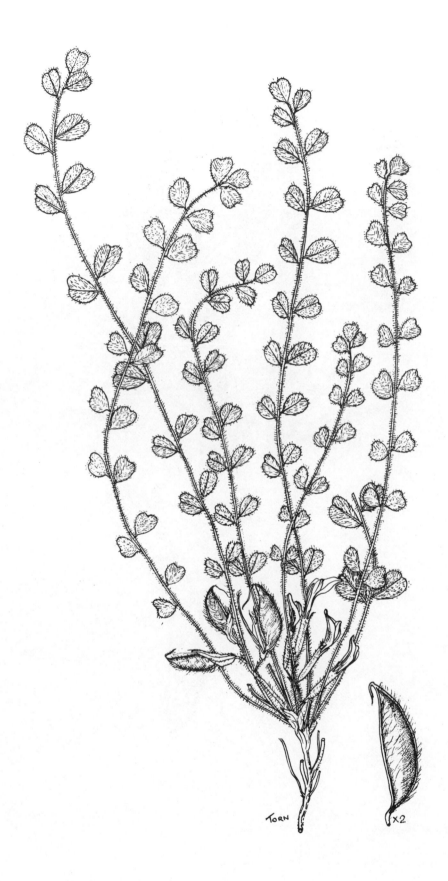

TORN   ×2

103. Astragalus aaronii (Eig) Zoh.   קֶדַד אַהֲרוֹנִי

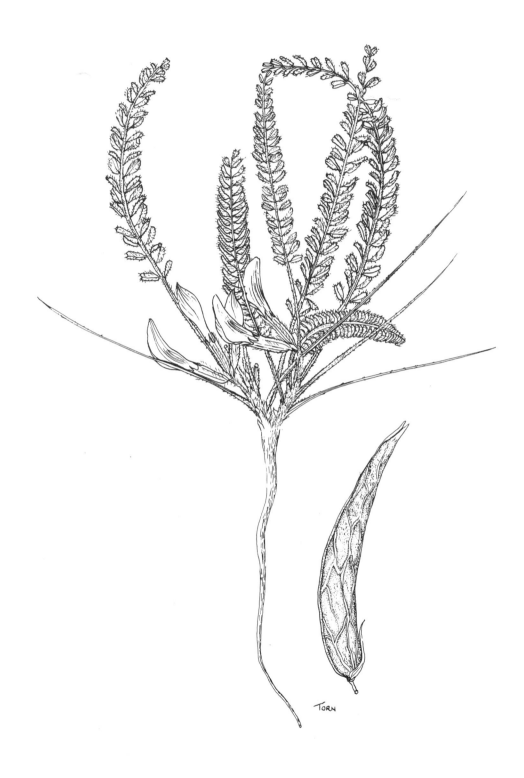

TORN

104. Astragalus acinaciferus Boiss. קֶדֶד הַסַּיִף

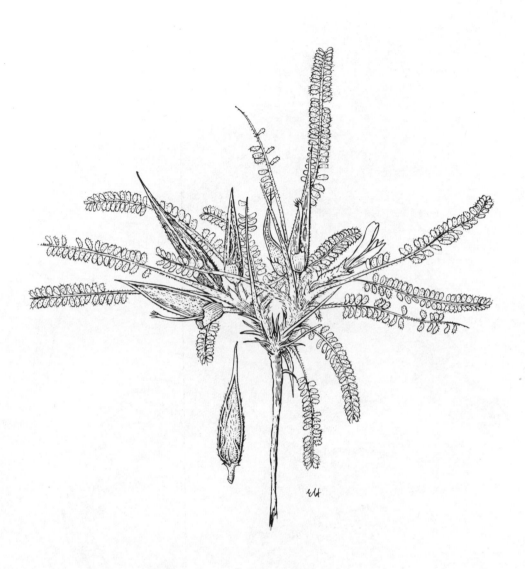

105. Astragalus sieberi DC. קְדָד סִיבֶּר

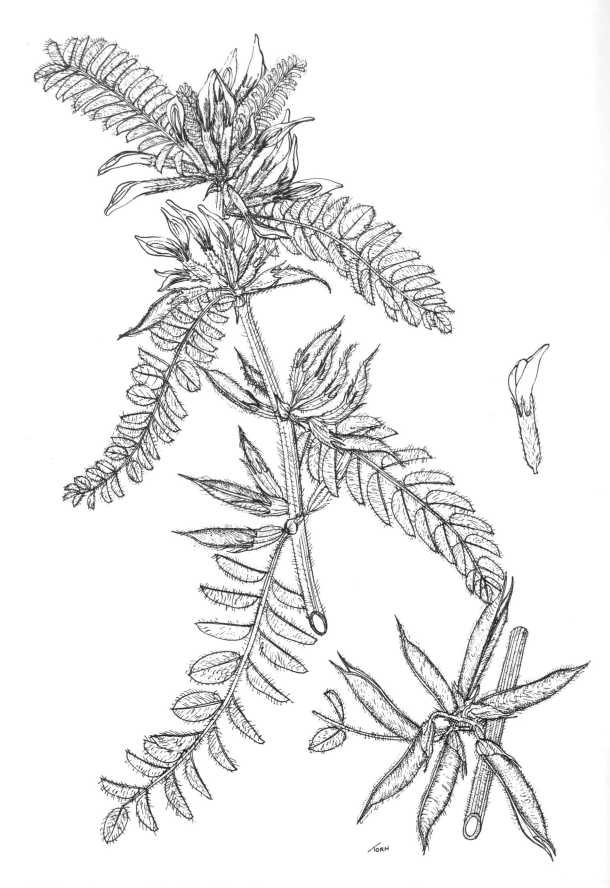

106. Astragalus sparsus Del. קֶדֶד דָּלִיל

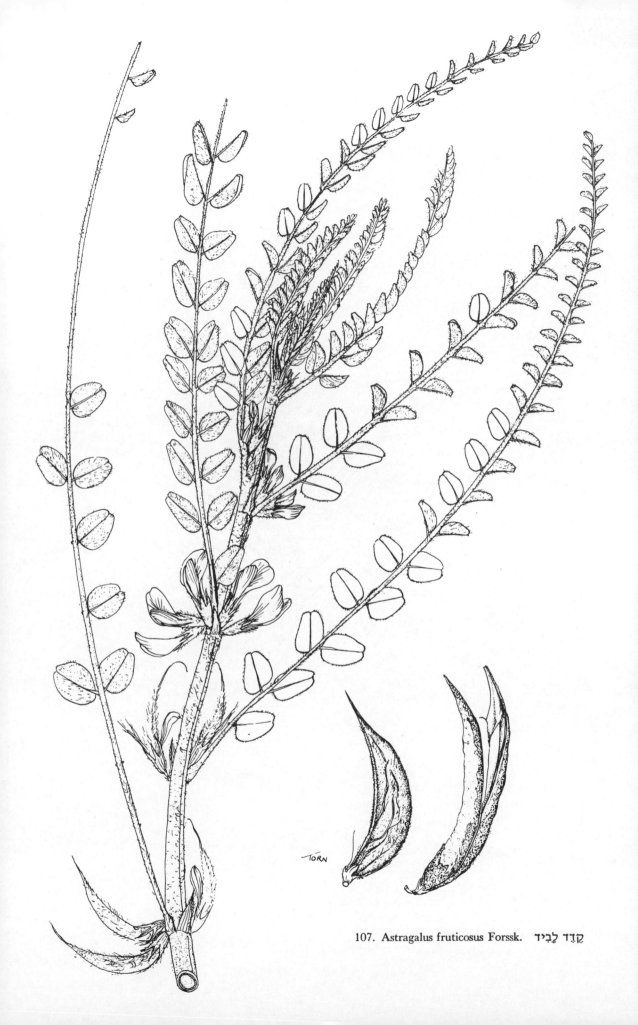

107. Astragalus fruticosus Forssk. קֶדֶד לָבִיד

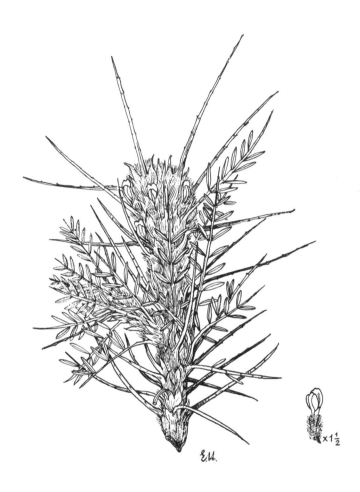

x1½

108. Astragalus echinus DC. קֶדֶד קַפּוֹדָנִי

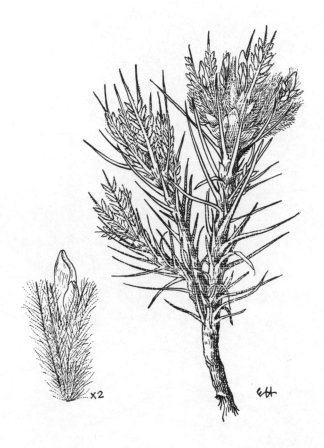

x2

109. Astragalus cruentiflorus Boiss. קֶדֶד אֲדֹם־פְּרָחִים

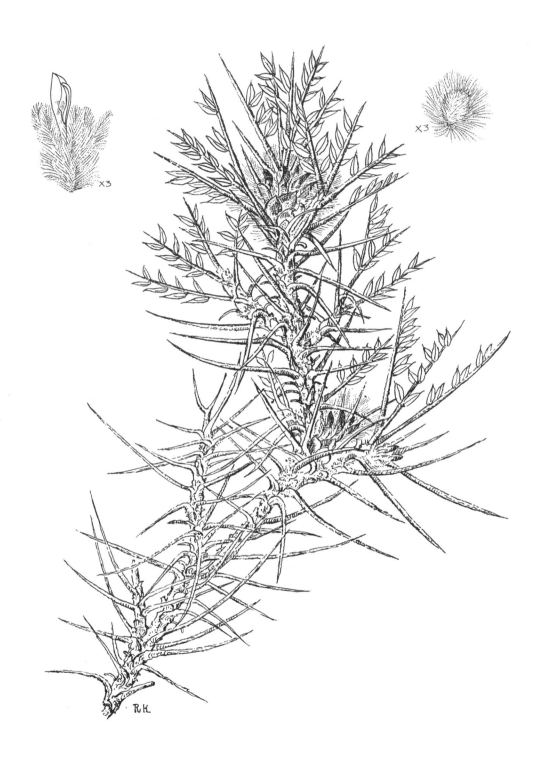

110. Astragalus bethlehemiticus Boiss. קֶדֶד בֵּית־הַלַּחְמִי

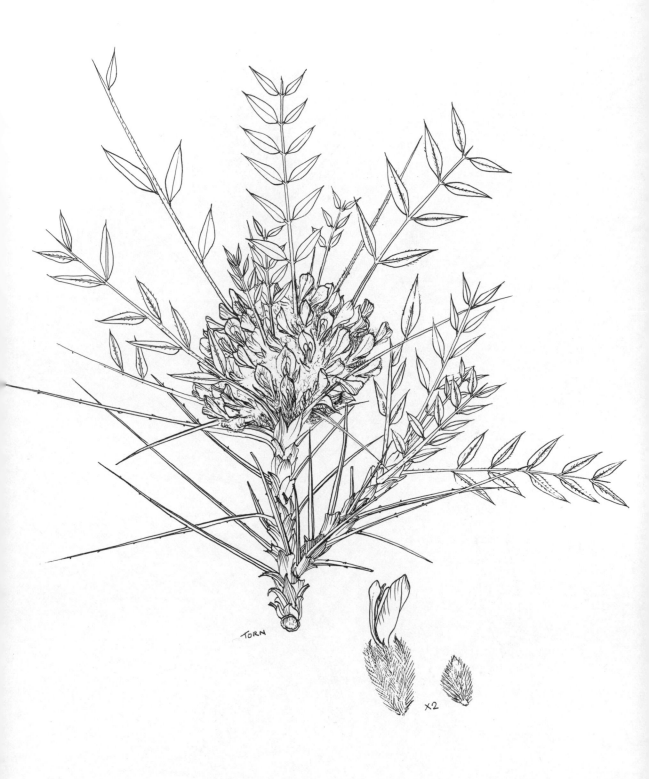

111. Astragalus deinacanthus Boiss. קֶדֶד קוֹצָנִי

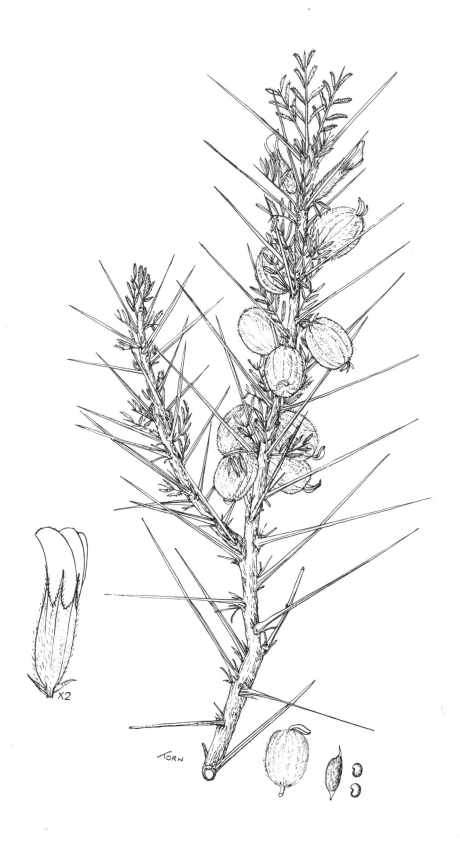

112. Astragalus spinosus (Forssk.) Muschl. קֶדֶד מְשֻׁלְחָף

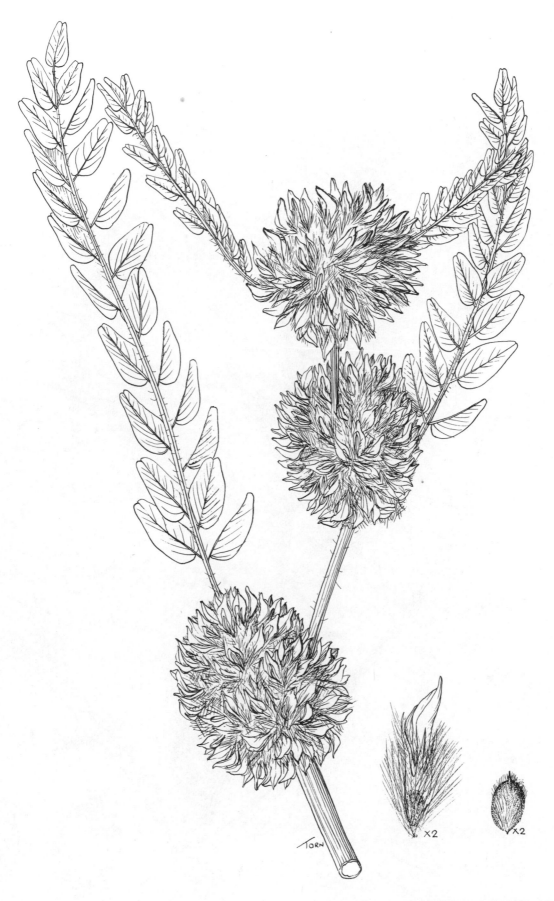

113. Astragalus oocephalus Boiss. קֶדֶד הַקַּרְקָפוֹת

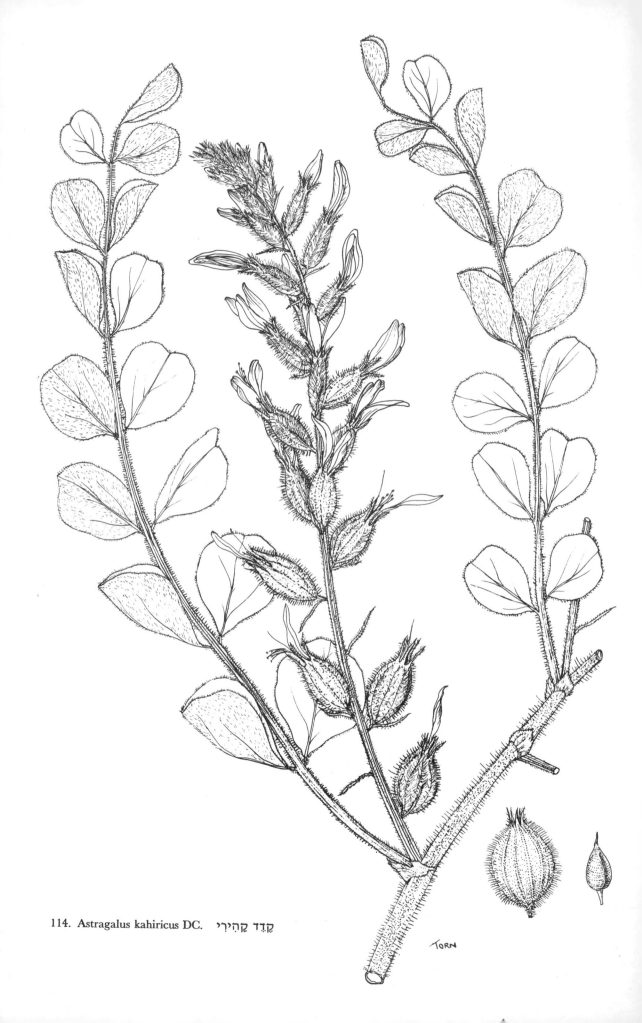

114. Astragalus kahiricus DC. קֶדֶד קָהִירִי

TORN

×2

×4

115. **Astragalus zemeraniensis** Eig   קֶדָד זְעִיר־הַפֵּרוֹת

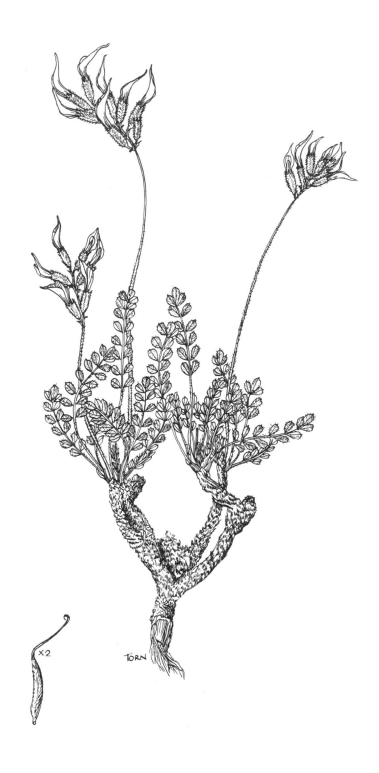

×2
TORN

116. Astragalus adpressiusculus Eig קֶדֶד אֱדוֹמִי

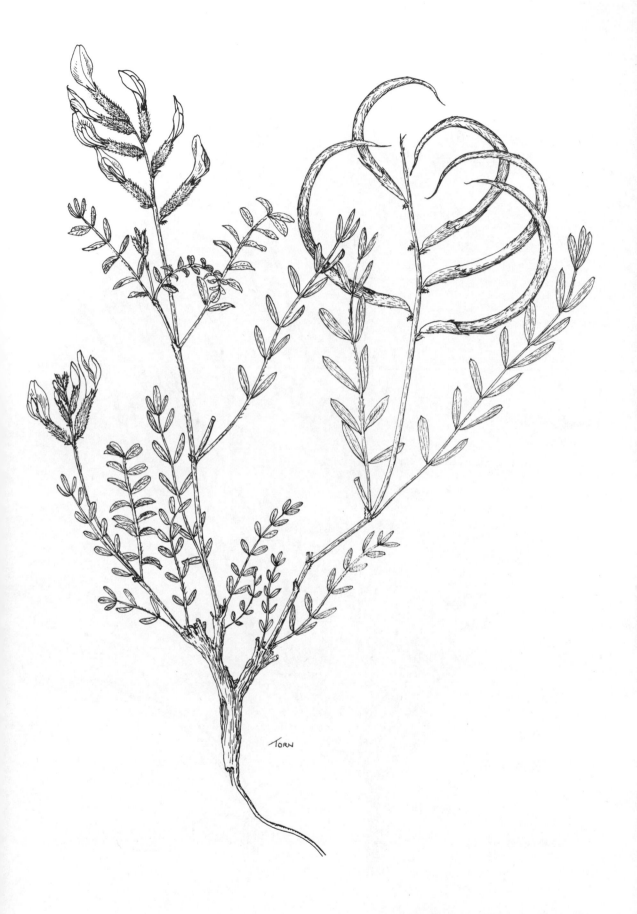

117. Astragalus sanctus Boiss. קְדַד קָדוֹשׁ

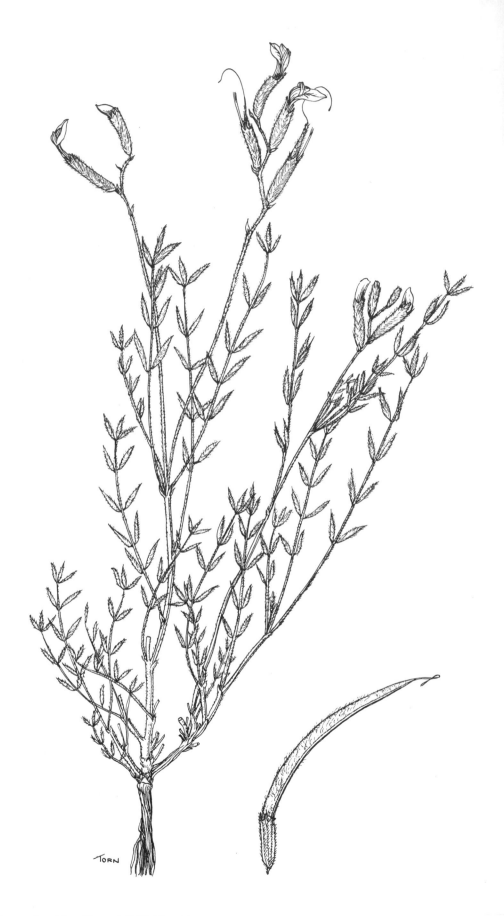

118. Astragalus trachoniticus Post קְדַד הַבָּשָׁן

119. **Astragalus amalecitanus** Boiss. קְדַד הַנֶּגֶב

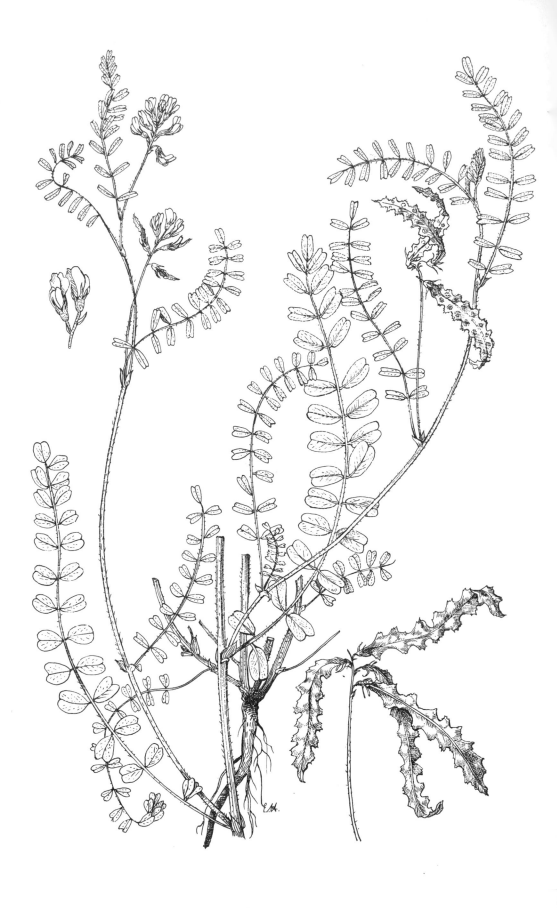

120. Biserrula pelecinus L. מַסּוֹרַיִם מְצוּיִים

121. Glycyrrhiza glabra L.   שׁוּשׁ קֵרֵחַ

122. Glycyrrhiza echinata L.   שׁוּשׁ קוֹצָנִי

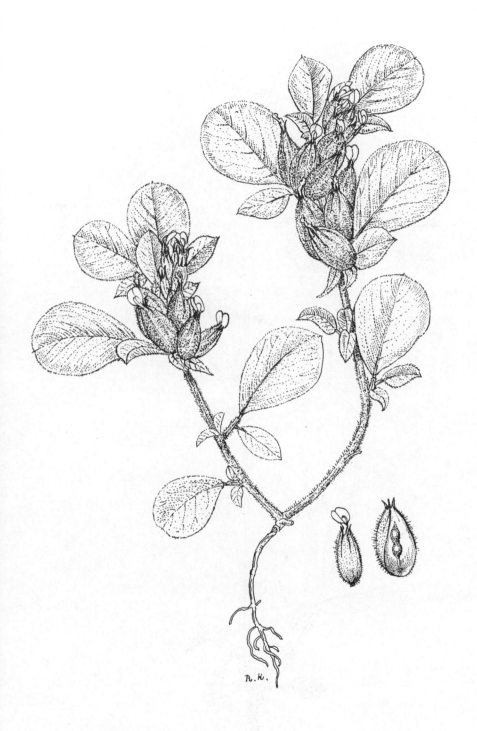

123. Physanthyllis tetraphylla (L.) Boiss. שַׁלְחוּפָן קָרוּמִי

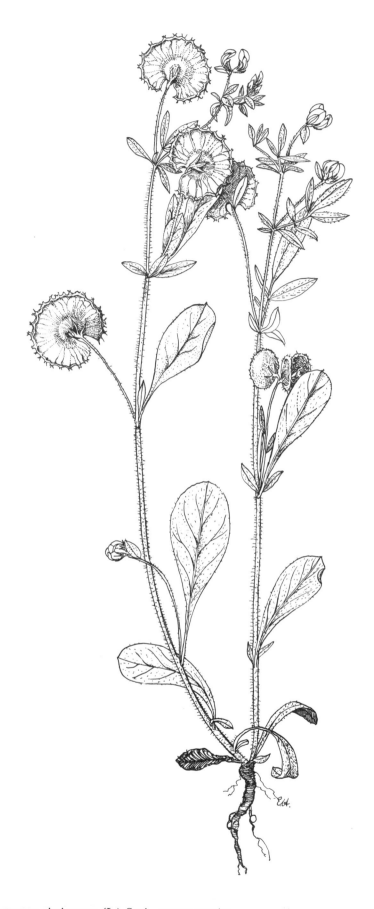

124. Hymenocarpos circinnatus (L.) Savi כִּלְיָנִית מְצוּיָה

125. Cytisopsis pseudocytisus (Boiss.) Fertig   אַכְסָף מַבְרִיק

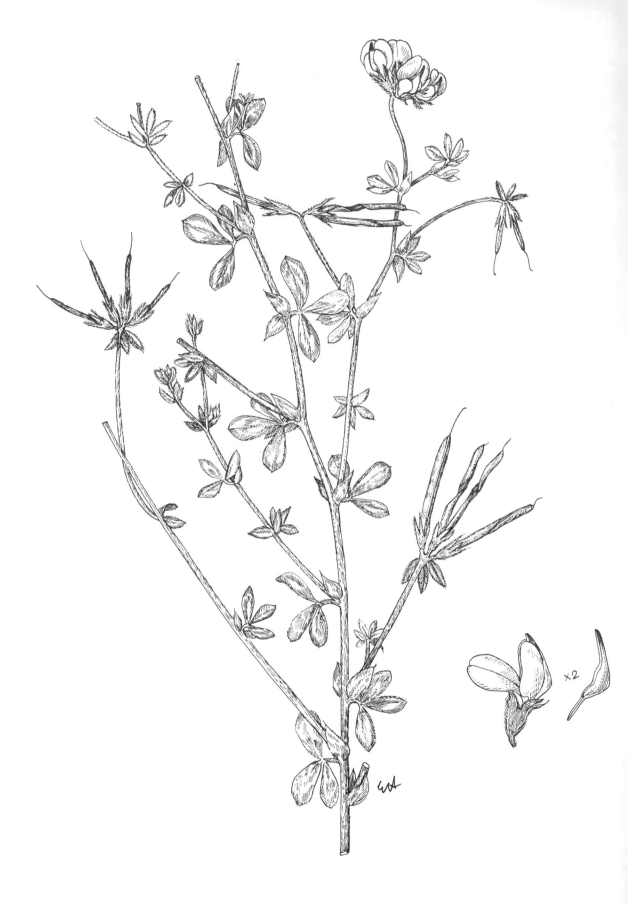

126. Lotus creticus L. לוטוס מַכְסִיף

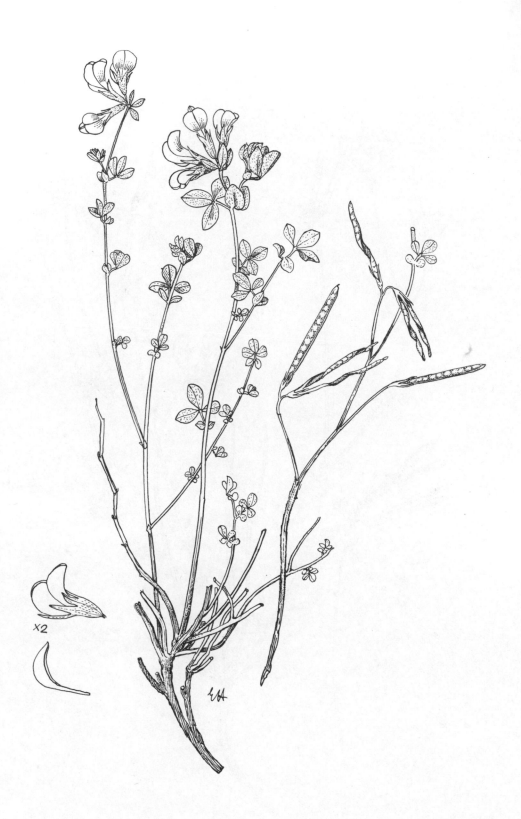

127. *Lotus cytisoides* L. לוטוס קֵרֵחַ

128. Lotus collinus (Boiss.) Heldr.   לוֹטוּס יְהוּדָה

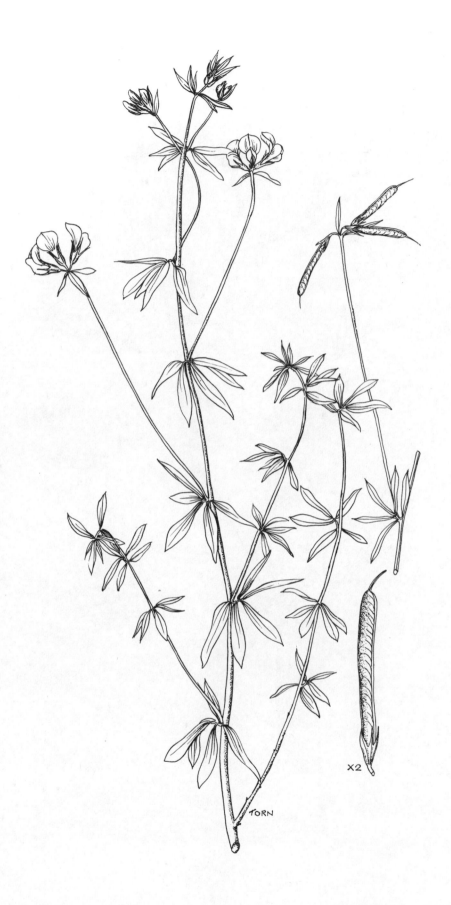

X2
TORN

129. Lotus tenuis Waldst. et Kit. לוֹטוּס צַר־עָלִים

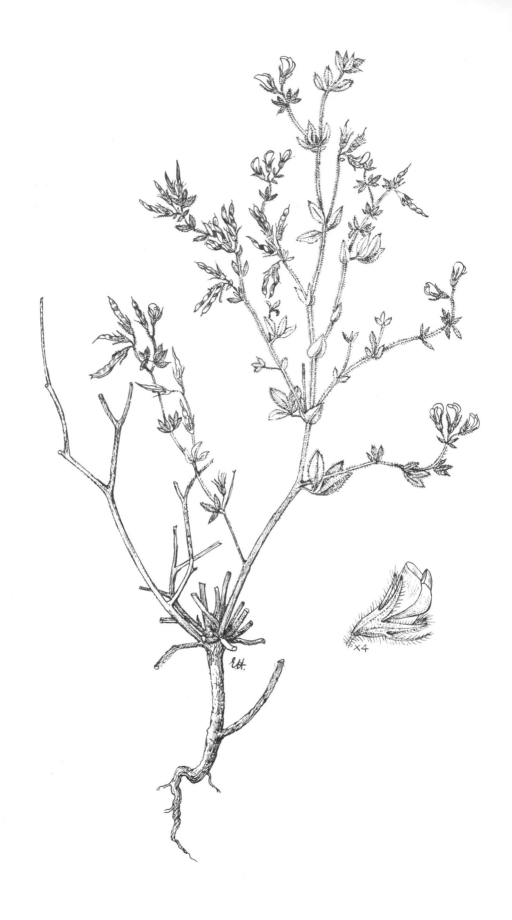

130. Lotus palustris Willd. לוטוס הַבִּצוֹת

131. Lotus palustris Willd. (late summer form) (לוֹטוּס הַבִּצּוֹת (צורה אפילה

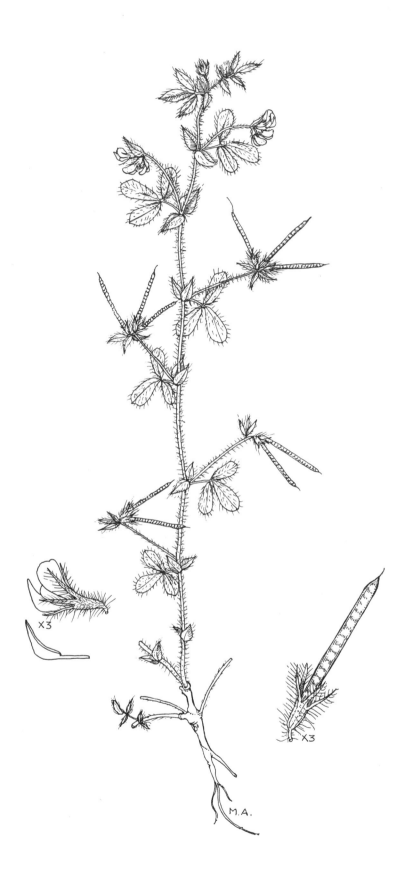

132. Lotus angustissimus L. לוטוס דַקִיק

X3½

M.A.

a

133. Lotus peregrinus L.   לוֹטוּס מָצוּי

133a. Lotus peregrinus L. var. carmeli (Boiss.) Post   לוֹטוּס מָצוּי זַן כַּרְמְלִי

134. Lotus halophilus Boiss. et Sprun.   לוֹטוּס שָׂעִיר

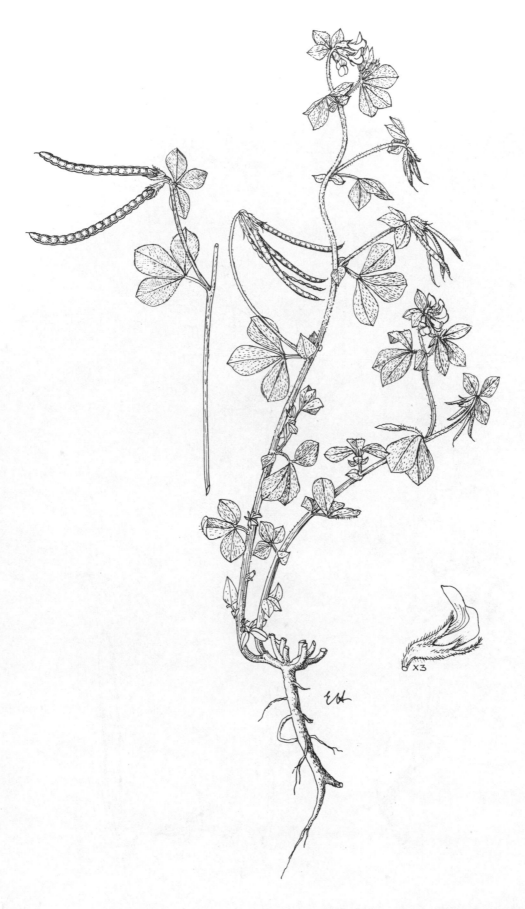

135. Lotus ornithopodioides L. לוטוס מְשֻׁנָּץ

X1½   X2   TORN

136. Lotus gebelia Vent.   לוֹטוּס מַכְחִיל

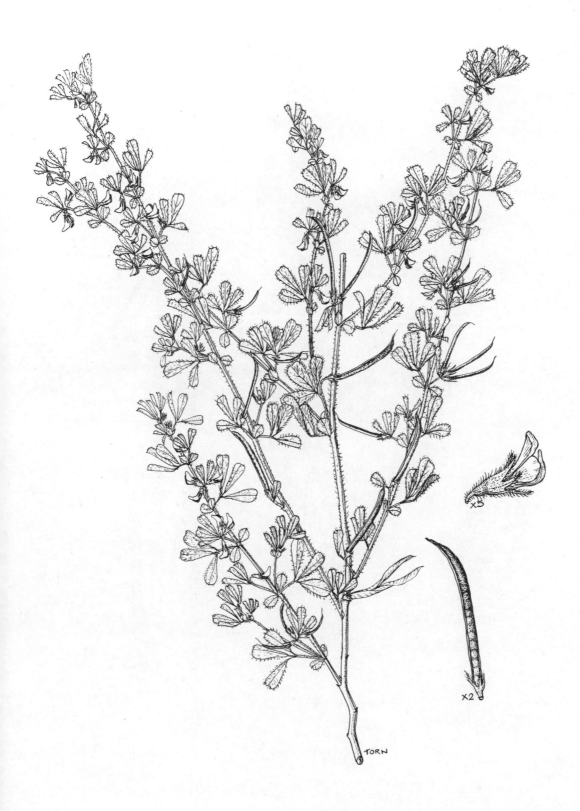

137. Lotus glinoides Del. לוטוס אִילָתִי

X3

X2

TORN

138. Lotus lanuginosus Vent. לוֹטוּס מִדְבָּרִי

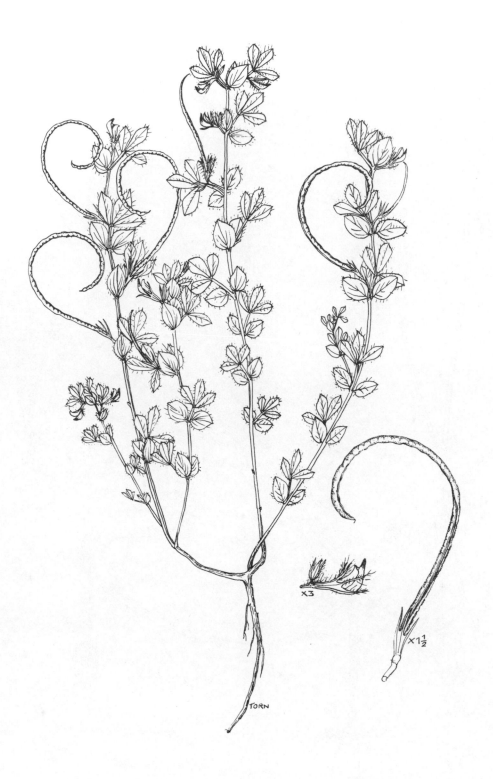

X3

X1½

TORN

139. Lotus conimbricensis Brot.   לוֹטוּס רִיסָנִי

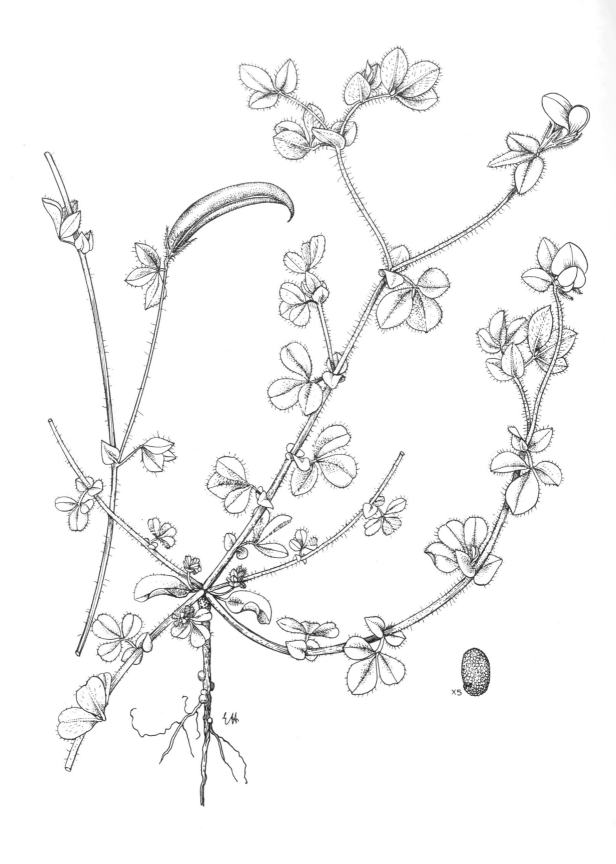

140. Lotus edulis L. לוטוס נָאֱכָל

141. Tetragonolobus requienii (Mauri) Daveau   אַרְבַּע־כְּנָפוֹת צְהֻבּוֹת

142. Tetragonolobus palaestinus Boiss. et Bl.   אַרְבַּע־כְּנָפוֹת מְצוּיוֹת

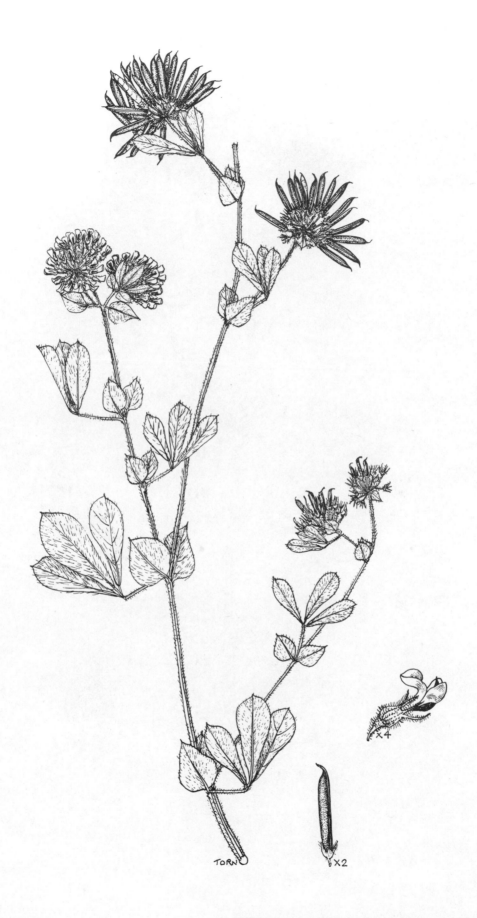

TORN
x2

143. Bonjeanea recta (L.) Reichb. אֲחִילוֹטוּס זָקוּף

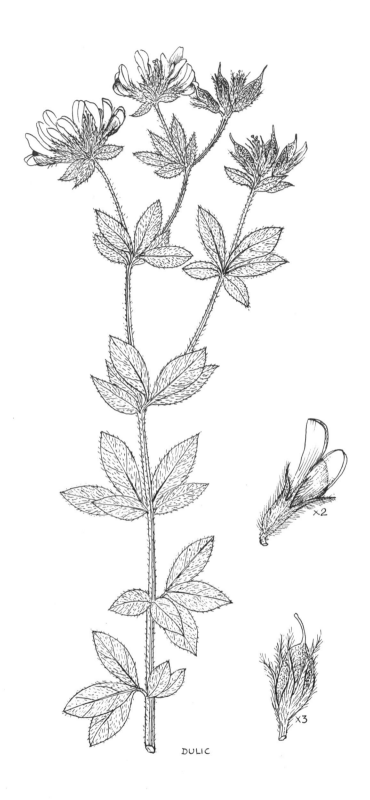

DULIC

144. Bonjeanea hirsuta (L.) Reichb.   אֲחִילוֹטוּס שָׂעִיר

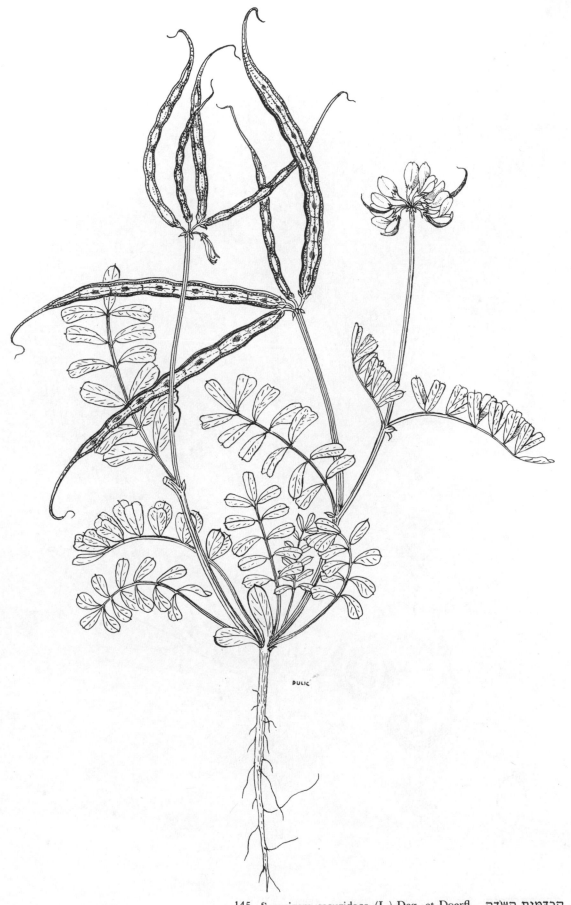

145. *Securigera securidaca* (L.) Deg. et Doerfl. קַרְדֻּמִּית הַשָּׂדֶה

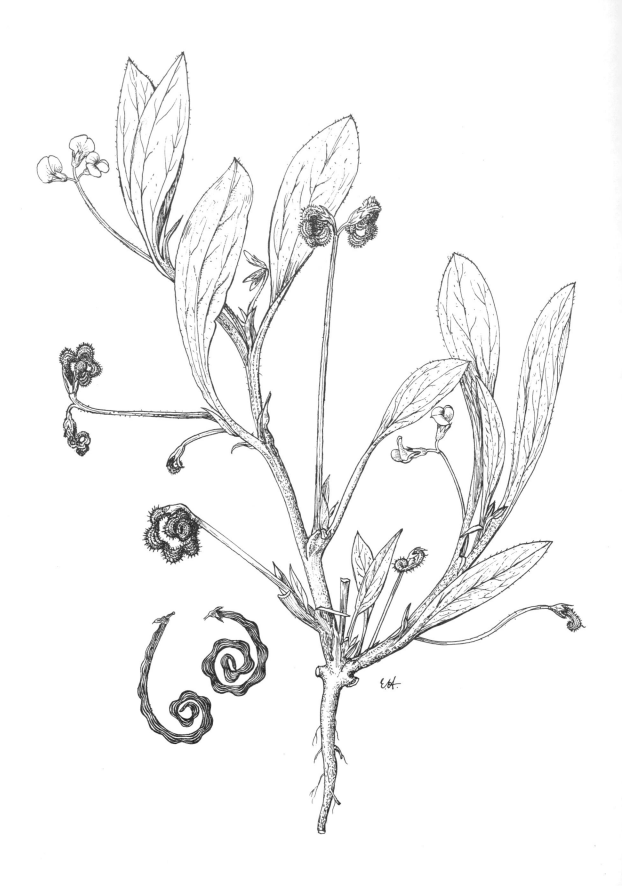

146. Scorpiurus muricatus L. זְנַב־הָעַקְרָב הַשִּׂכָּנִי

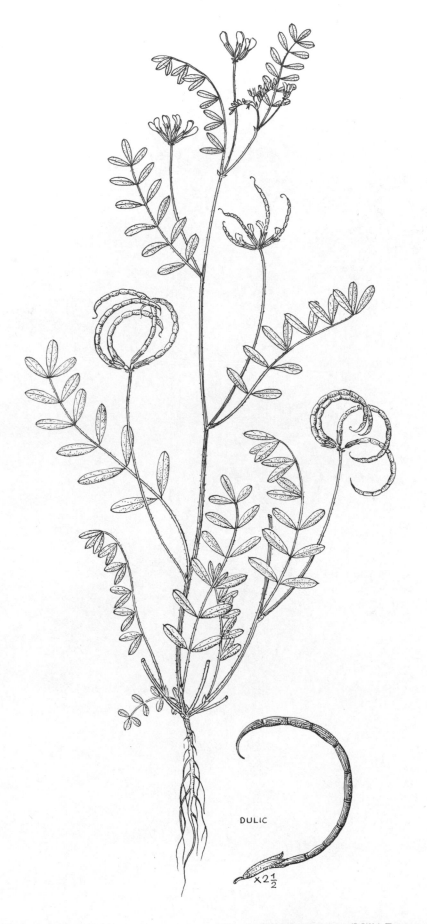

DULIC

$\times 2\frac{1}{2}$

147. Ornithopus pinnatus (Mill.) Druce   כַּף־הָעוֹף הַמְנֻצָּה

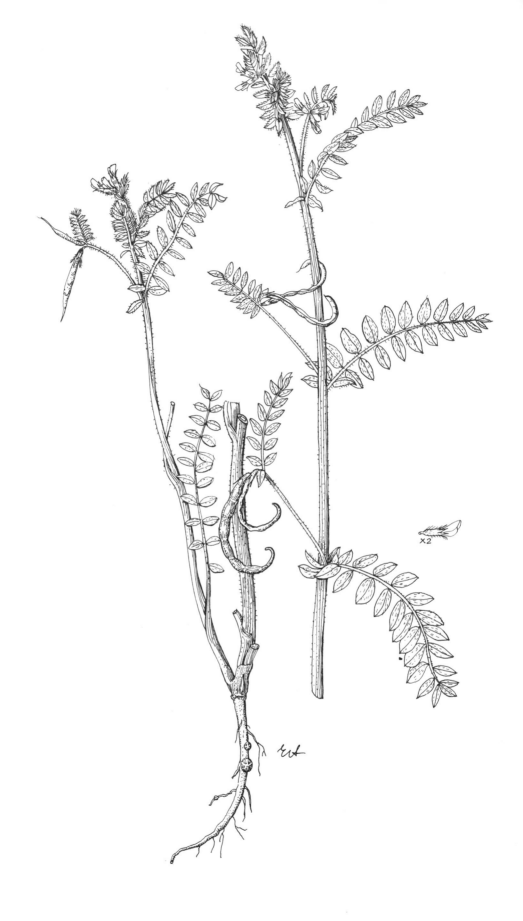

148. Ornithopus compressus L.　כַּף־הָעוֹף הַפְּחוּסָה

DULIC

149. Coronilla cretica L.   כִּתְרוֹן כְּרֵתִי

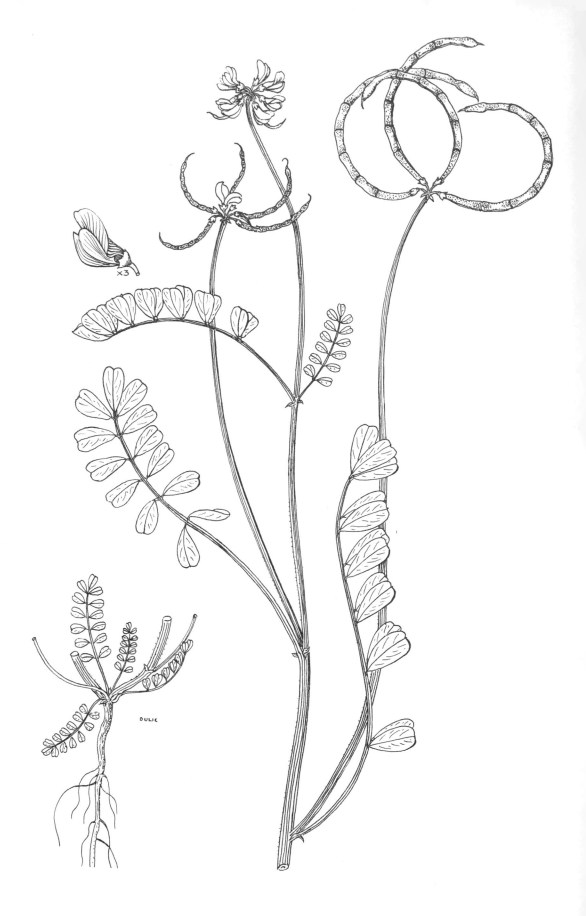

150. Coronilla rostrata Boiss. et Sprun.   כִּתְרוֹן זְעִיר־הַפֶּרַח

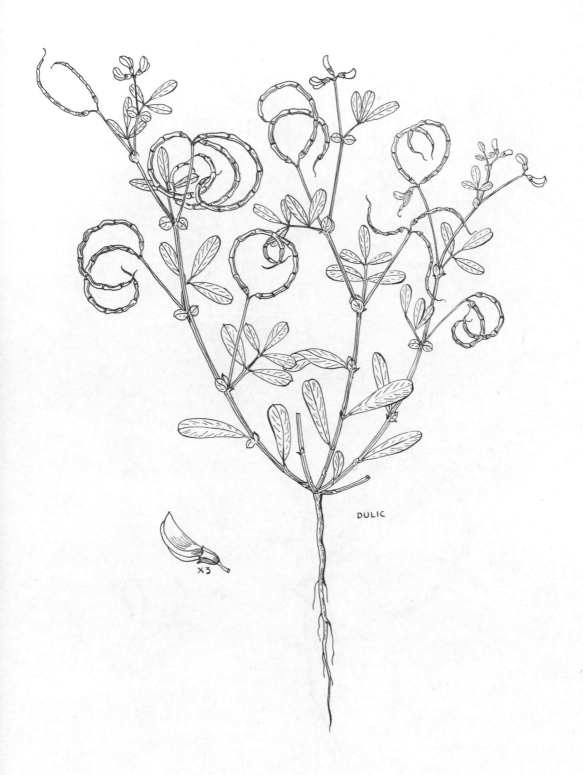

DULIC

×5

151. Coronilla repanda (Poir.) Guss.　כִּתְרוֹן גַּלּוֹנִי

152. Coronilla scorpioides (L.) Koch כִּתְרוֹן עַקְרַבִּי

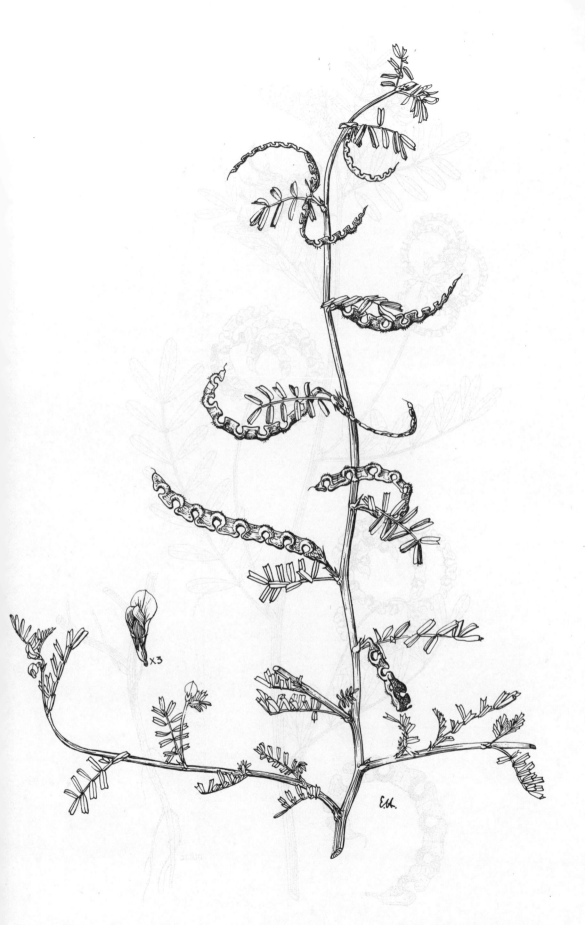

153. Hippocrepis unisiliquosa L. פַּרְסַת־הַסּוּס דַּלַּת־הַתַּרְמִילִים

154. Hippocrepis multisiliquosa L.   פַּרְסַת־הַסּוּס רַבַּת־הַתַּרְמִילִים

155. Hippocrepis multisiliquosa L. ssp. eilatensis Zoh.   פַּרְסַת־הַסּוּס רַבַּת־הַתַּרְמִילִים תַּת־מִין אֵילָתִי

156. Hippocrepis bicontorta Loisel.   פַּרְסַת־הַסּוּס הַמַּקְרִינָה

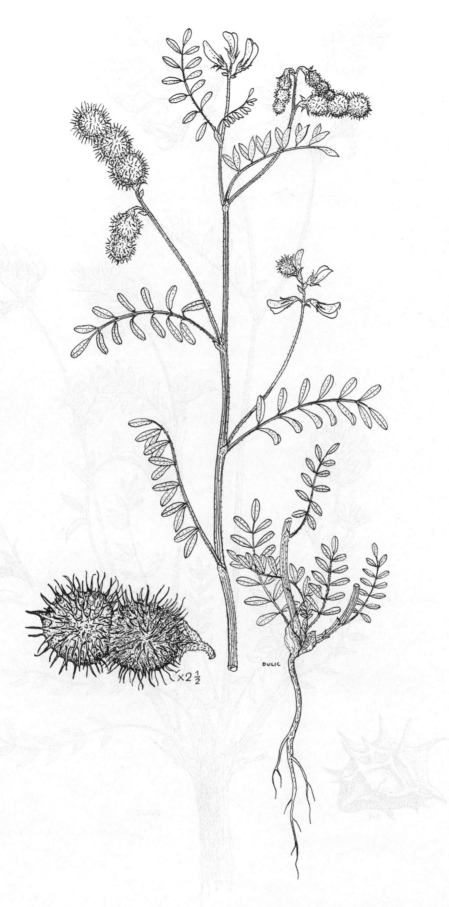

×2½   DULIC

157. Hedysarum spinosissimum L.   מְשֻׁנֶּצֶת קוֹצָנִית

158. Onobrychis cadmea Boiss.   כַּרְבֹּלֶת קַדְמִית

159. Onobrychis kotschyana Fenzl כַּרְבֹּלֶת קוֹטְשִׁי

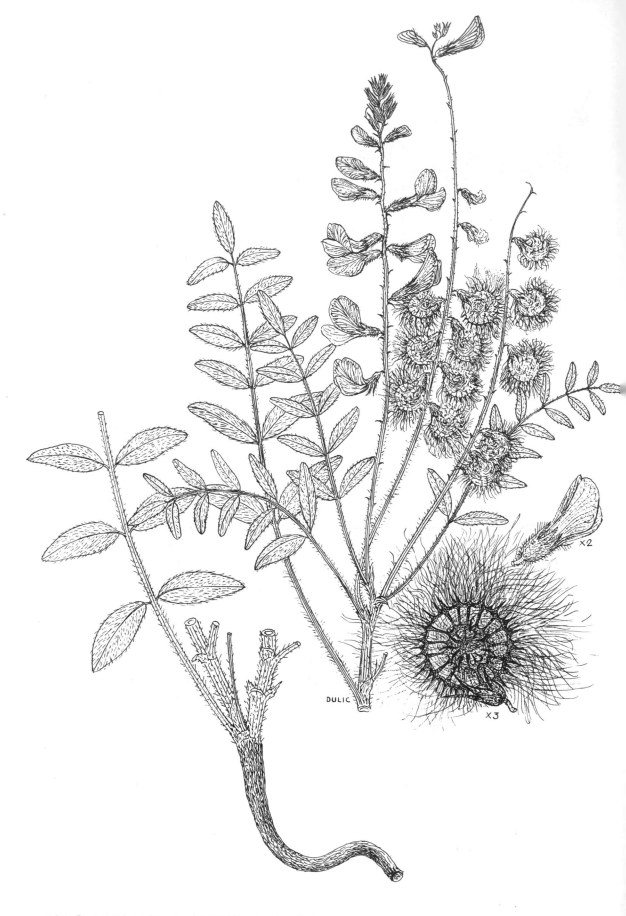

160. Onobrychis ptolemaica (Del.) DC. כַּרְבֹּלֶת אֲדוּמִית

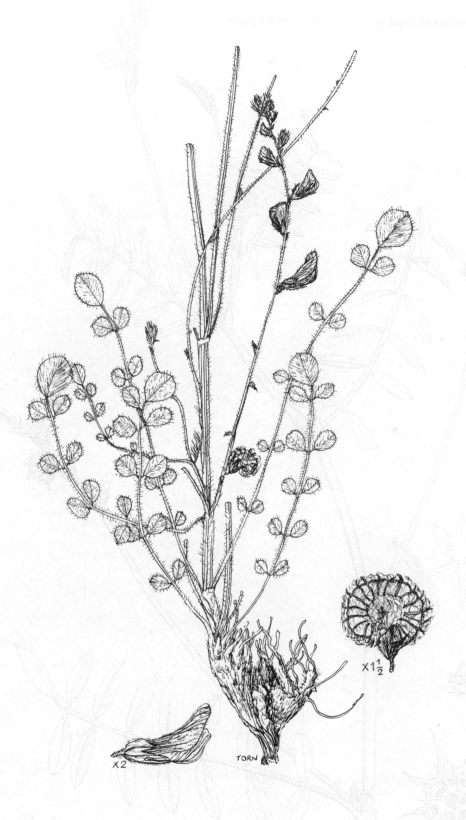

X2

TORN

X1½

161. Onobrychis wettsteinii Nab.   כַּרְבֹּלֶת מִדְבָּרִית

162. Onobrychis caput-galli (L.) Lam.   כַּרְבֹּלֶת קְטַנָּה

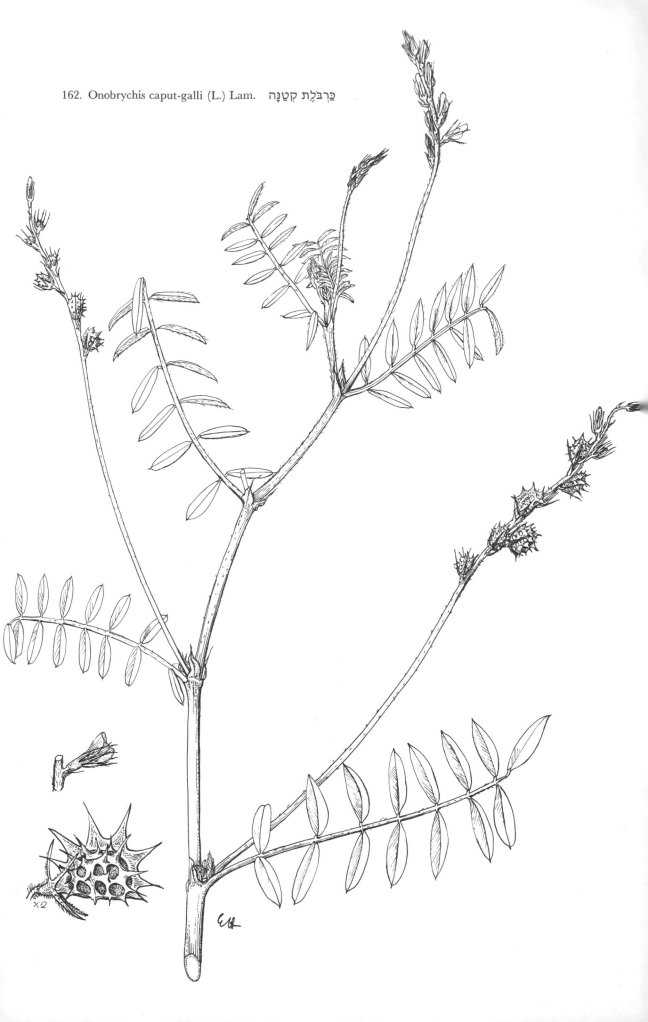

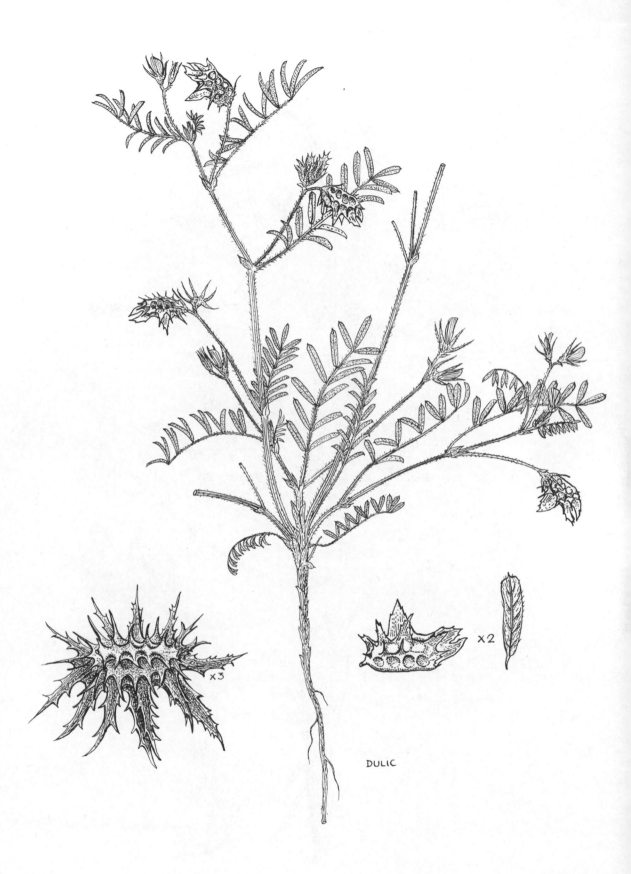

×3

×2

DULIC

163. Onobrychis crista-galli (L.) Lam. כַּרְבֹּלֶת הַתַּרְנְגוֹל

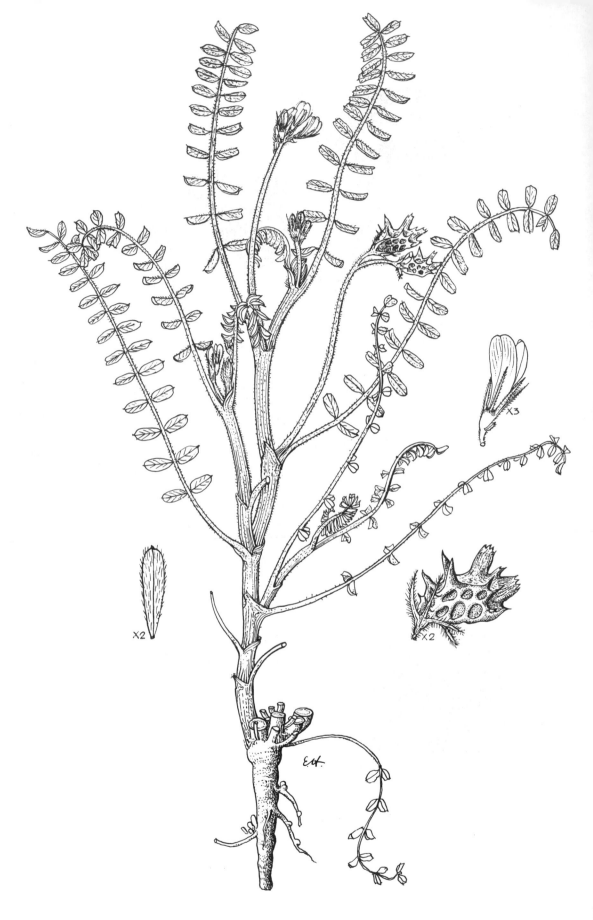

164. Onobrychis squarrosa Viv.   כַּרְבֹּלֶת מְצוּיָה

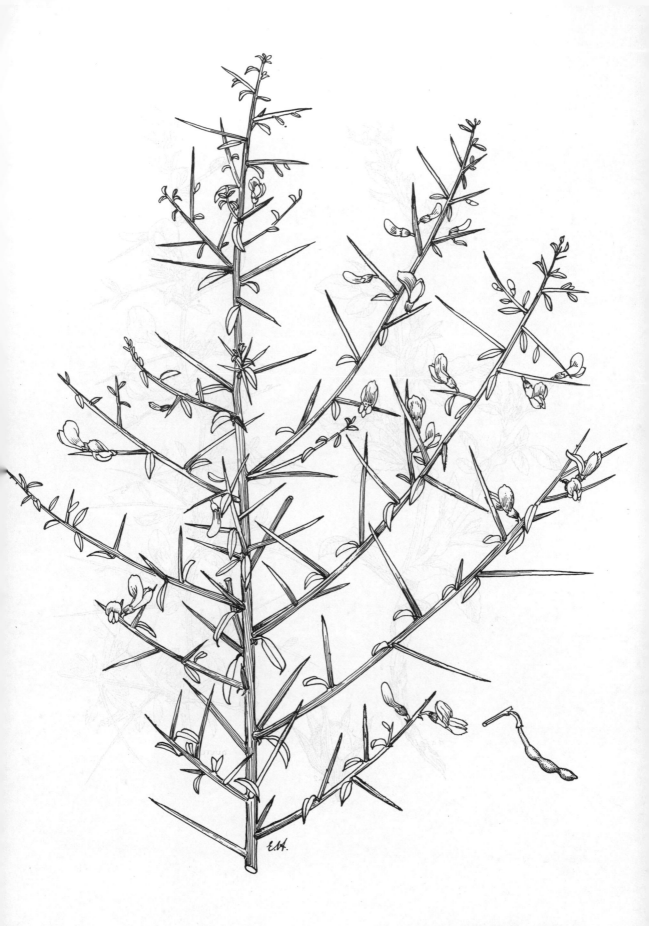

165. Alhagi maurorum Medik.   הָגָה מָצוּי

166. Ononis antiquorum L.   שַׁבְרָק קוֹצָנִי

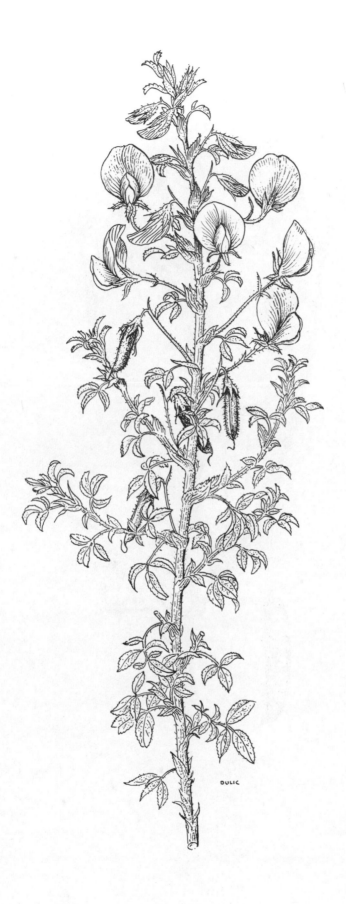

167. Ononis natrix L. שַׁבְרָק מָצוּי

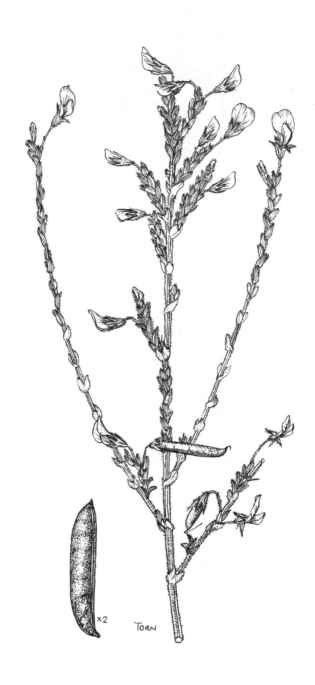

x2
TORN

168. Ononis vaginalis Vahl שַׁבְרָק מְנֻדָּן

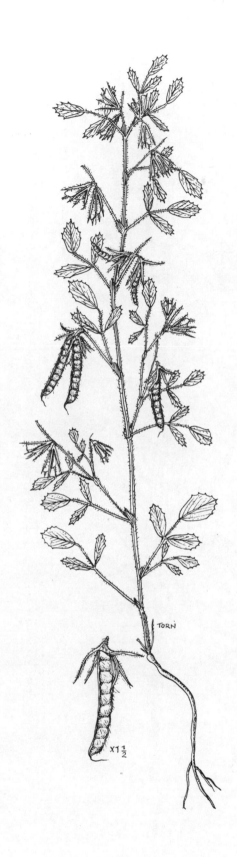

X1½

169. Ononis ornithopodioides L.   שַׁבְרָק מְשֻׁנָּץ

170. Ononis sicula Guss.   שַׁבְרָק סִיצִילִי

171. Ononis viscosa L. ssp. breviflora (DC.) Nym. שַׁבְרָק קְצַר־פֶּרַח

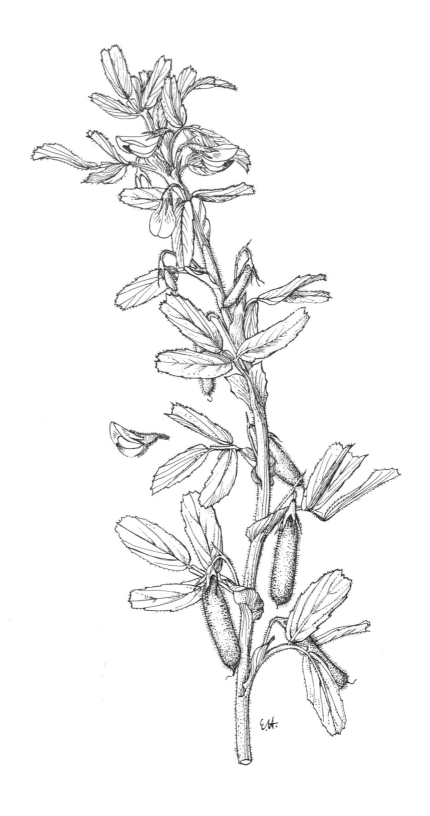

172. Ononis biflora Desf.   שַׁבְרָק לָבָן

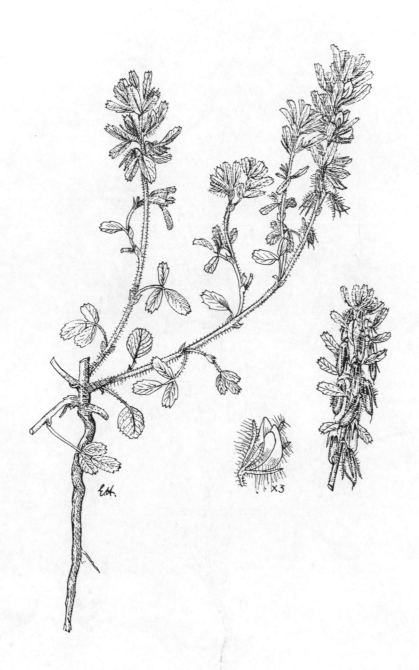

173. Ononis reclinata L. שַׁבְרַק נָטוּי

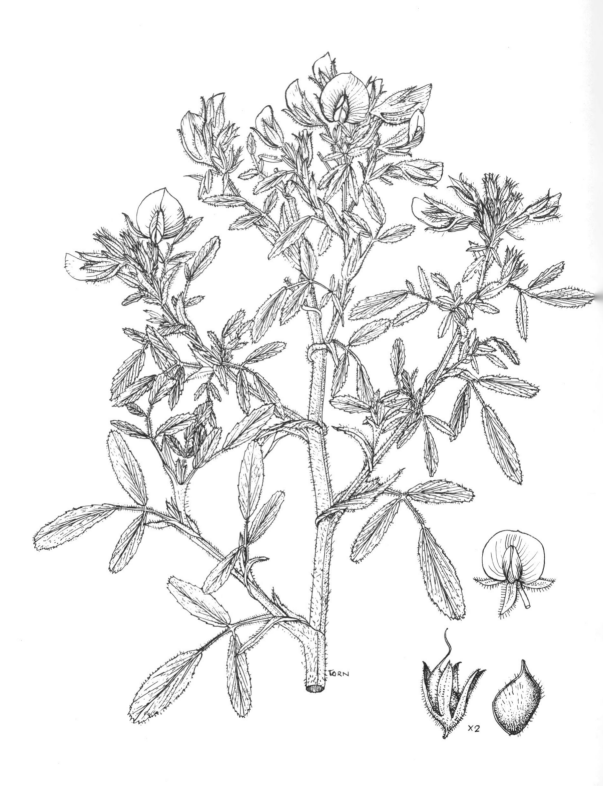

174. Onọnis pubescens L. שַׁבְרָק דָּבִיק

TORN

175. Ononis variegata L. שַׁבְרָק סַסְגּוֹנִי

176. Ononis hirta Desf.   שַׁבְרָק שָׂעִיר

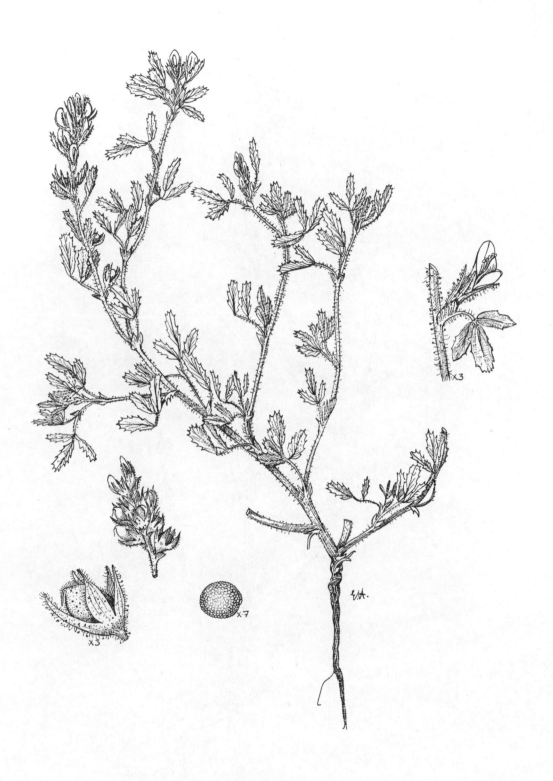

177. Ononis serrata Forssk.   שַׁבְרָק מְשֻׁנָּן

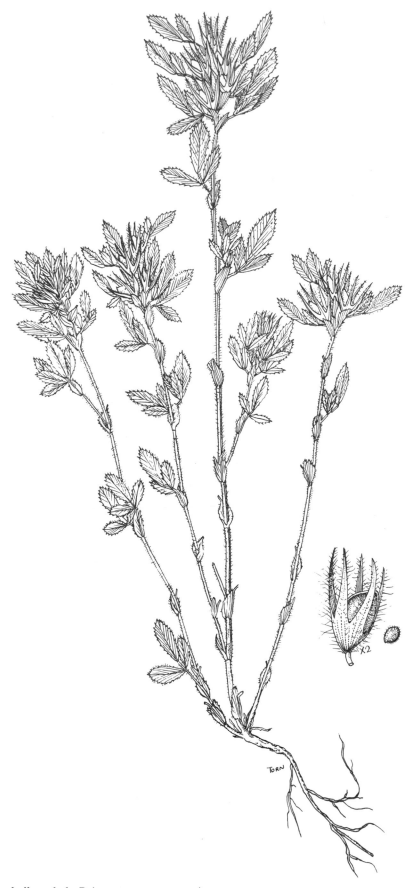

178. Ononis phyllocephala Boiss. שַׁבְרַק הַקַּרְקֶפֶת

X2

X1½

TORN

179. Ononis mitissima L. שַׁבְרָק מַלְבִּין

180. Ononis alopecuroides L.　שַׁבְרָק מְשֻׁבָּל

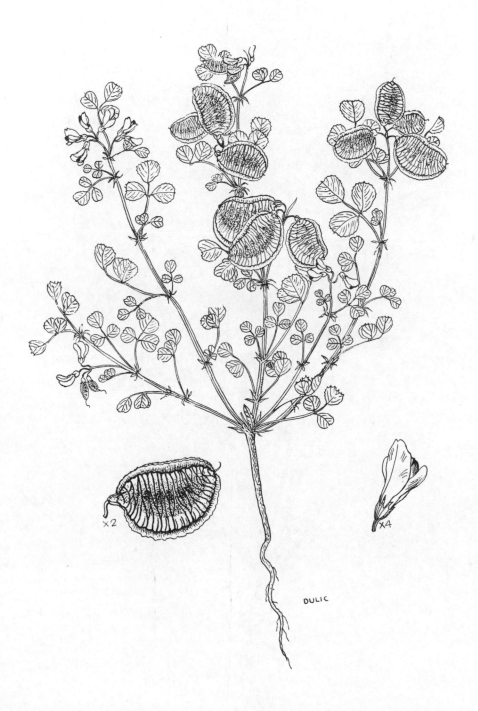

181. Trigonella schlumbergeri Boiss. גַּרְגֶּרֶנִית מִדְבָּרִית

182. Trigonella arabica Del. גַּרְגְּרָנִית עֲרָבִית

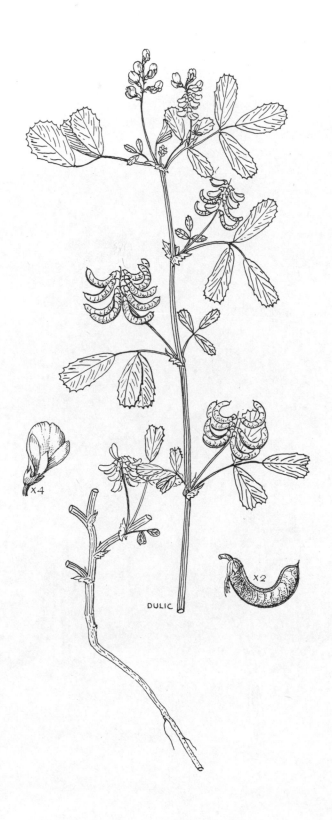

183. Trigonella hamosa L.   גַּרְגְּרָנִית מְאֻנְקֶלֶת

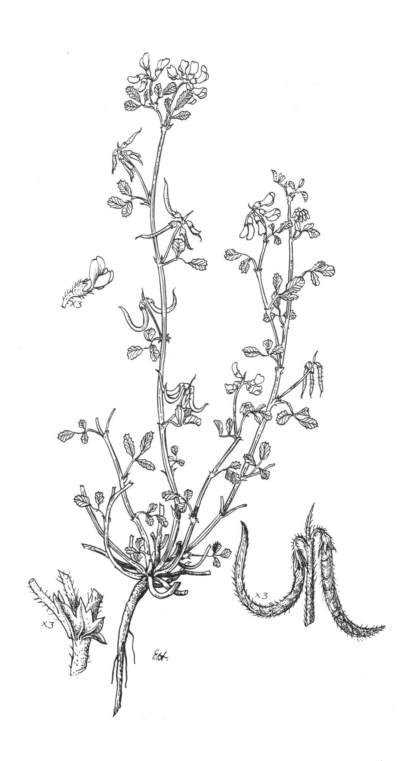

184. Trigonella moabitica Zoh. גַּרְגְּרָנִית מוֹאָבִית

185. Trigonella maritima Del.   גַּרְגְּרָנִית הַחוֹף

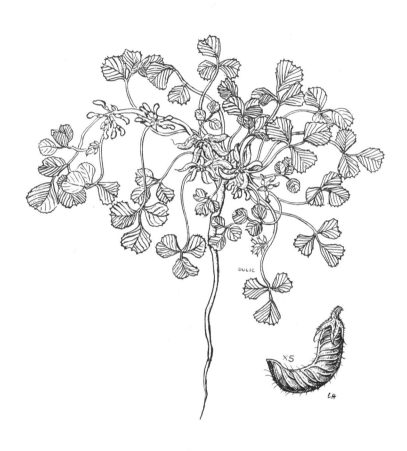

186. Trigonella stellata Forssk. גַּרְגְּרָנִית כּוֹכָבָנִית

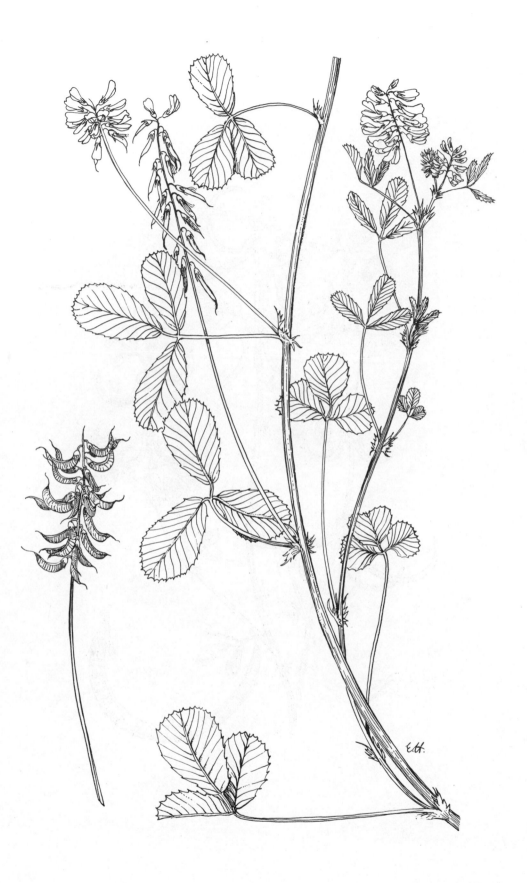

187. Trigonella corniculata (L.) L. גַּרְגֳּרָנִית מַקְרִינָה

188. Trigonella spinosa L.   גַּרְגְּרָנִית הַטַּבַּעַת

189. Trigonella caelesyriaca Boiss. גַּרְגְּרָנִית סוּרִית

DULIC ×3

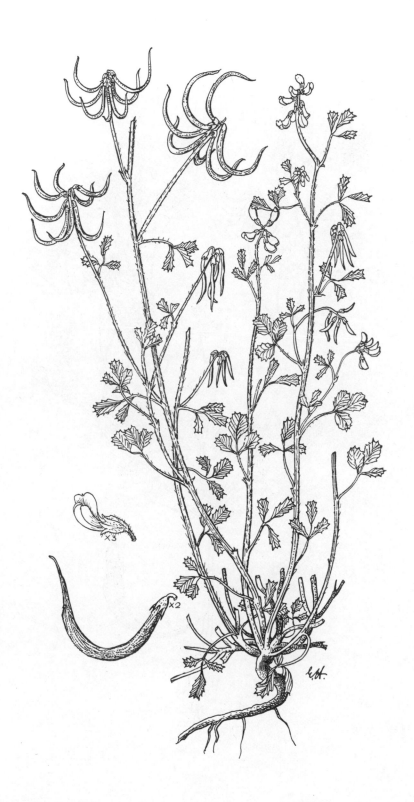

191. Trigonella cylindracea Desv. גַּרְגְּרָנִית גְּלִילִית

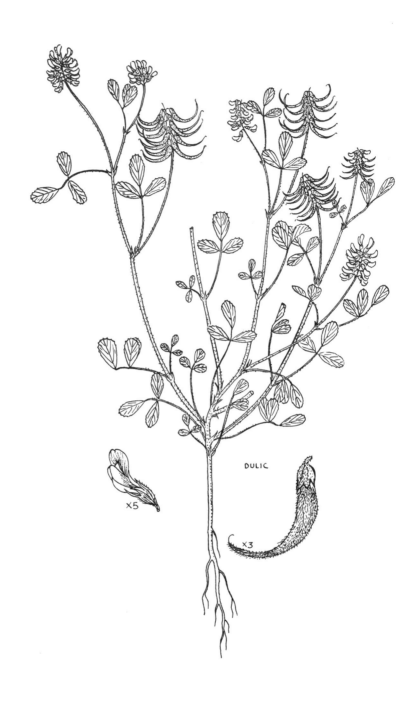

DULIC

×5

×3

192. Trigonella filipes Boiss.   גַּרְגְּרָנִית נִימִית

193. Trigonella lilacina Boiss. גַּרְגְּרָנִית לִילָכִית

194. Trigonella astroites Fisch. et Mey.　גַּרְגְּרָנִית הַכּוֹכָב

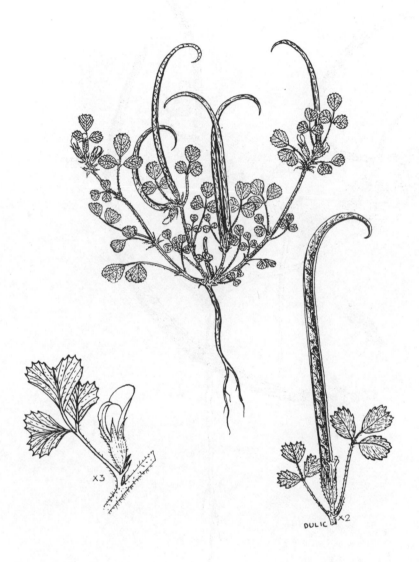

195. Trigonella monantha C. A. Mey. גַּרְגְּרָנִית חַד-פִּרְחִית

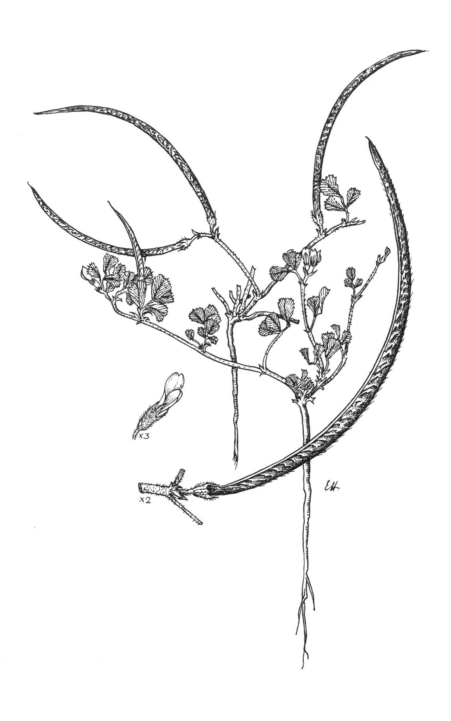

196. Trigonella noaeana Boiss.   גַּרְגְּרָנִית נוֹאֶה

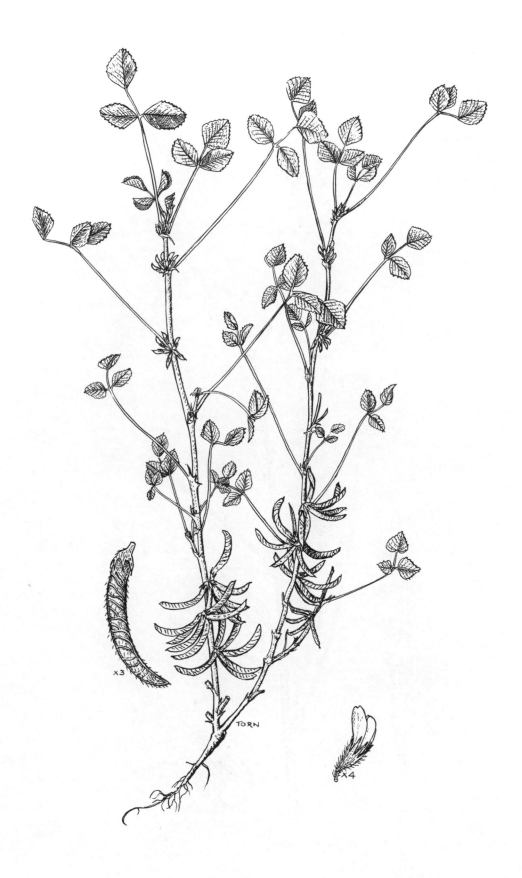

x3

TORN

x4

197. Trigonella monspeliaca L.   גַּרְגְּרָנִית מְצוּיָה

199. Trigonella foenum-graecum L.   גַּרְגְּרָנִית יְוָנִית

199a. Trigonella berythea Boiss. et Bl.   גַּרְגְּרָנִית בֵּירוּתִית

200. Factorovskya aschersoniana (Urb.) Eig פַקְטוֹרוֹבְסְקְיַת אָשֶׁרְסוֹן

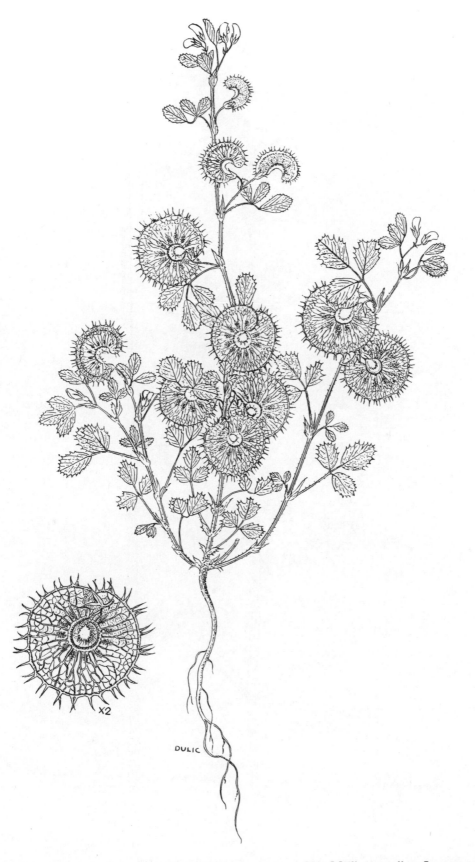

X2

DULIC

201. Medicago radiata L.   אַסְפֶּסֶת מְצֻיֶּצֶת

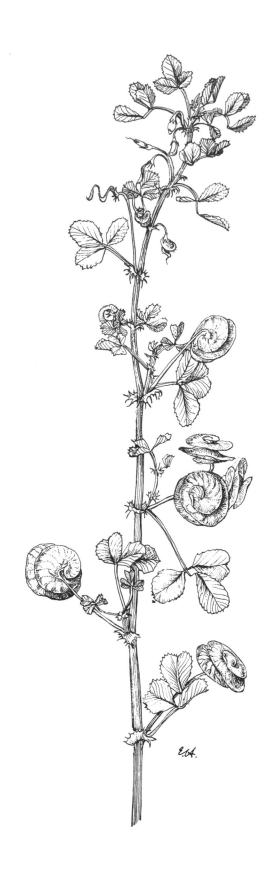

202. Medicago orbicularis (L.) Bart. אַסְפֶּסֶת עֲדַשְׁתִּית

203. Medicago lupulina L. אַסְפֶּסֶת זְעִירָה

204. Medicago sativa L.   אַסְפֶּסֶת תַּרְבּוּתִית

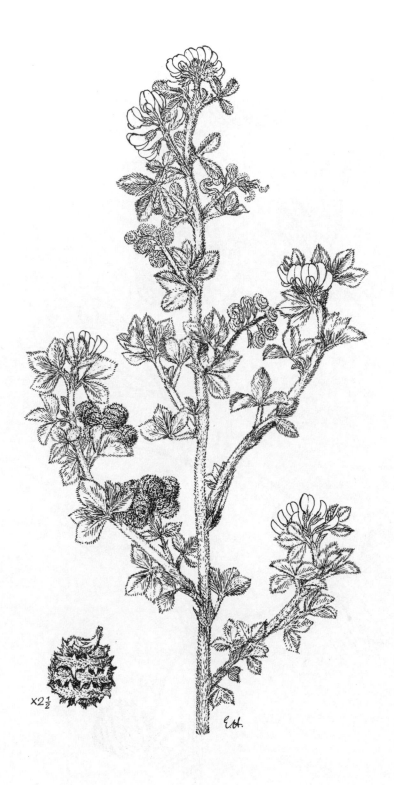

x2½

205. Medicago marina L.   אַסְפֶּסֶת הַיָּם

Torn

206. Medicago scutellata (L.) Mill. אַסְפֶּסֶת קְעוּרָה

×5

×2

DULIC
207. Medicago rugosa Desr.   אַסְפֶּסֶת מְקֻמֶּטֶת

208. Medicago blancheana Boiss.   אַסְפֶּסֶת בְּלַנְשׁ

209. Medicago rotata Boiss.   אַסְפֶּסֶת גַּלְגַּלִּית

×4

210. Medicago coronata (L.) Bart. אַסְפֶּסֶת הַכְּתָרִים

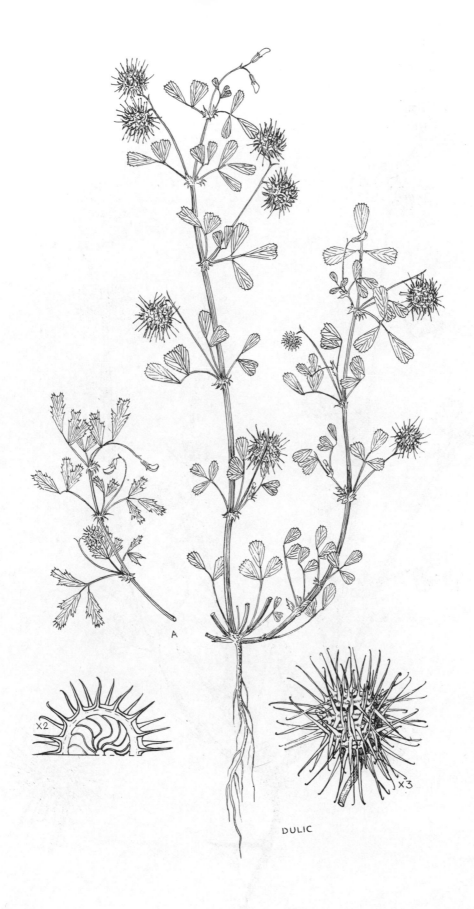

211. Medicago laciniata (L.) Mill. אַסְפֶּסֶת מְפֻצֶּלֶת

212. Medicago minima (L.) Bart. אַסְפֶּסֶת קְטַנָּה

213. Medicago polymorpha L.   אַסְפֶּסֶת מְצוּיָה

TORN

×2

214. Medicago tornata (L.) Mill.　אַסְפֶּסֶת אִיטַלְקִית

var. aculeata (Guss.) Heyn　זַן שְׁכָנִי

215. Medicago litoralis Rohde   אַסְפֶּסֶת הַחוֹף

216. Medicago truncatula Gaertn.   אַסְפֶּסֶת קְטוּעָה

DULIC

DULIC

217. Medicago rigidula (L.) All. אַסְפֶּסֶת אֲשׁוּנָה

218. Medicago constricta Durieu   אַסְפֶּסֶת כַּדּוּרִית

DULIC

219. Medicago aculeata Gaertn. אַסְפֶּסֶת שְׁכָנִית

×3

220. Medicago turbinata (L.) All.   אַסְפֶּסֶת הֶחָבִית

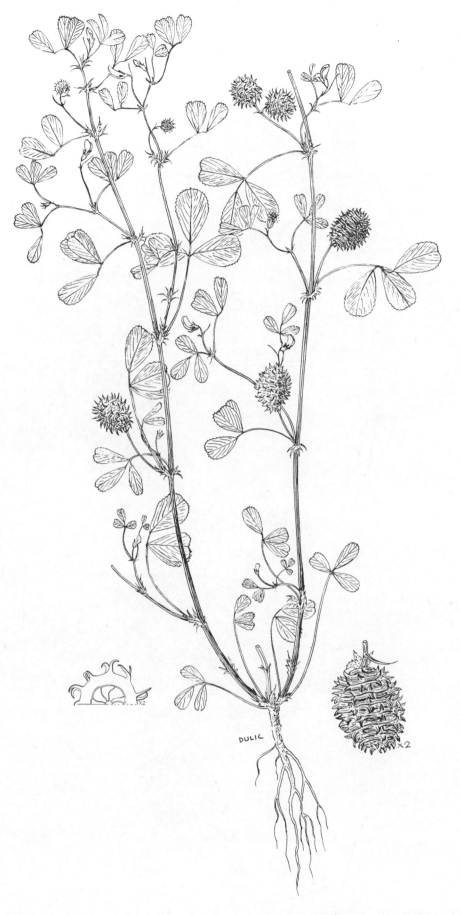

DULIC

221. Medicago murex Willd.   אַסְפֶּסֶת הַחִלָּזוֹן

222. **Medicago intertexta** (L.) Mill.   אַסְפֶּסֶת מְשֻׁזֶּרֶת

DULIC

223. Medicago granadensis Willd.   אַסְפֶּסֶת הַגָּלִיל

x5

224. Melilotus albus Medik. דִּבְשָׁה לְבָנָה

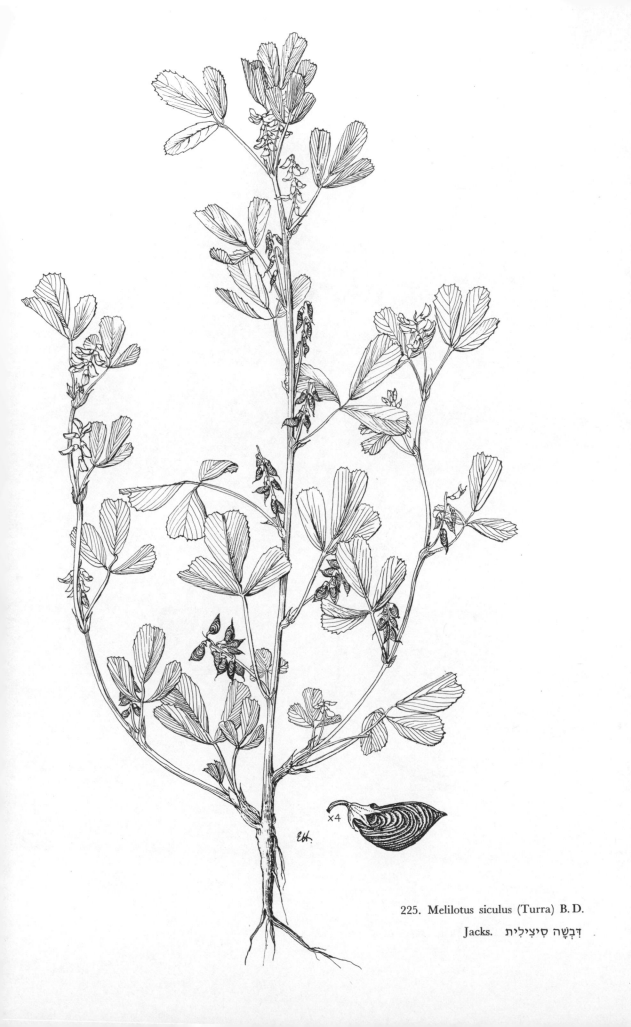

225. Melilotus siculus (Turra) B. D. Jacks. דִּבְשָׁה סִיצִילִית

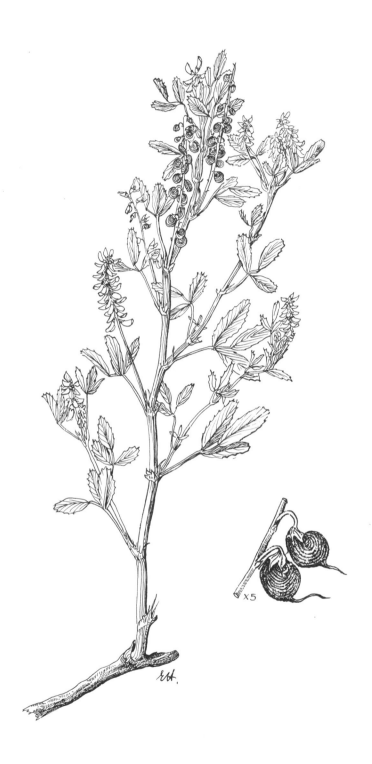

x5

226. Melilotus sulcatus Desf. דִּבְשָׁה חֲרוּצָה

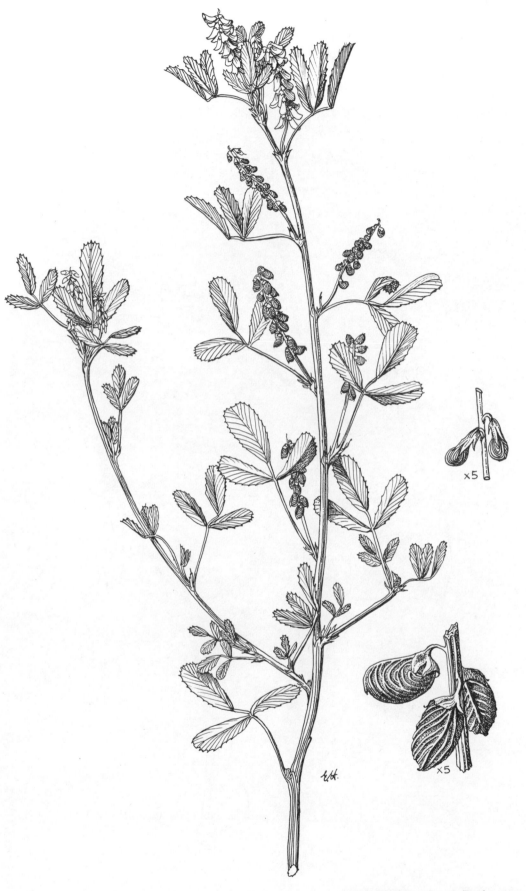

227. Melilotus sulcatus Desf. דִּבְשָׁה חֲרוּצָה
var. segetalis (Brot.) Rouy זַן הַמִּזְרָע

228. Melilotus elegans Salzm. דִּבְשָׁה הֲדוּרָה

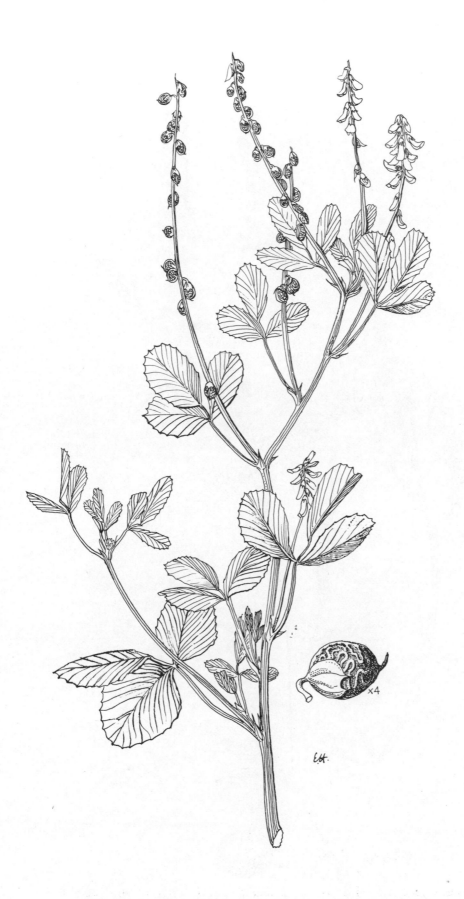

229. Melilotus italicus (L.) Lam. דִּבְשָׁה אִיטַלְקִית

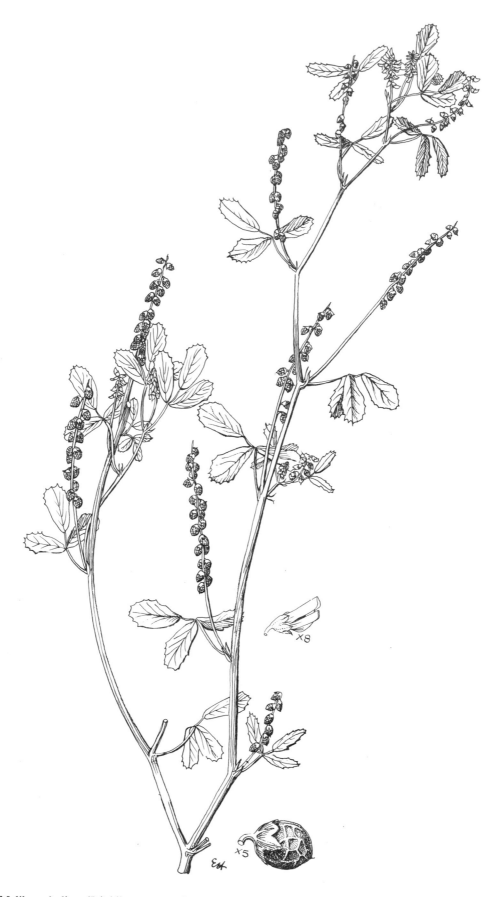

230. Melilotus indicus (L.) All. דִּבְשָׁה הָדִּית

231. Trifolium repens L.   תִּלְתָּן זוֹחֵל

232. Trifolium nigrescens Viv.   תִּלְתָּן רָפֶה

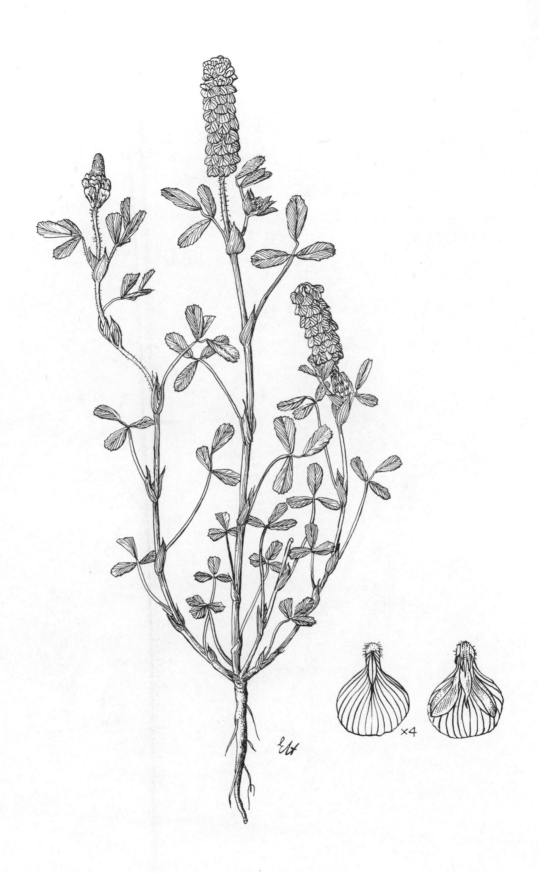

233. Trifolium billardieri Spreng. תִּלְתָּן דָּגוּל

234. Trifolium philistaeum Zoh.   תִּלְתָּן פְּלִשְׁתִּי

235. Trifolium campestre Schreb.   תִּלְתָּן חַקְלָאִי

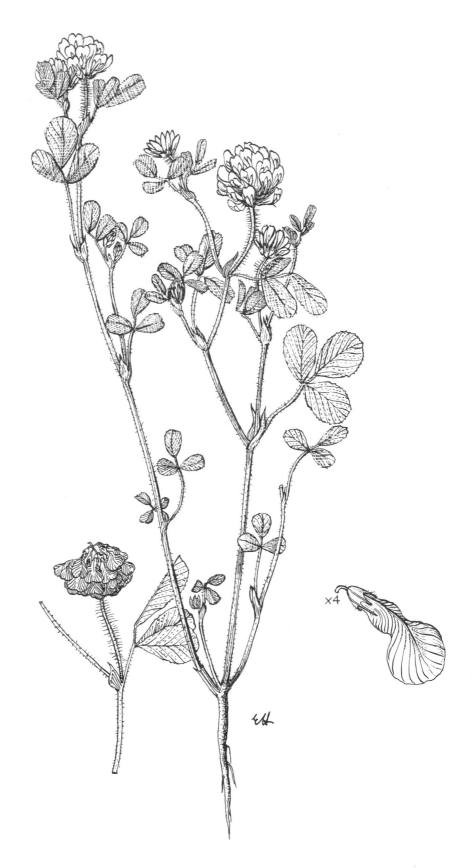

×4

236. Trifolium boissieri Guss. תִּלְתַּן בּוֹאַסְיֶה

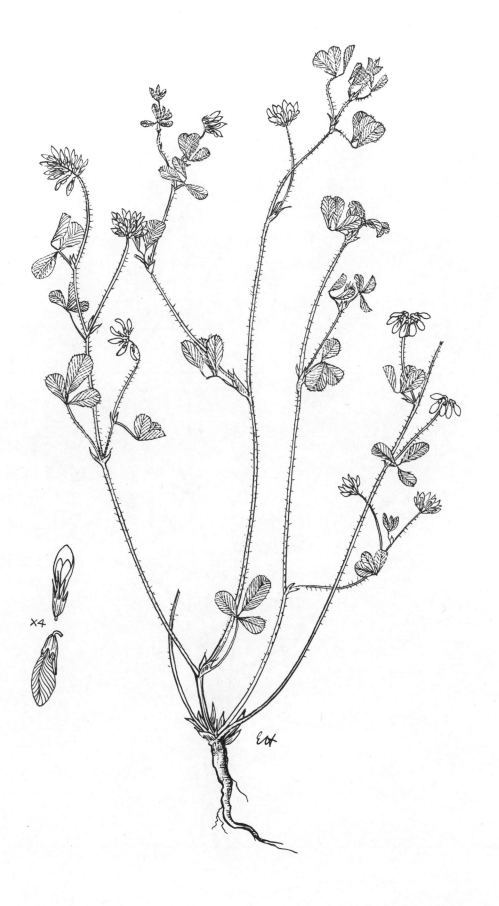

x4

237. Trifolium erubescens Fenzl תִּלְתָּן מַאְדִּים

238. Trifolium micranthum Viv. תִּלְתָּן נִימִי

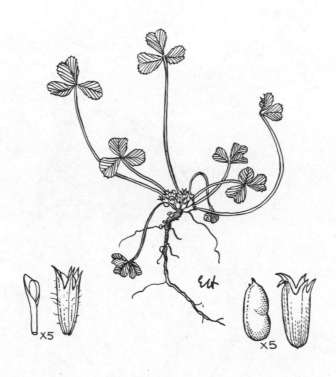

239. Trifolium suffocatum L.   תִּלְתָּן חָנוּק

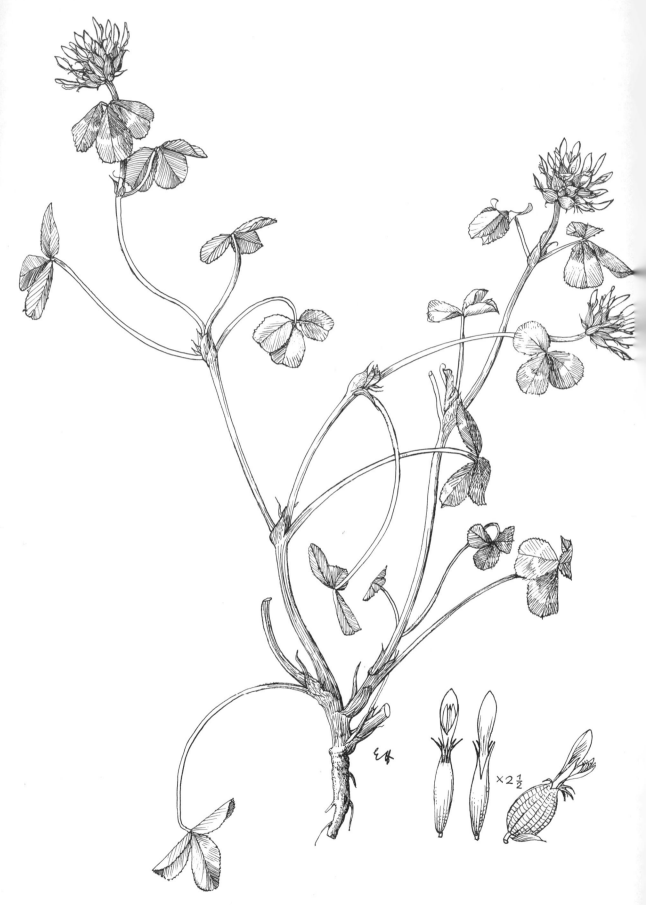

240. Trifolium spumosum L. תִּלְתַּן הַקֶּצֶף

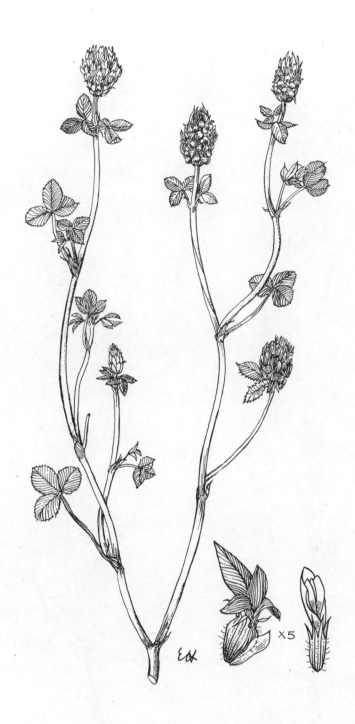

241. Trifolium argutum Banks et Sol. תִּלְתָּן אַלְמָוֶת

242. Trifolium fragiferum L.   תִּלְתָּן הַבִּצּוֹת

243. Trifolium physodes Stev.   תִּלְתָּן מְשֻׁלְחָף

244. Trifolium resupinatum L.　תִּלְתָּן הָפוּךְ

245. Trifolium clusii Godr. et Gren.   תִּלְתָּן קְלוּסִי

246. Trifolium tomentosum L. תִּלְתָּן לָבִיד

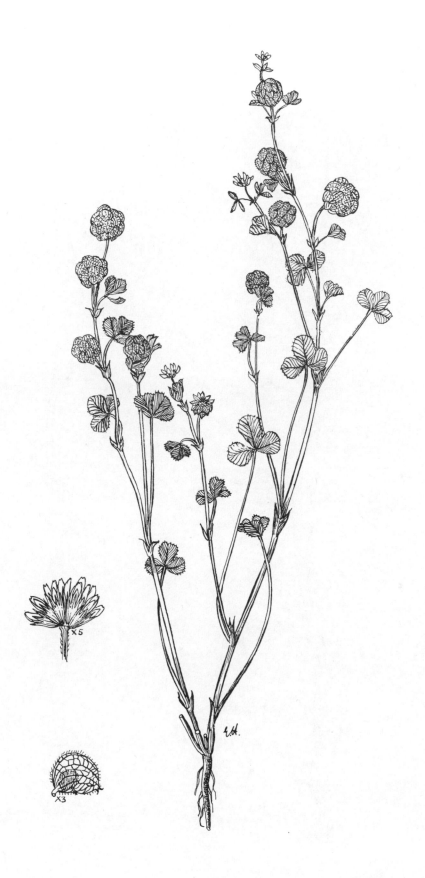

247. Trifolium bullatum Boiss. et Hausskn. תִּלְתָּן גֱּלָּנִי

248. Trifolium glanduliferum Boiss.   תִּלְתָּן בַּלּוּטִי

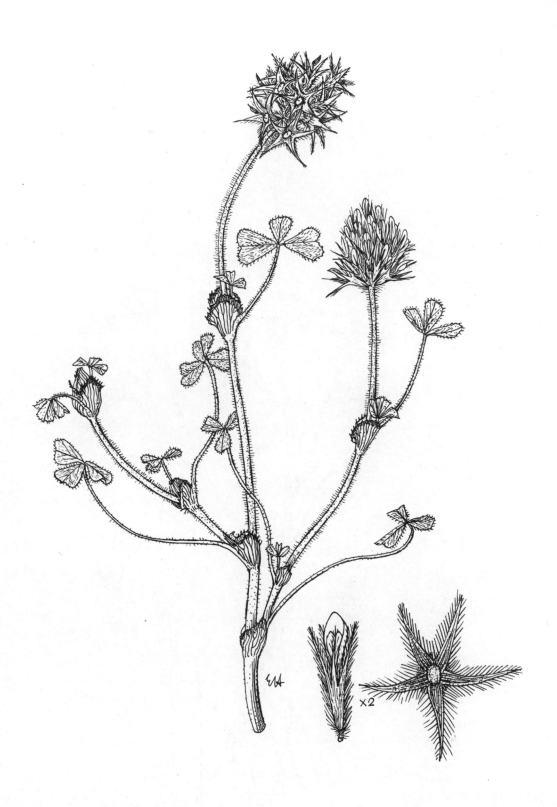

249. Trifolium stellatum L.   תִּלְתָּן כּוֹכְבָנִי

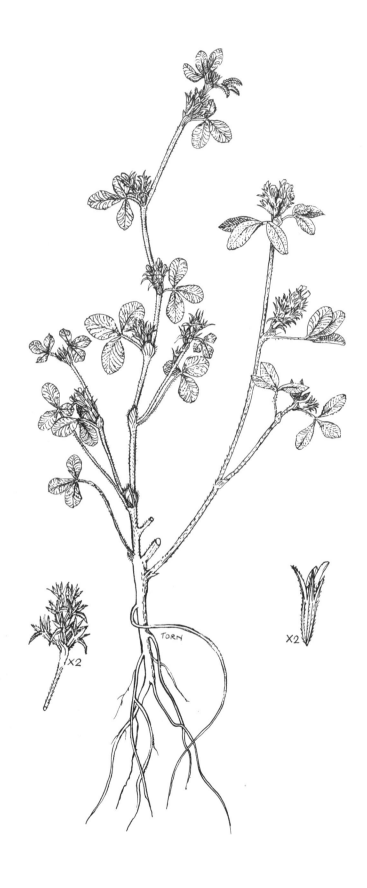

250. Trifolium scabrum L. תִּלְתָּן דּוֹקְרָנִי

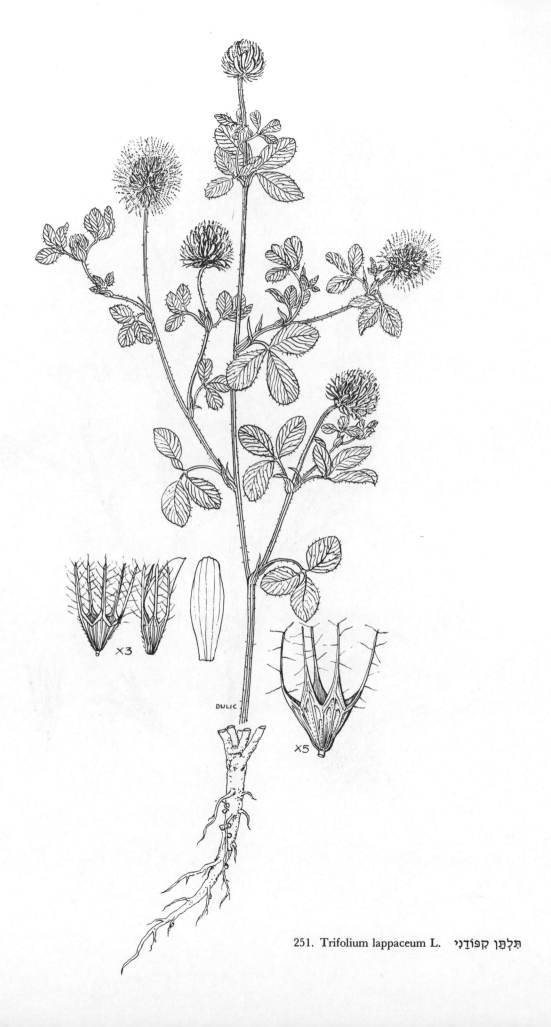

251. Trifolium lappaceum L. תִּלְתָּן קִפּוֹדָנִי

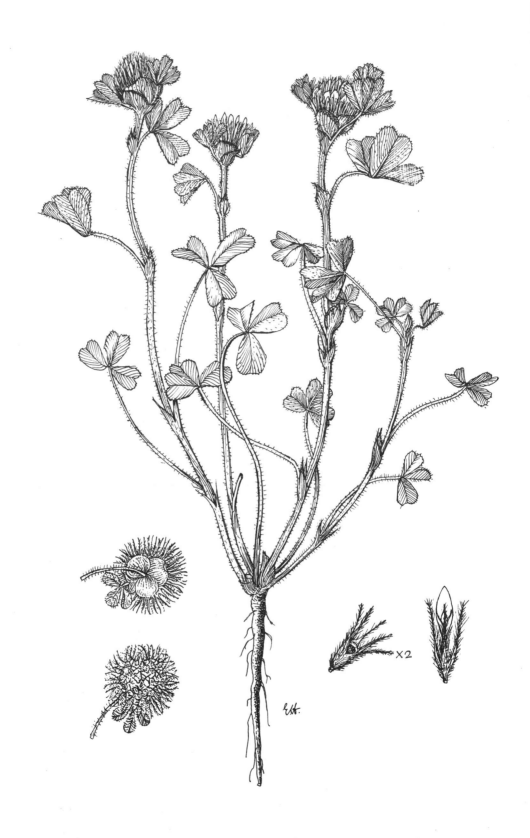

252. Trifolium cherleri L. תִּלְתַּן הַכַּפְתּוֹרִים

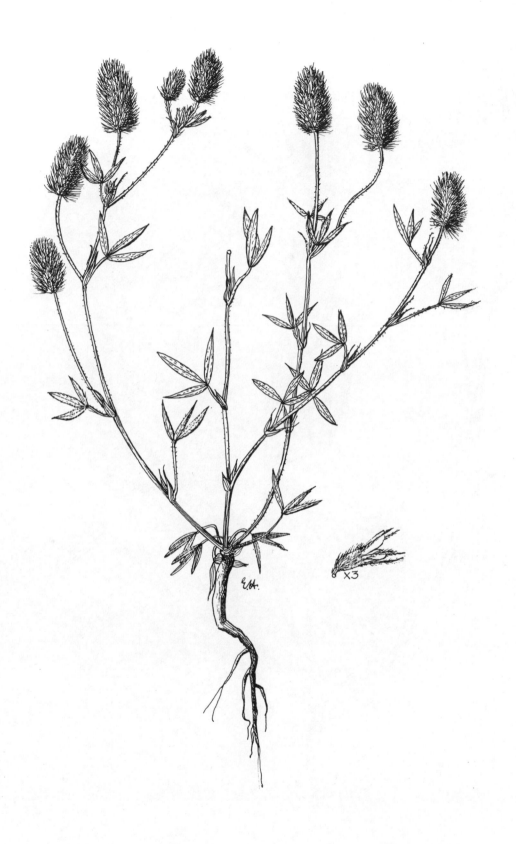

253. Trifolium arvense L.   תִּלְתַּן הַשָּׂדֶה

254. Trifolium angustifolium L.   תִּלְתָּן צַר־עָלִים

255. Trifolium purpureum Loisel. תִּלְתָּן הָאַרְגָּמָן

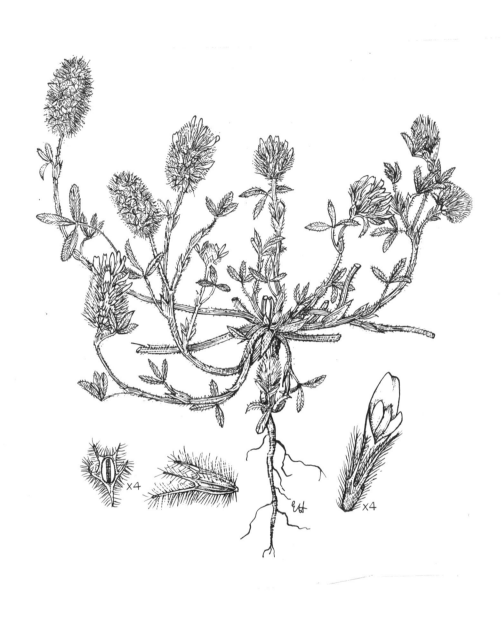

256. Trifolium blancheanum Boiss. תִּלְתַּן בְּלַנְשׁ

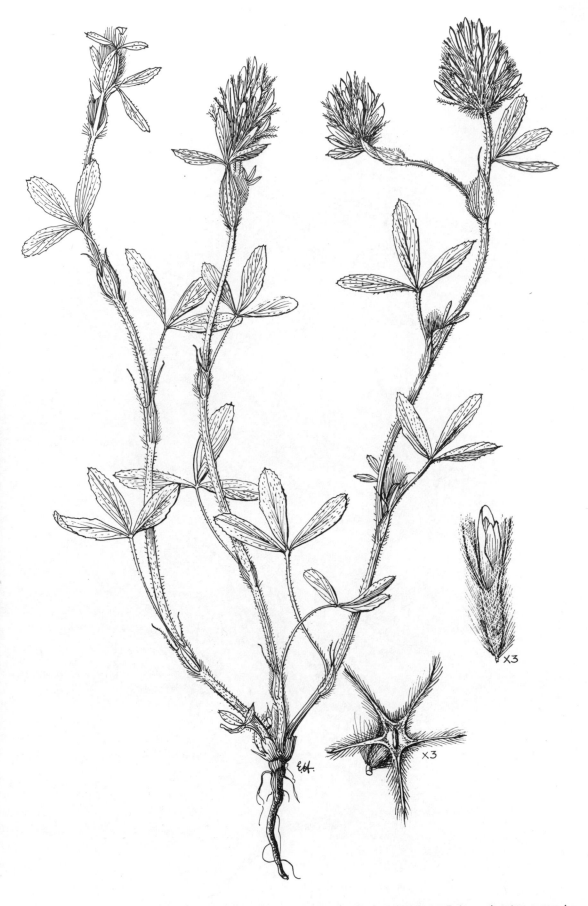

257. Trifolium palaestinum Boiss. תִּלְתַּן אֶרֶצְיִשְׂרְאֵלִי

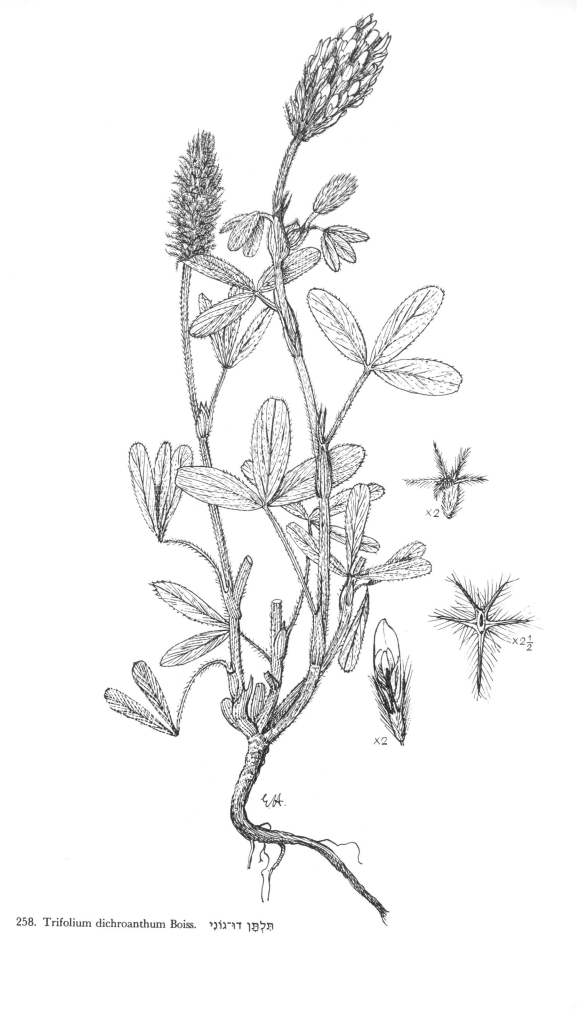

258. Trifolium dichroanthum Boiss. תִּלְתָּן דו־גוֹנִי

259. Trifolium dasyurum C. Presl   תִּלְתָּן נָאֶה

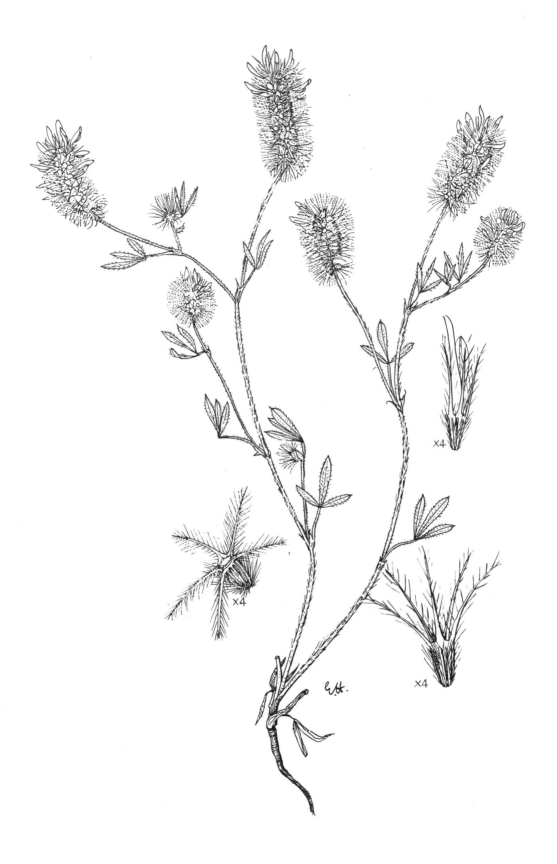

260. Trifolium prophetarum Hossain תִּלְתַּן הַנְּבִיאִים

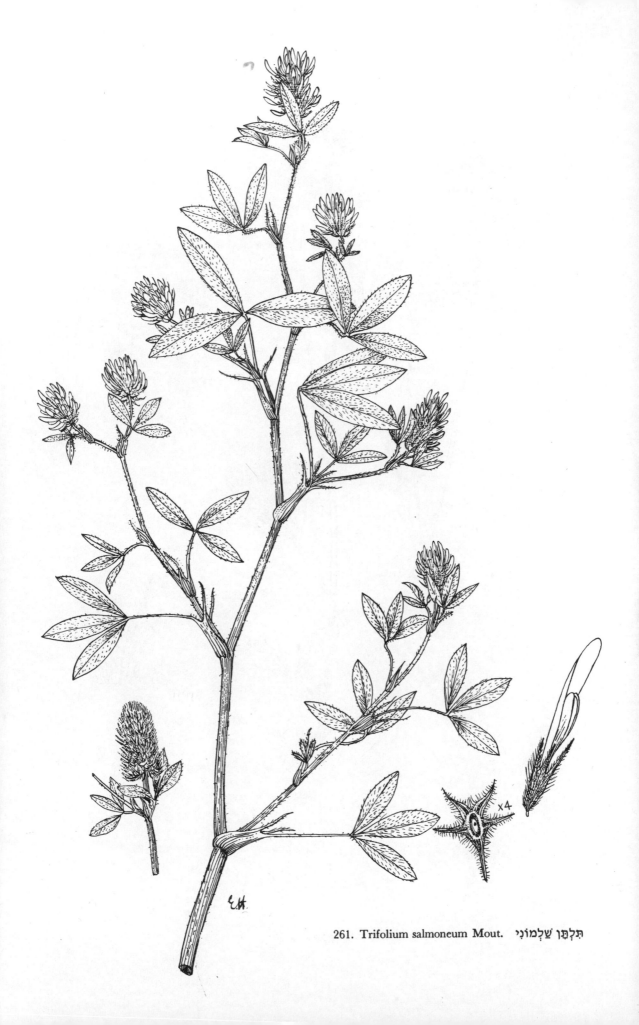

261. Trifolium salmoneum Mout. תִּלְתָּן שַׁלְמוֹנִי

262. Trifolium berytheum Boiss. et Bl. תִּלְתָּן בֵּירוּתִי

263. Trifolium meironense Zoh. et Lern.   תִּלְתָּן מֵירוֹנִי

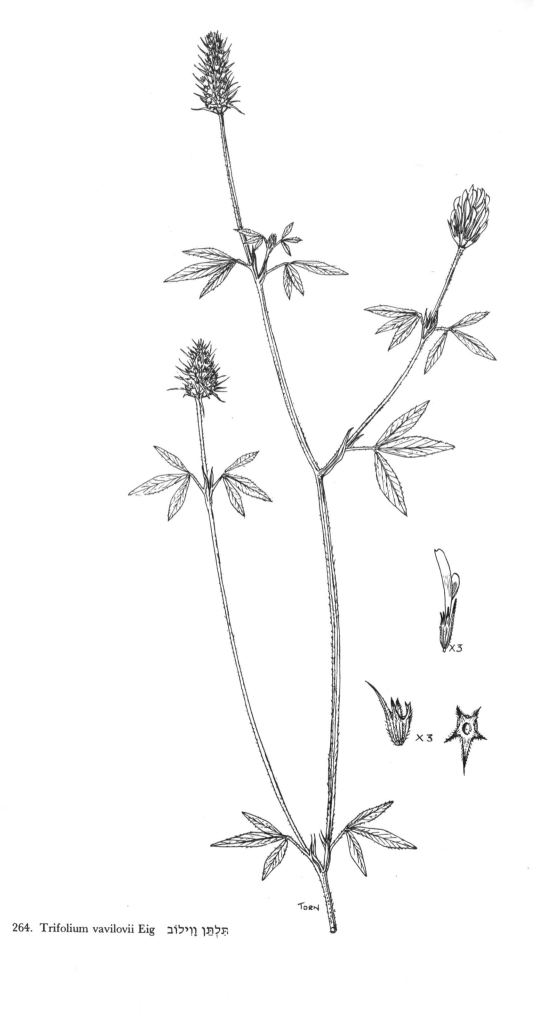

TORN

264. Trifolium vavilovii Eig תִּלְתַּן וָוִילוֹב

265. Trifolium alexandrinum L.   תִּלְתָּן אֲלֶכְּסַנְדְּרוֹנִי

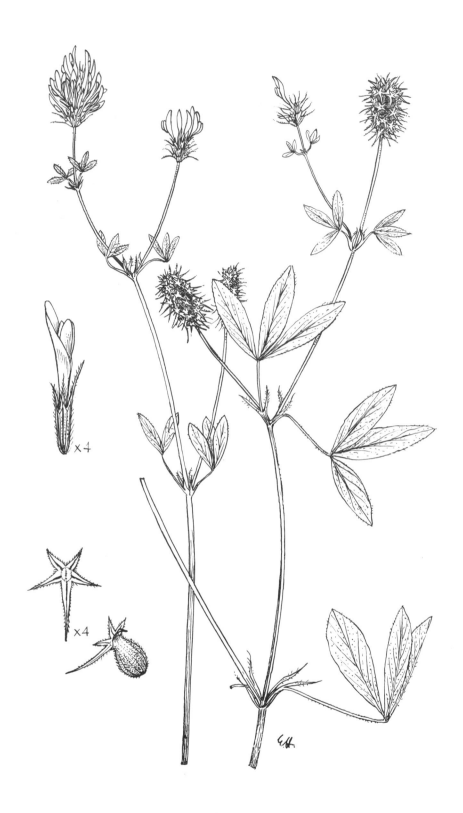

266. Trifolium constantinopolitanum Ser. תִּלְתָּן קוּשְׁטָא

267. Trifolium leucanthum M.B.   תִּלְתָּן לָבָן

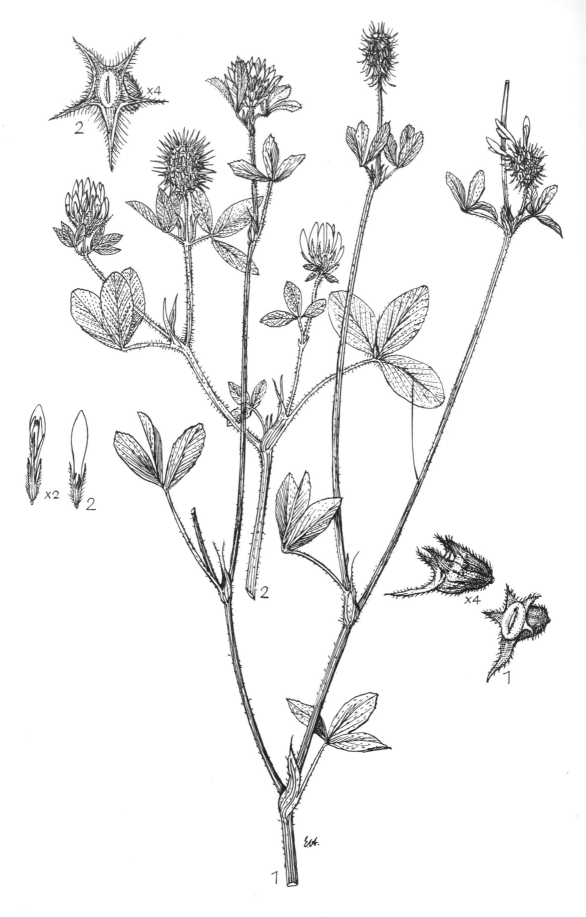

268. Trifolium echinatum M.B.　תִּלְתָּן חָדוּד

269. **Trifolium clypeatum** L.   תִּלְתָּן תְּרִיסָנִי

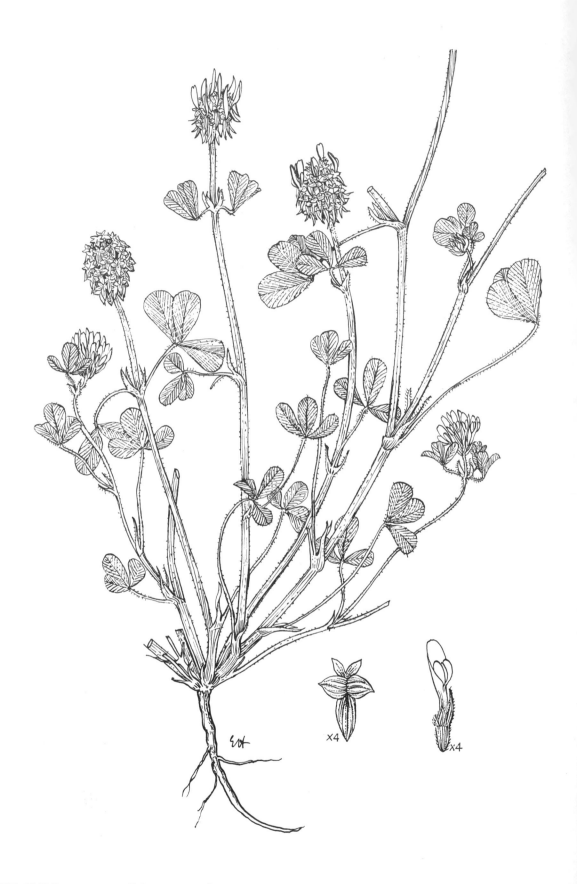

270. Trifolium scutatum Boiss. תִּלְתַּן הַמָּגֵן

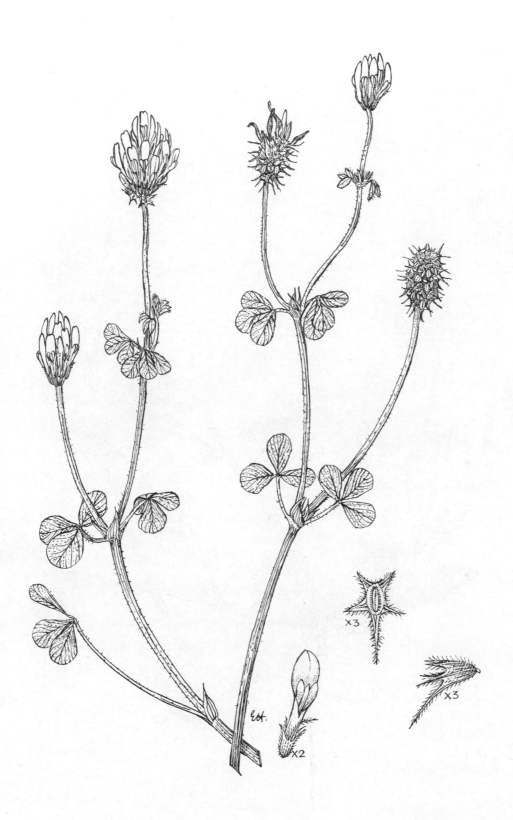

271. Trifolium plebeium Boiss.   תִּלְתָּן נָחוּת

272. Trifolium pauciflorum Urv. תִּלְתָּן דַּל־פְּרָחִים

273. Trifolium pilulare Boiss.   תִּלְתָּן הַכַּדּוּרִים

274. Trifolium eriosphaerum Boiss. תִּלְתָּן צָמִיר

275. Trifolium subterraneum L.   תִּלְתָּן תַּת־קַרְקָעִי

276. Trifolium israëliticum D. Zoh. et Katznelson   תִּלְתָּן יִשְׂרְאֵלִי

277. Cicer pinnatifidum Jaub. et Sp. חִמְצָה שְׁסוּעָה

278. Vicia tenuifolia Roth   בִּקְיָה דַּקַּת־עָלִים

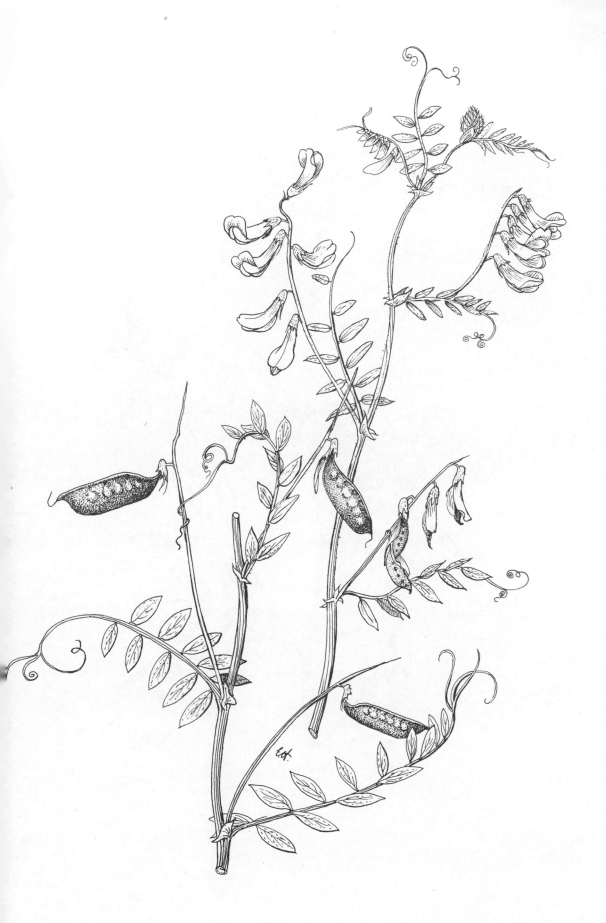

279. Vicia villosa Roth בִּקְיָה שְׂעִירָה

280. Vicia palaestina Boiss.　בִּקְיָה אֶרֶצִישְׂרָאֵלִית

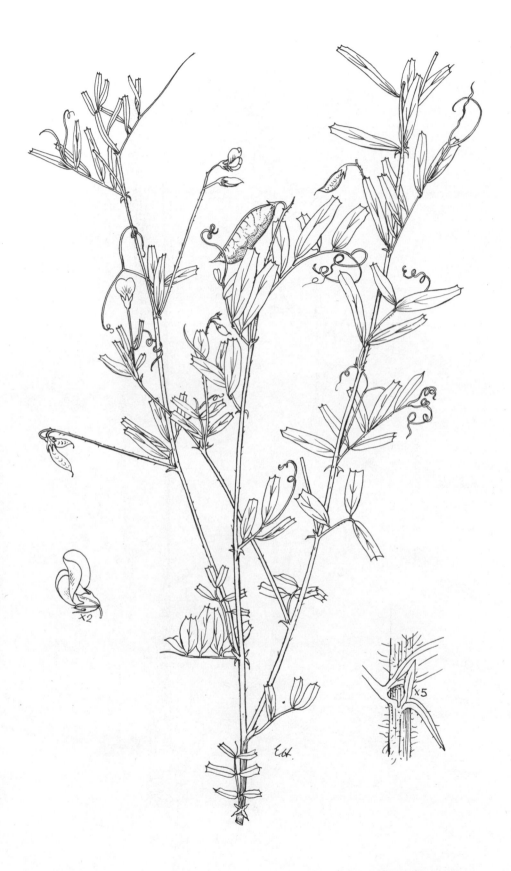

281. Vicia hulensis Plitm. בִּקְיַת הַחוּלָה

282. Vicia esdraëlonensis Warb. et Eig   בִּקְיַת יִזְרְעֶאל

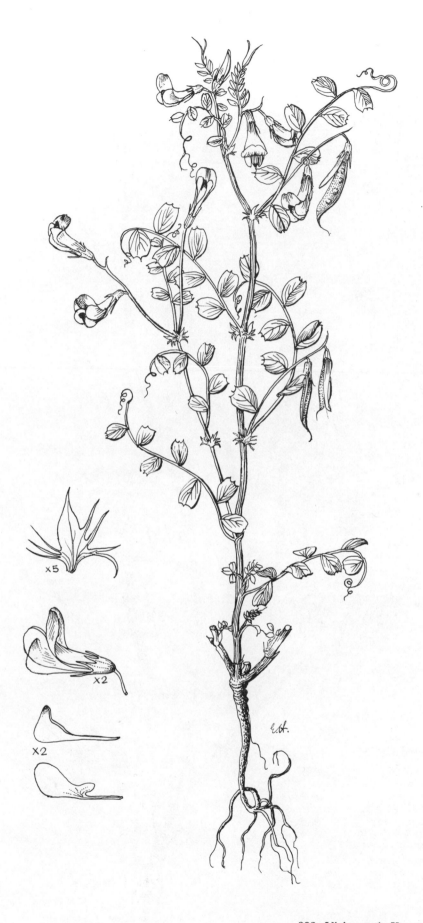

283. Vicia cypria Ky. בִּקְיַת קַפְרִיסִין

284. Vicia monantha Retz. בִּקְיָה מְדֻרְבֶּנֶת

285. Vicia ervilia (L.) Willd. בִּקְיַת הַכַּרְשִׁינָה

286. Vicia pubescens (DC.) Link בִּקְיָה קְטַנָּה

287. Vicia tetrasperma (L.) Schreb. ‏בִּקְיָה עֲדִינָה‏

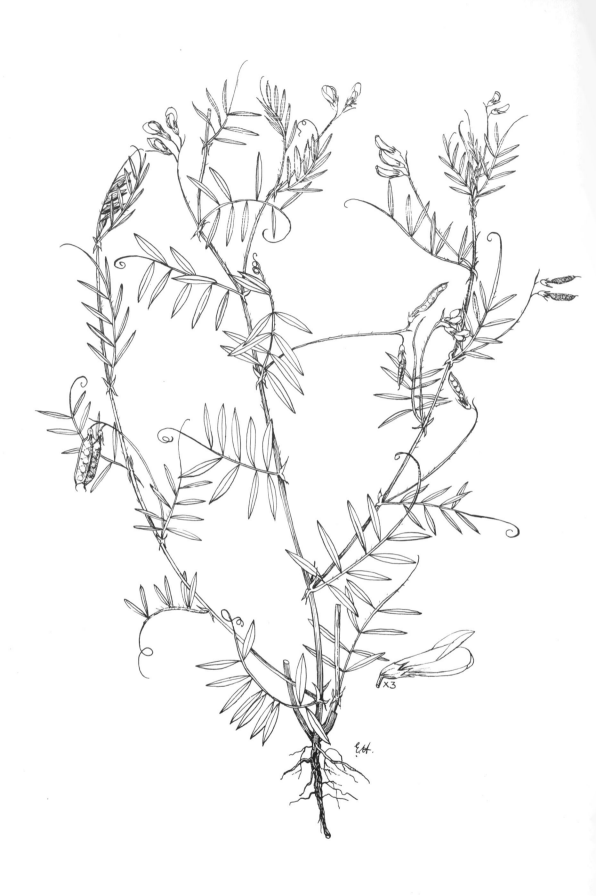

288. Vicia tenuissima (M.B.) Schinz et Thell. בִּקְיָה דַּקִּיקָה

TORN

289. Vicia galeata Boiss.   בִּקְיַת הַבִּצּוֹת

×2

290. Vicia peregrina L.   בִּקְיָה מְצוּיָה

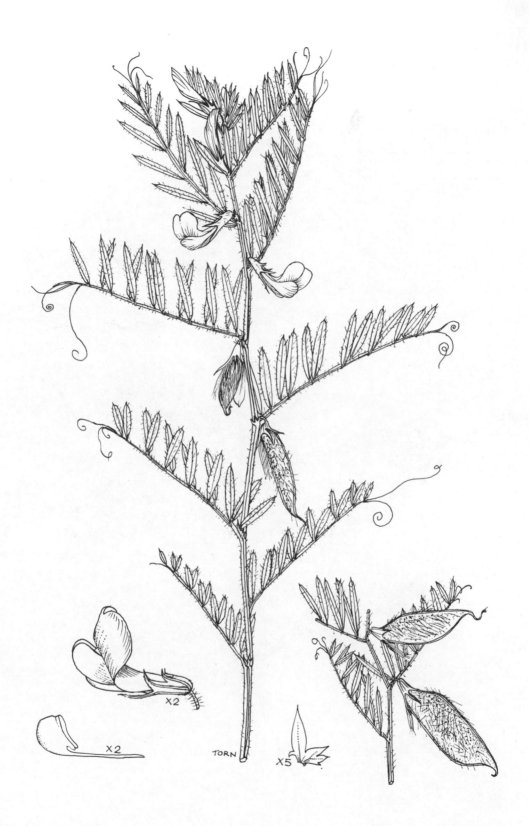

291. Vicia lutea L.   בִּקְיָה צְהֻבָּה

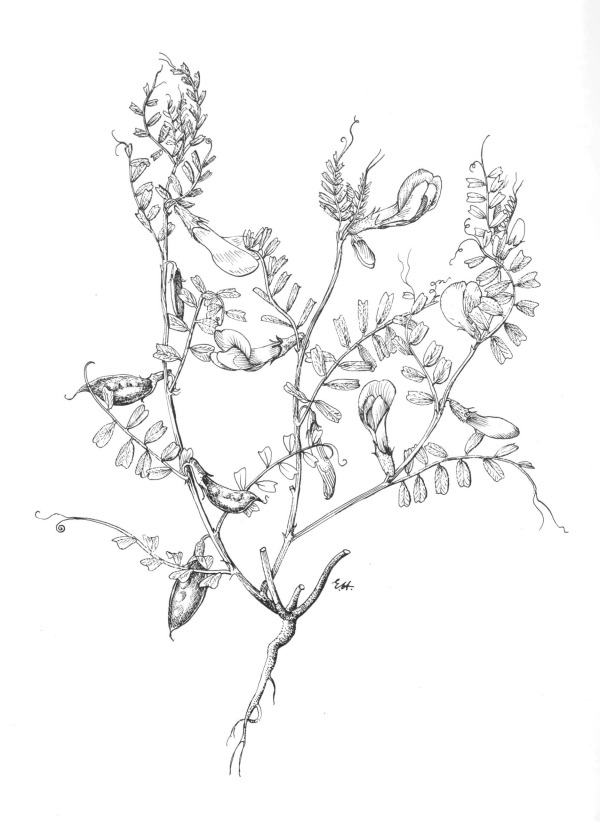

292. Vicia sericocarpa Fenzl בִּקְיַת הַמֶּשִׁי

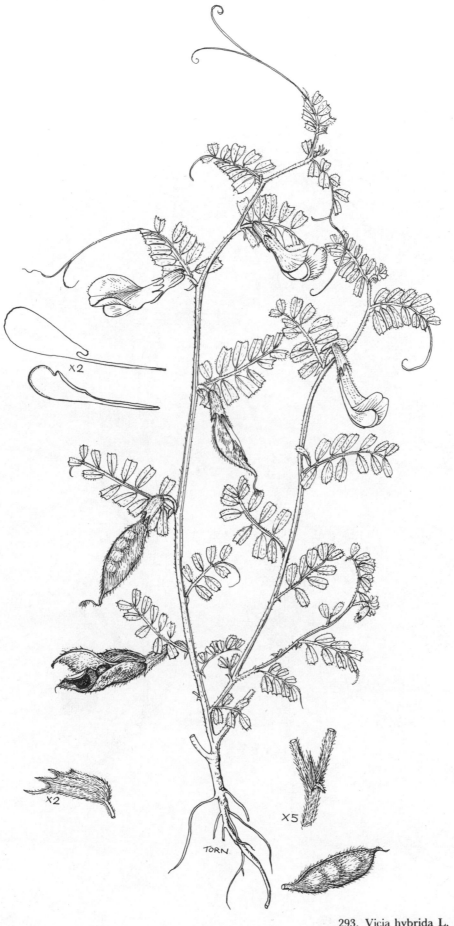

293. Vicia hybrida L. בִּקְיַת הַכִּלְאַיִם

×2½

×4

294. Vicia cuspidata Boiss.   בִּקְיָה חֲדוּדָה

295. Vicia sativa L. בִּקְיָה תַּרְבּוּתִית

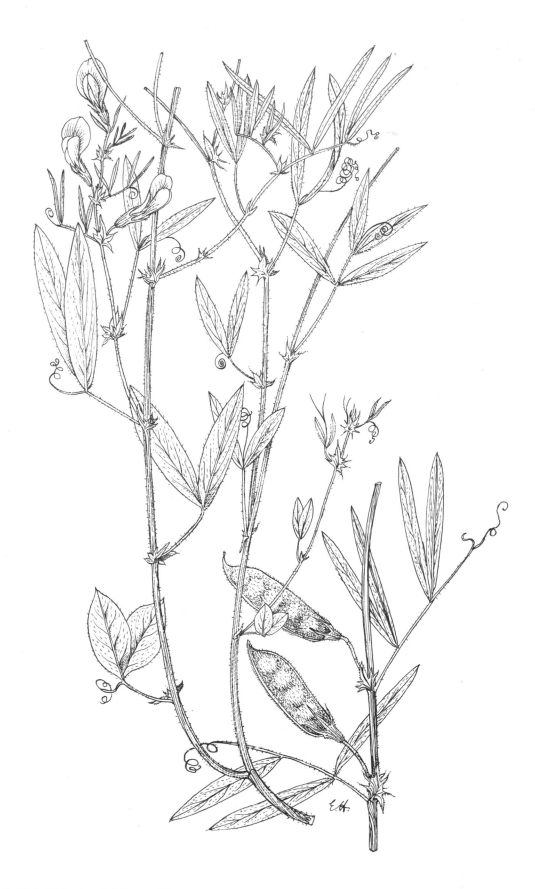

296. Vicia bithynica (L.) L. בִּקְיָה אֲנָטוֹלִית

297. Vicia narbonensis L.   בִּקְיָה צָרְפָתִית

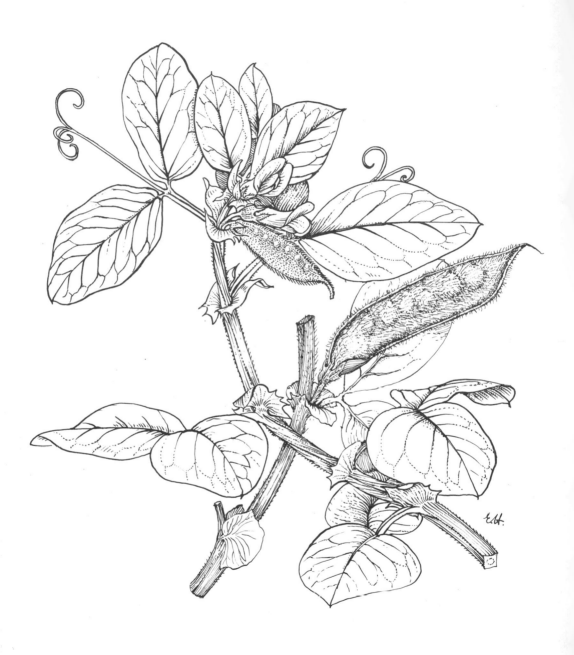

298. Vicia galilaea Plitm. et Zoh. בִּקְיַת הַגָּלִיל

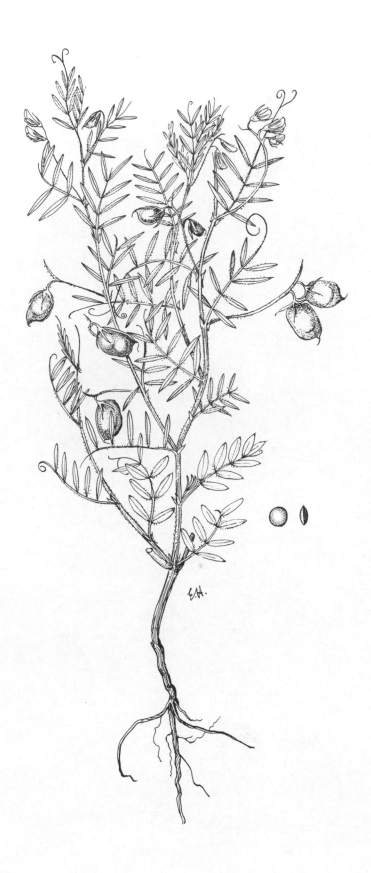

299. Lens culinaris Medik. ‏עֲדָשָׁה תַּרְבּוּתִית‎

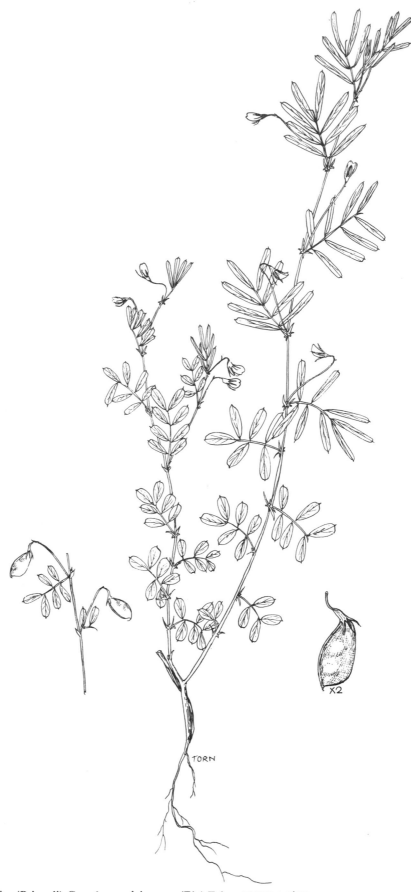

300. Lens ervoides (Brignoli) Grande var. leiocarpa (Eig) Zoh. עֲדָשָׁה מְצוּיָה

X2½

TORN

301. Lens orientalis (Boiss.) Schmalh. עֲדָשָׁה מִזְרָחִית

302. Lathyrus digitatus (M.B.) Fiori   טֹפַח הַגָּלִיל

x3

TORN

x4

303. Lathyrus hierosolymitanus Boiss.   טֹפַח יְרוּשָׁלַיִם

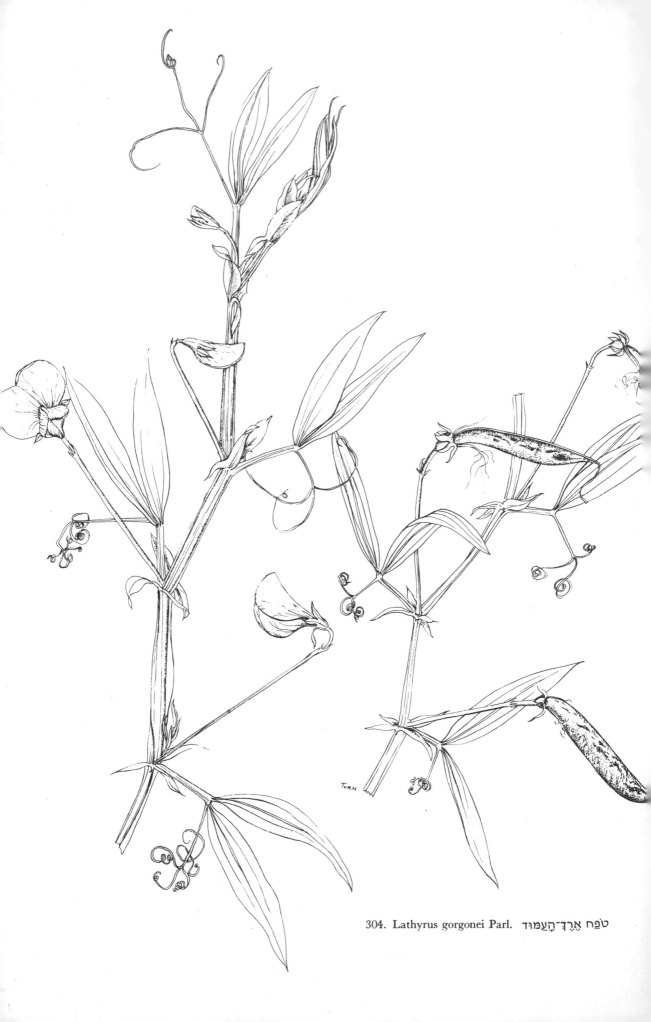

304. Lathyrus gorgonei Parl. טֹפַח אֳרֶךְ־הֶעָמוּד

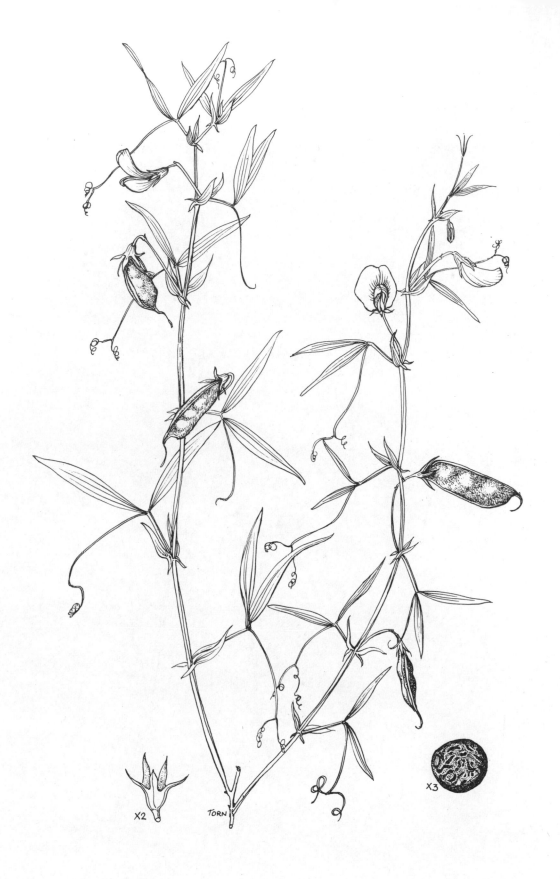

305. Lathyrus marmoratus Boiss. et Bl. טֹפַח נָאֶה

306. Lathyrus cicera L. var. negevensis Plitm.   טֹפַח חִמְצָתִי זַן נֶגְבִּי
306a. Lathyrus pseudocicera Pamp.   טֹפַח מְעֻרָק

×2

TORN

307. Lathyrus blepharicarpus Boiss. טֹפַח רִיסָנִי

308. Lathyrus gloeospermus Warb. et Eig   טֹפַח דְּבִיק

×2

TORN

309. Lathyrus inconspicuus L.　טֹפַח זָקוּף

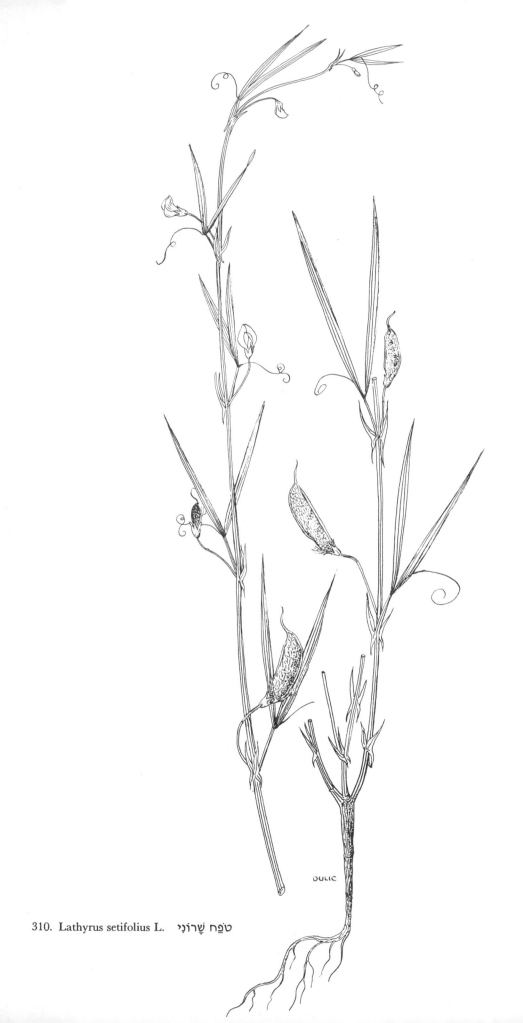

310. Lathyrus setifolius L. טַפַּח שָׁרוֹנִי

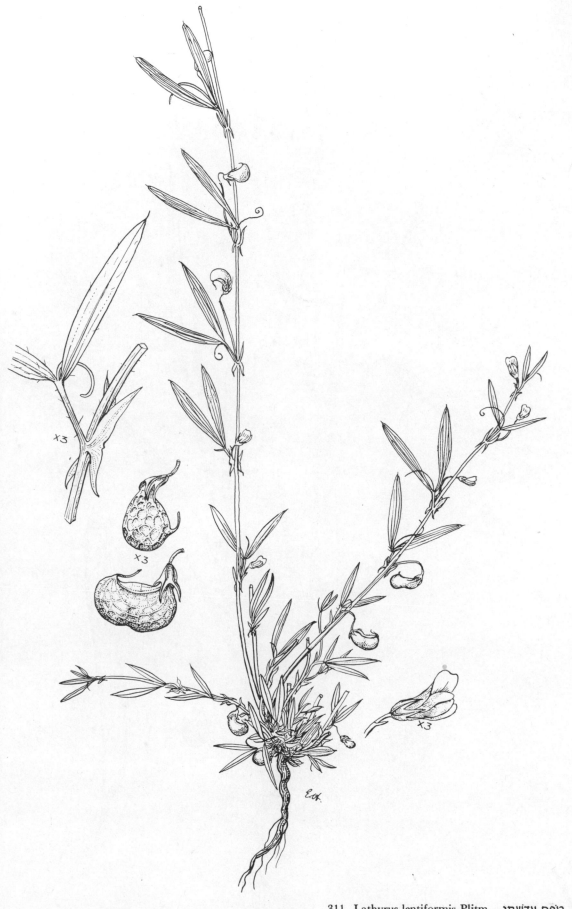

311. Lathyrus lentiformis Plitm. טֹפַח עֲדַשְׁתִּי

312. Lathyrus nissolia L.   טֹפַח עָדִין

DULIC

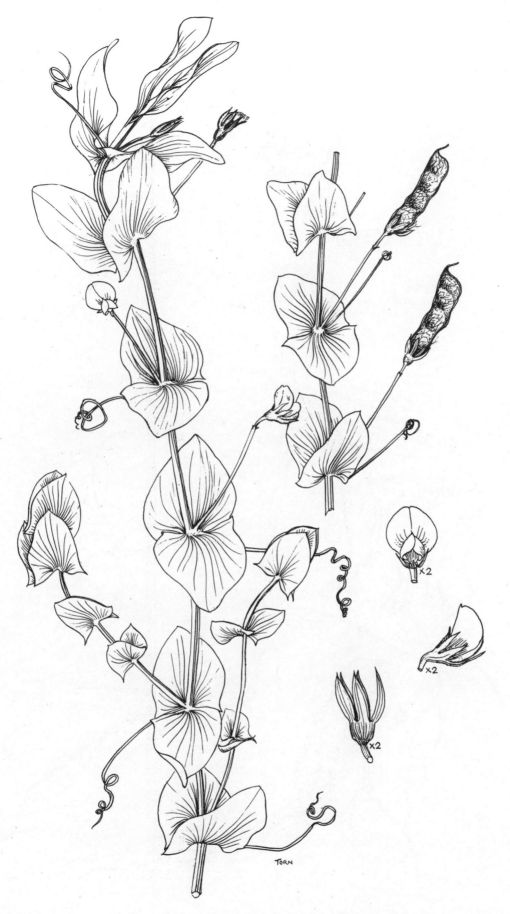

313. Lathyrus aphaca L.   טֹפַח מָצוּי

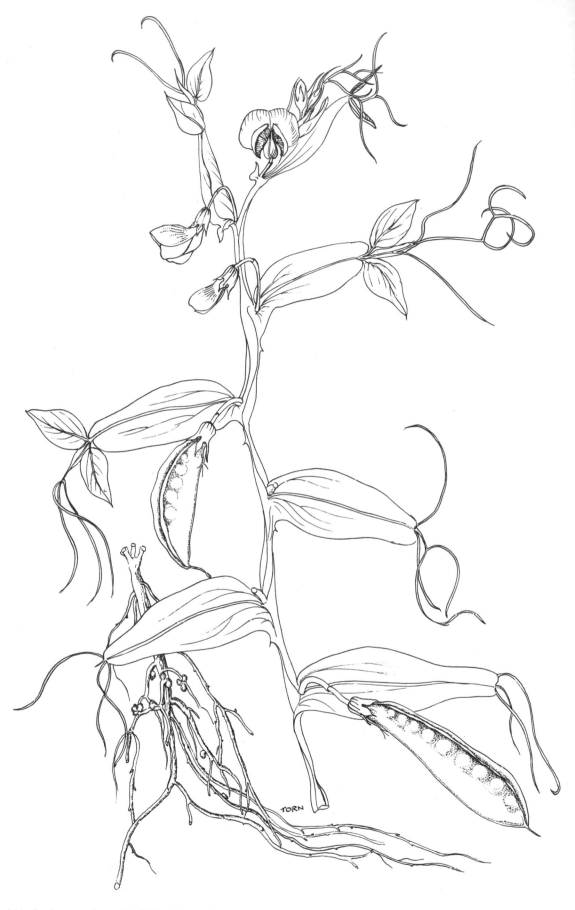

314. Lathyrus ochrus (L.) DC. טֹפַח גָדוֹל

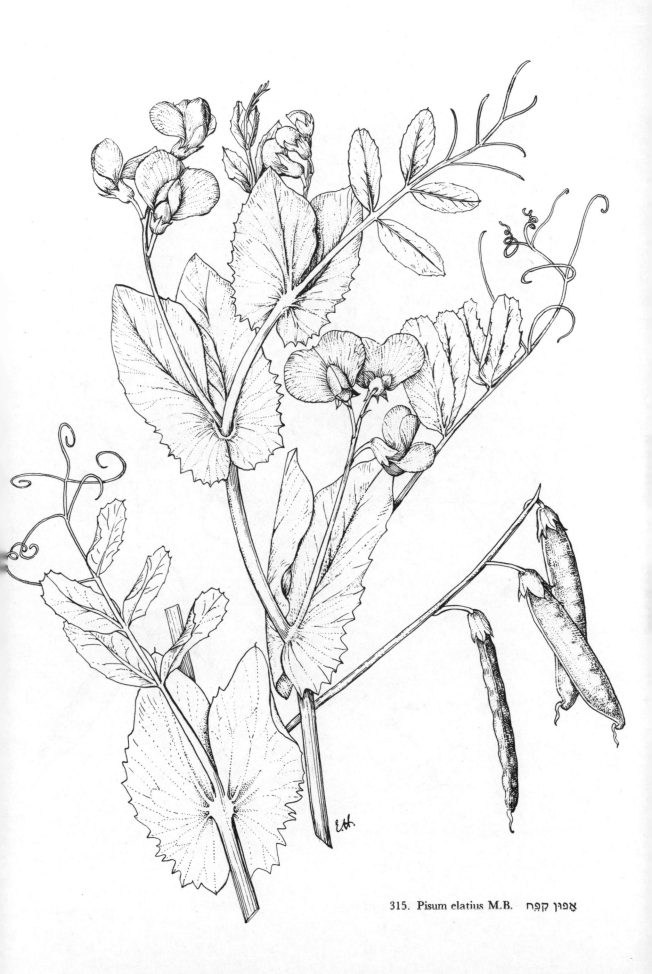

315. *Pisum elatius* M.B. אֲפוּן קֶפֶח

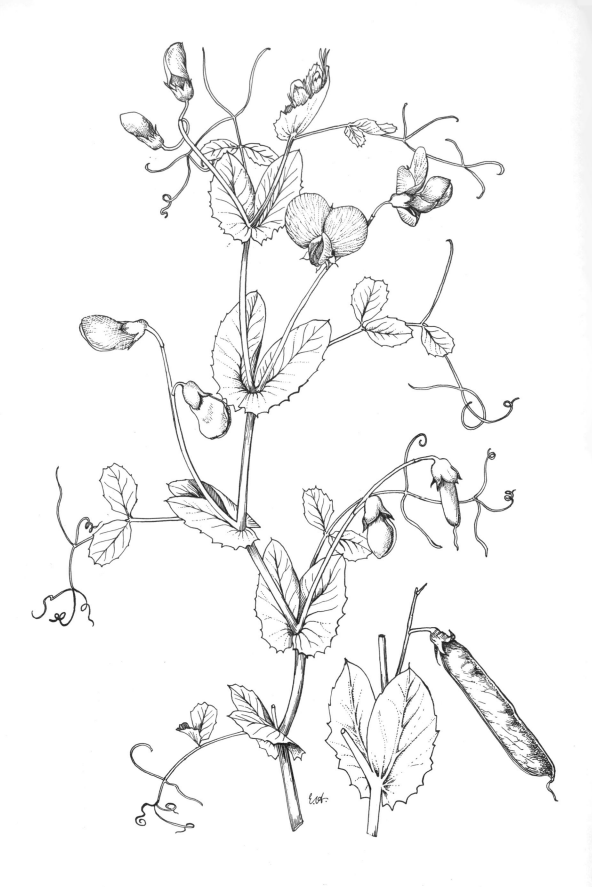

316. Pisum syriacum (Berg.) Lehm. אָפוּן נָמוּךְ

317. *Pisum fulvum* Sm.   אֲפוּן מָצוּי

318. Vigna luteola (Jacq.) Benth. לוּבְיָה מִצְרִית

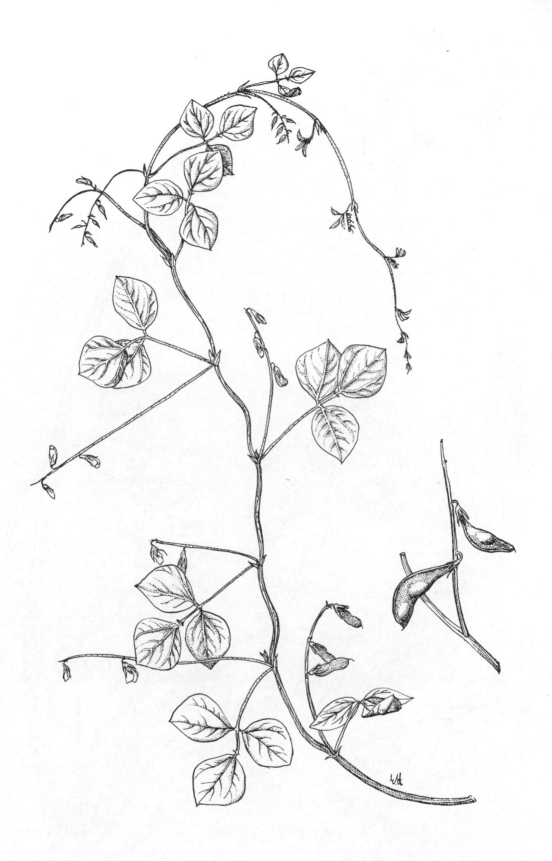

319. Rhynchosia minima (L.) DC. חַרְטֹם זָעִיר

320. Oxalis pes-caprae L.   חַמְצִיץ נָטוּי

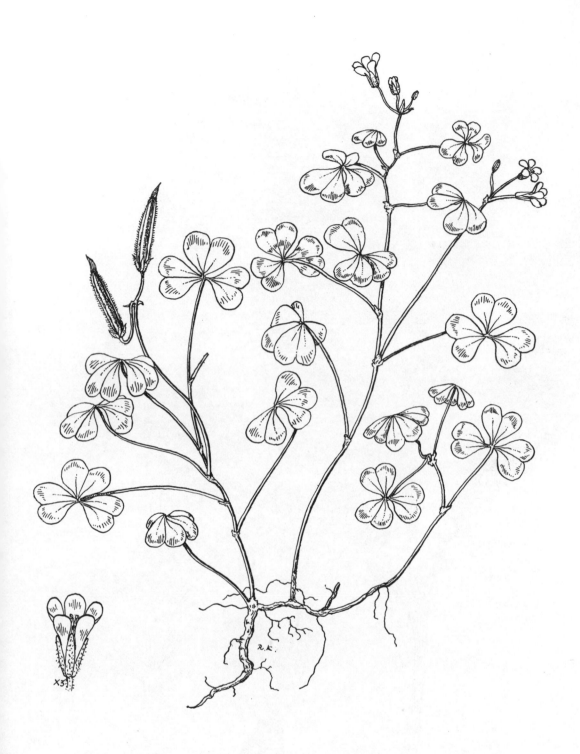

321. Oxalis corniculata L. חַמְצִיץ קָטָן

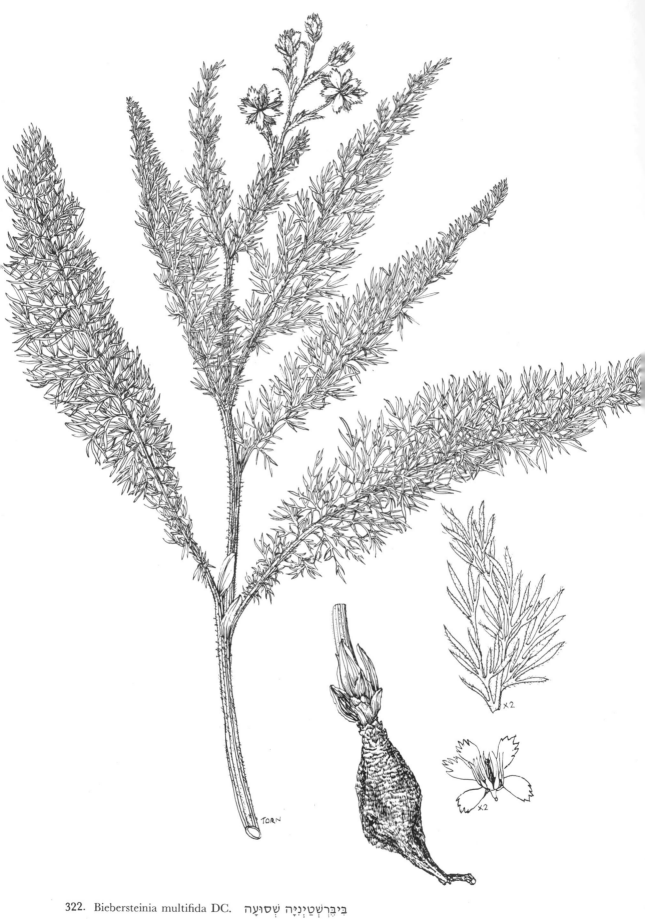

322. Biebersteinia multifida DC. בִּיבֶּרְשְׁטַיְנִיָּה שְׁסוּעָה

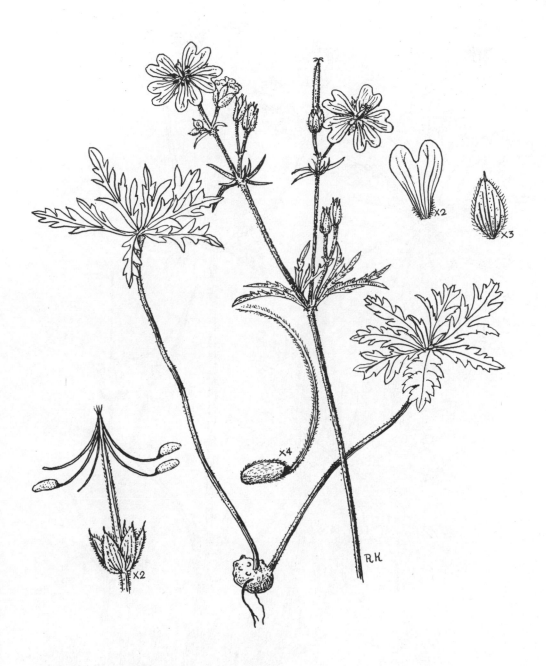

323. Geranium tuberosum L. גֵּרָנְיוֹן הַפְּקָעוֹת

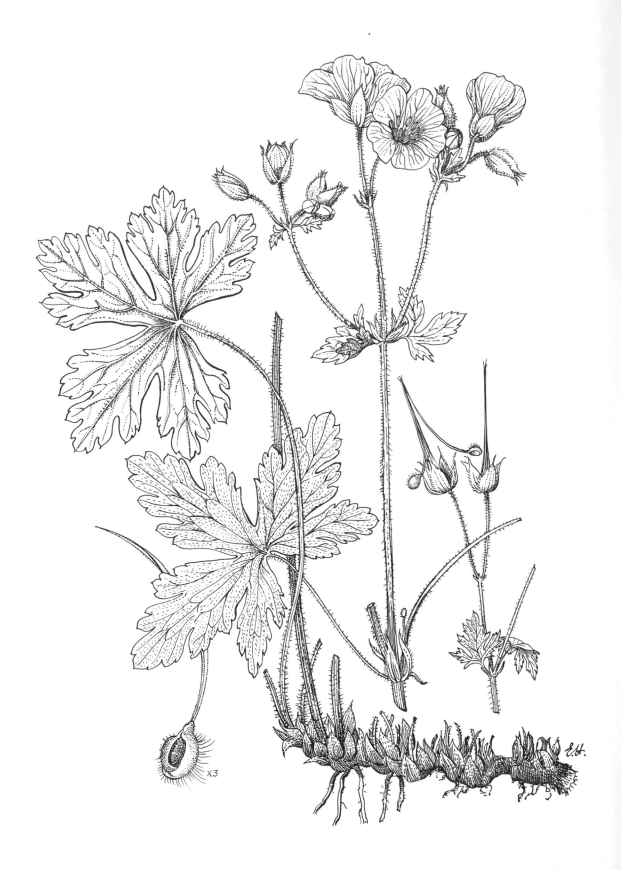

x3

324. Geranium libani P. H. Davis גֵּרַנְיוֹן הַלְּבָנוֹן

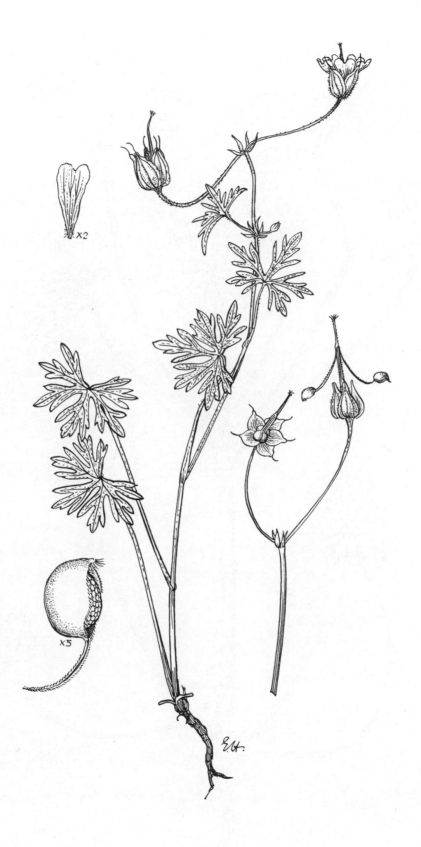

325. *Geranium columbinum* L. גֵרַנְיוֹן נָאֶה

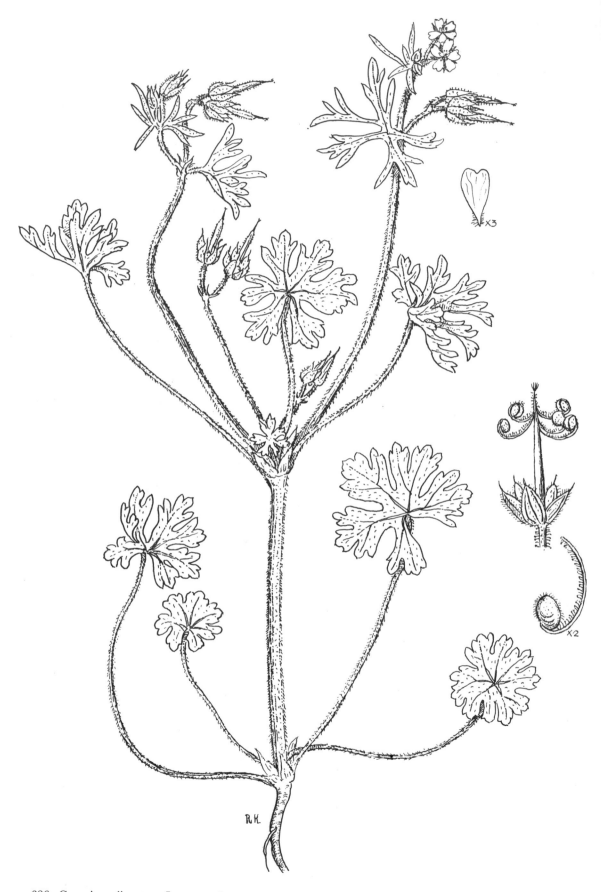

326. Geranium dissectum L. גֵּרַנְיוֹן גָּזוּר

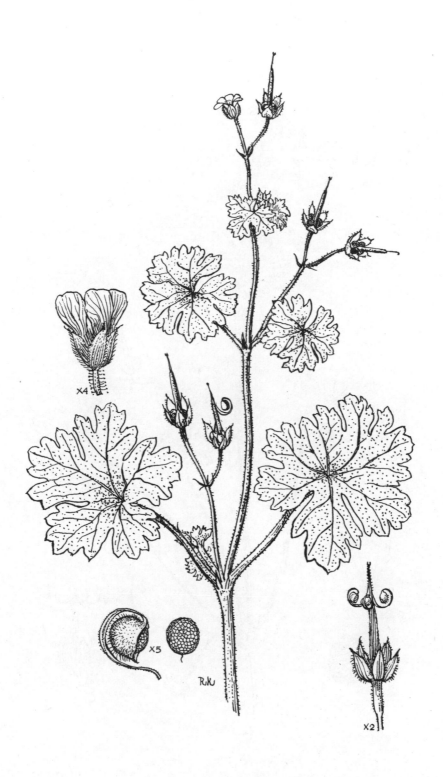

327. Geranium rotundifolium L. גֵּרָנְיוֹן עָגֹל

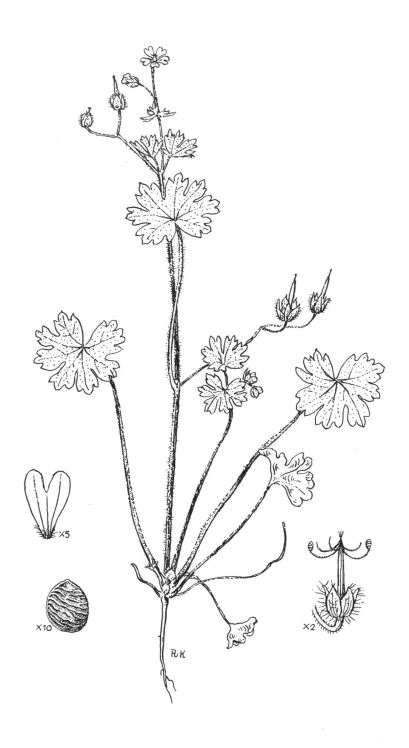

328. Geranium molle L. גֵּרַנְיוֹן רַךְ

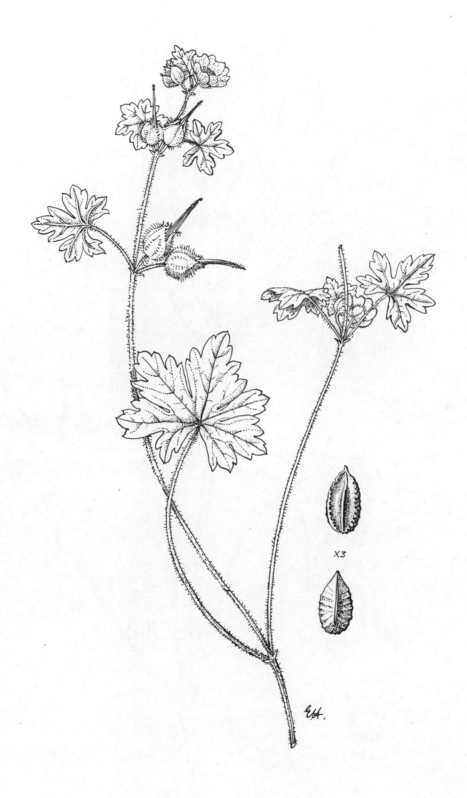

329. Geranium trilophum Boiss. גֵּרָנְיוֹן שְׁלֹשׁ-כְּנָפִי

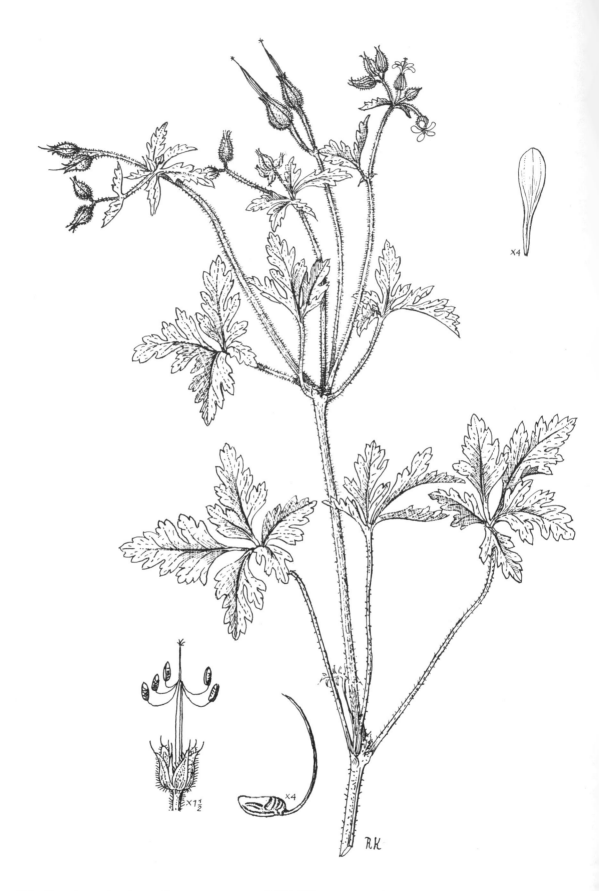

330. *Geranium robertianum* L. var. *purpureum* (Vill.) DC. גֵּרַנְיוֹן הָאַרְגָּמָן

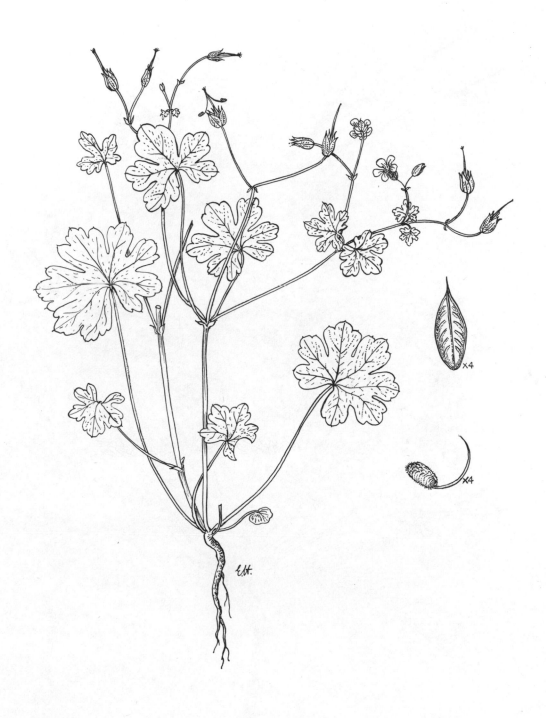

331. Geranium lucidum L. גֵּרַנְיוֹן נוֹצֵץ

TORN

X4

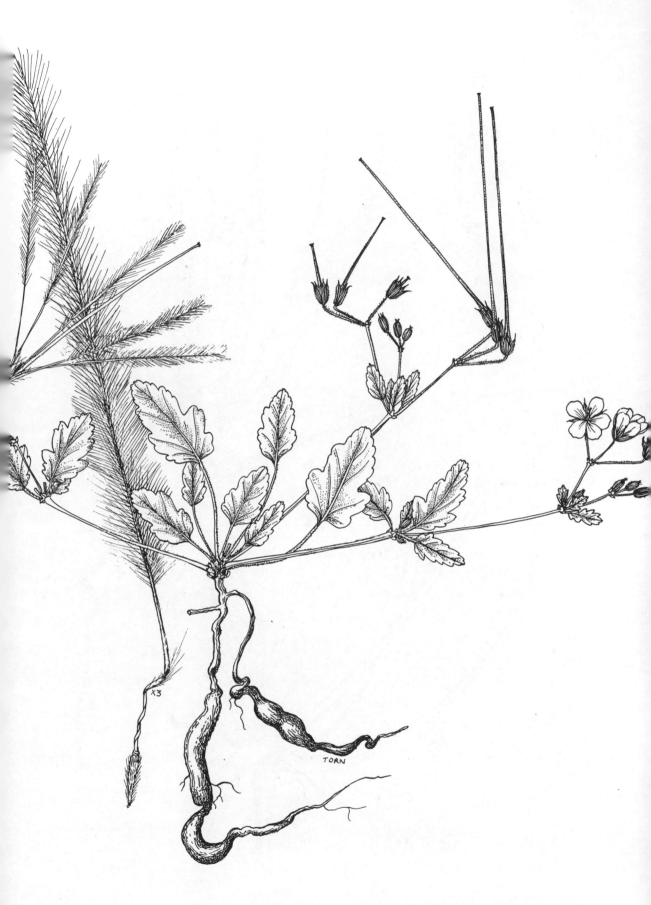

333. Erodium glaucophyllum (L.) L'Hér. מַקּוֹר־הַחֲסִידָה הַקֵּרֵחַ

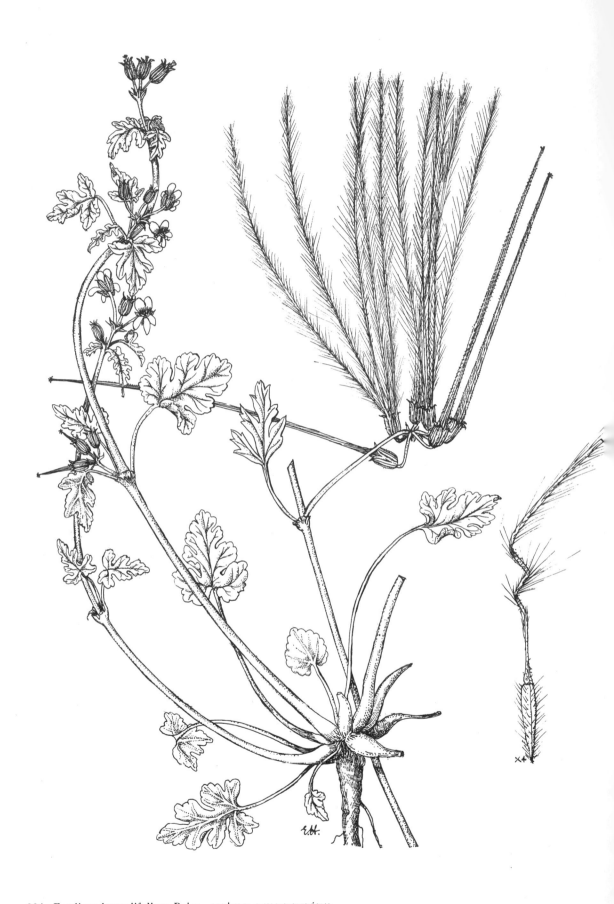

334. Erodium bryoniifolium Boiss. מַקּוֹר־הַחֲסִידָה הַמַּלְבִּין

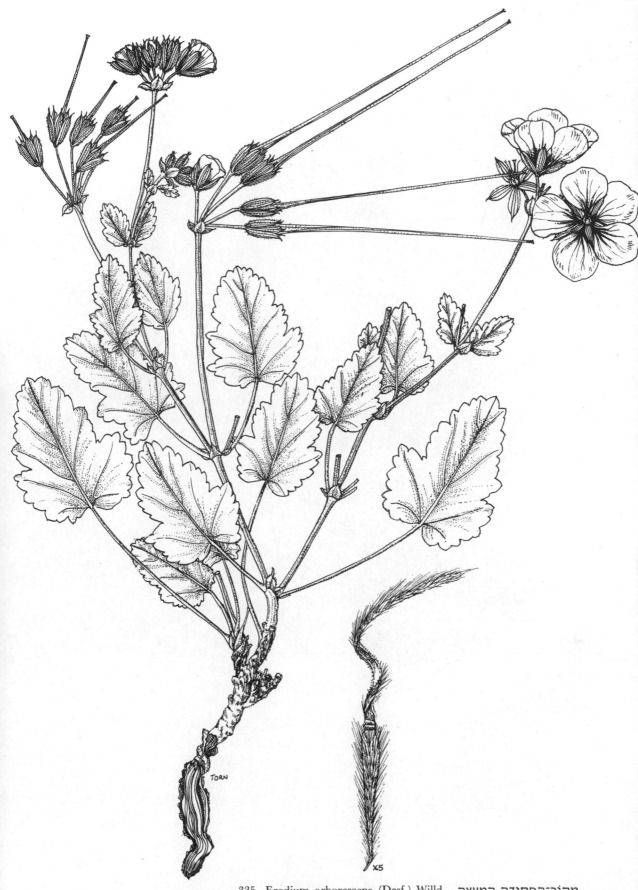

335. Erodium arborescens (Desf.) Willd. מַקּוֹר־הַחֲסִידָה הַמְעֻצֶּה

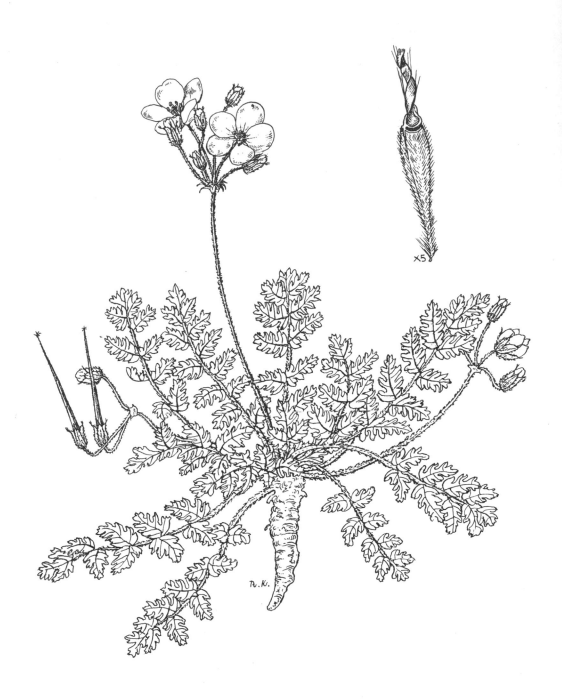

336. Erodium acaule (L.) Becherer et Thell. מַקּוֹר־הַחֲסִידָה הָרוֹמָאִי

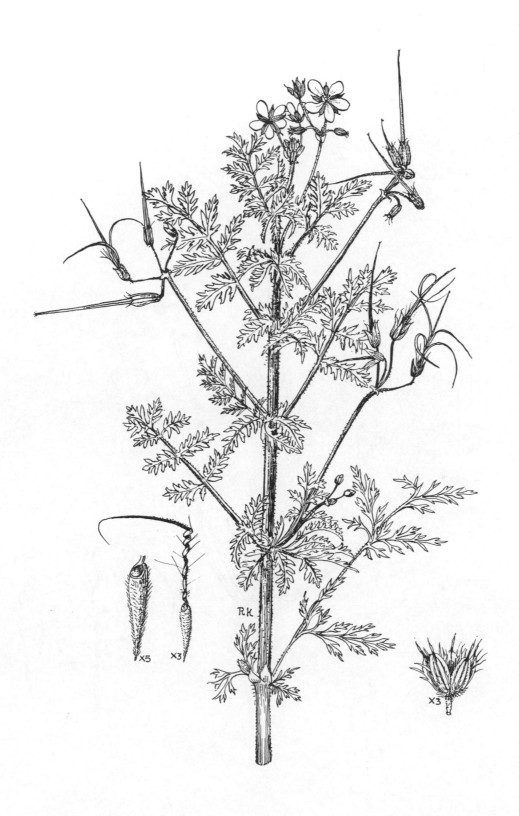

337. Erodium cicutarium (L.) L'Hér. מַקּוֹר־הַחֲסִידָה הַגָּזוּר

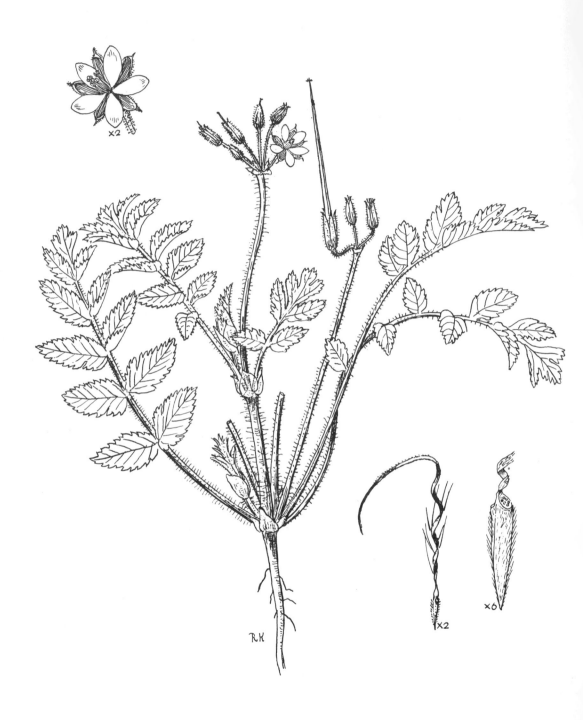

338. Erodium moschatum (L.) L'Hér. מַקּוֹר־הַחֲסִידָה הַמֻּצוּי

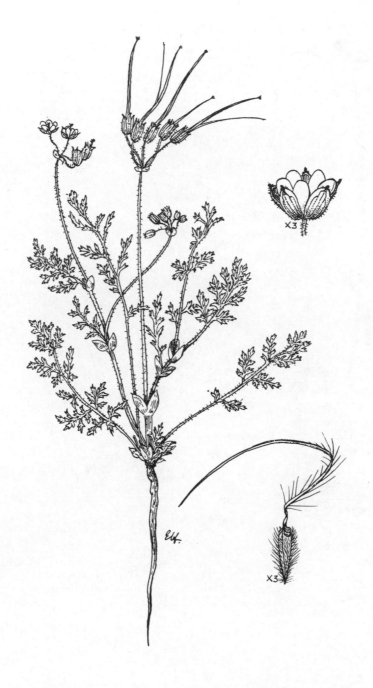

339. Erodium deserti (Eig) Eig מַקּוֹר־הַחֲסִידָה הַמִּדְבָּרִי

340. Erodium ciconium (L.) L'Hér. var. ciconium מַקּוֹר־הַחֲסִידָה הָאָרֹךְ זַן טִיפּוּסִי

340a. Erodium ciconium (L.) L'Hér. var. macropetalum Zoh. מַקּוֹר־הַחֲסִידָה הָאָרֹךְ זַן גְּדוֹל־כּוֹתֶרֶת

TORN

×2

341. Erodium guttatum (Desf.) Willd. מְקוֹר־הַחֲסִידָה הַנֶּגְבִּי

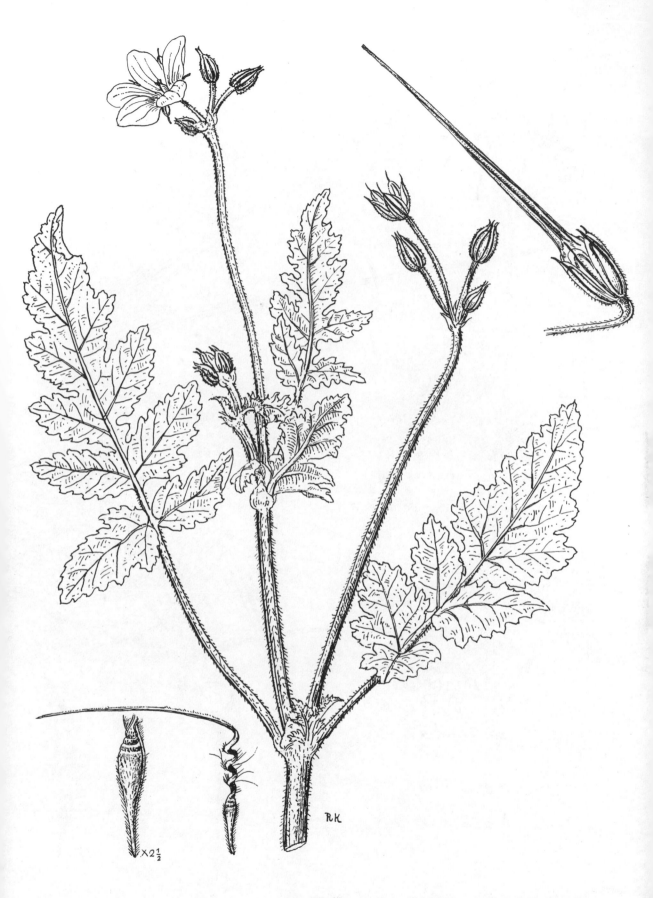

342. Erodium gruinum (L.) L'Hér. מַקּוֹר־הַחֲסִידָה הַגָּדוֹל

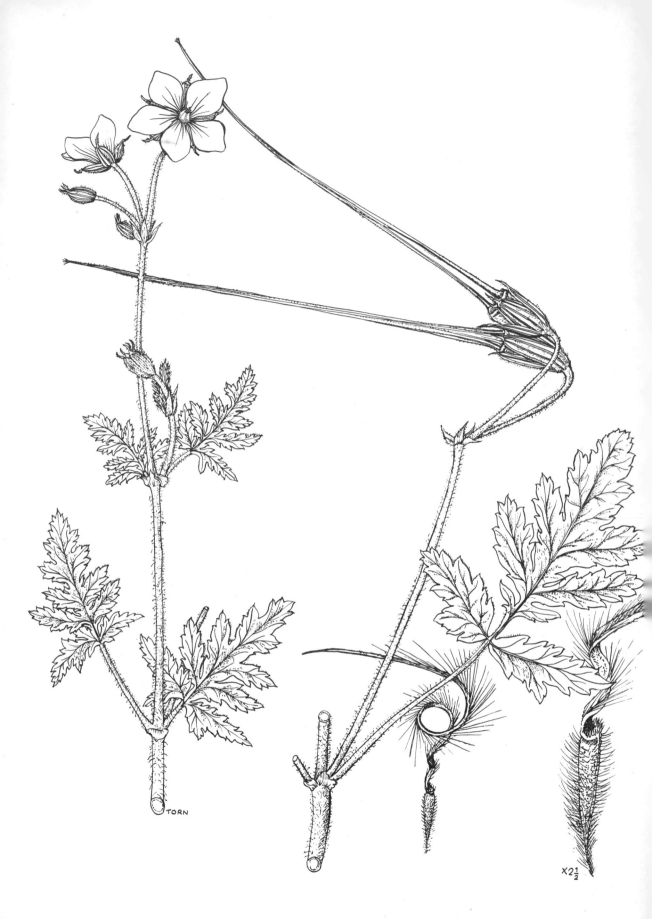

TORN
X2½

343. Erodium telavivense Eig מַקּוֹר־הַחֲסִידָה הַתֵּל־אֲבִיבִי

344. Erodium botrys (Cav.) Bertol.   מַקּוֹר־הַחֲסִידָה הַיָּפֶה

345. Erodium laciniatum (Cav.) Willd. var. laciniatum ‏מַקּוֹר־הַחֲסִידָה הַמְפֻצָּל זַן טִיפּוּסִי‎

345a. Erodium laciniatum (Cav.) Willd.   מְקוֹר־הַחֲסִידָה הַמְפֻצָּל זַן מְאֻבָּק
     var. pulverulentum (Cav.) Boiss.

346. Erodium subintegrifolium Eig   מַקּוֹר־הַחֲסִידָה תְּמִים־עָלִים

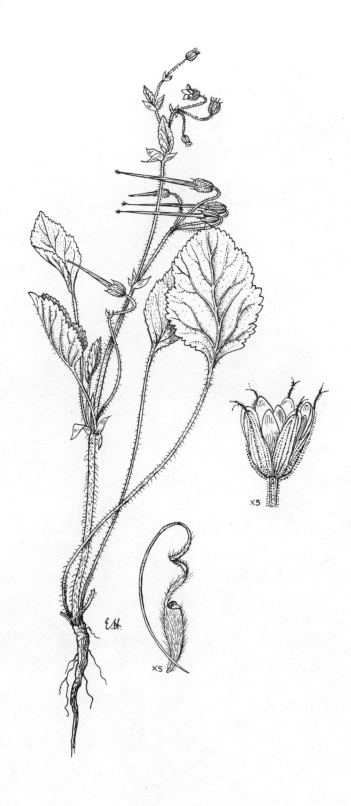

347. Erodium alnifolium Guss. מַקּוֹר־הַחֲסִידָה הֶחָלָק

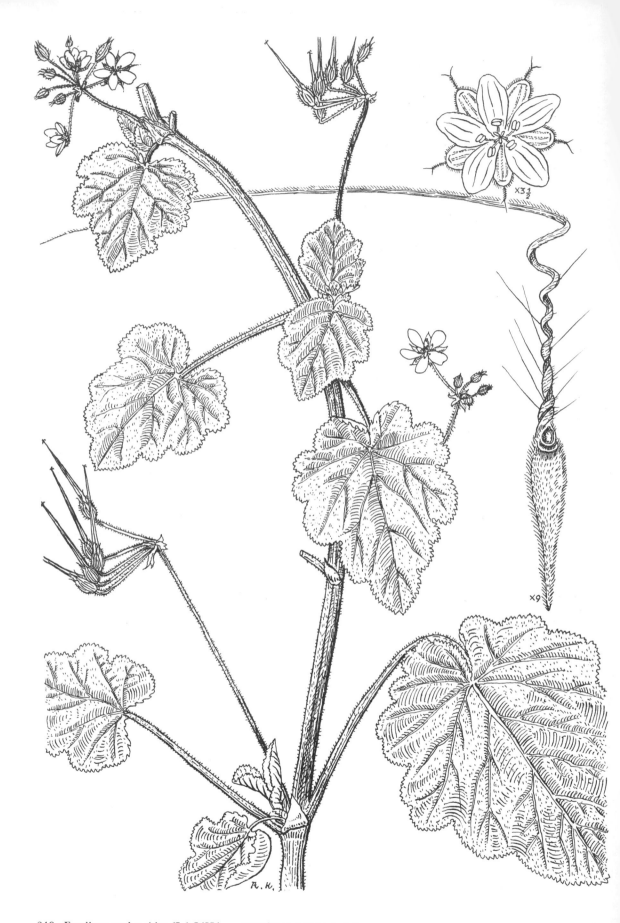

348. Erodium malacoides (L.) L'Hér.   מַקּוֹר־הַחֲסִידָה הַחֶלְמִיתִי

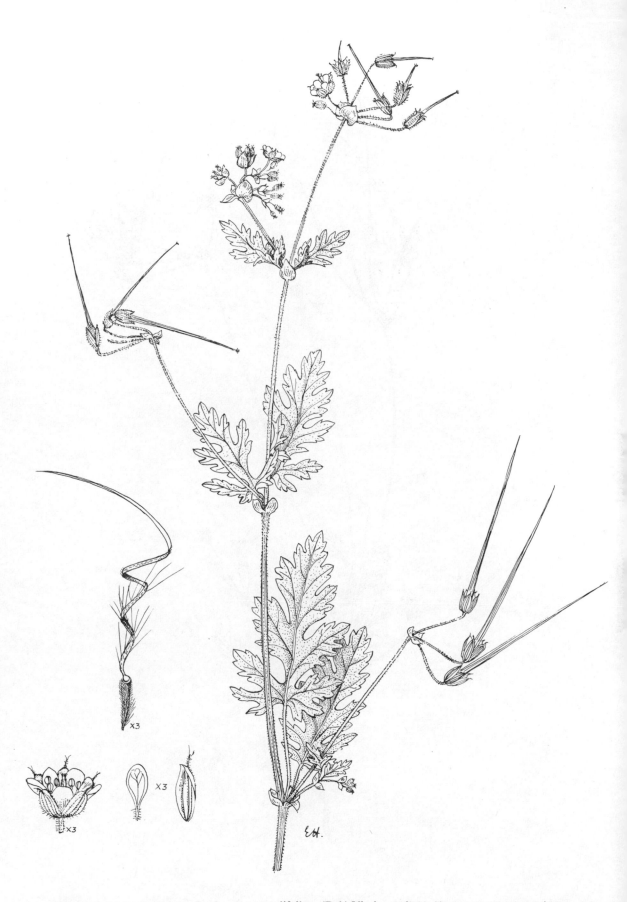

349. Erodium subtrilobum Jord. var. neuradifolium (Del.) Vierh. מַקּוֹר־הַחֲסִידָה הַמִּצְרִי זַן כַּפְתּוֹרִי

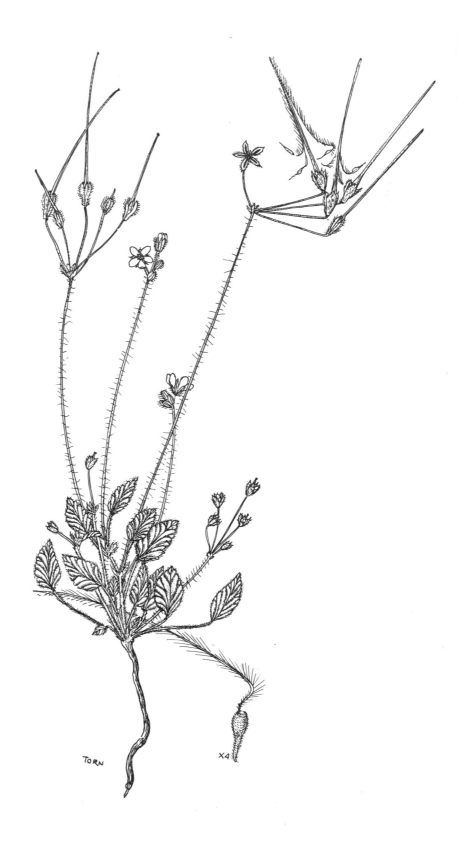

TORN

X4

350. Monsonia nivea (Decne.) Decne. בַּהַק צָחֹר

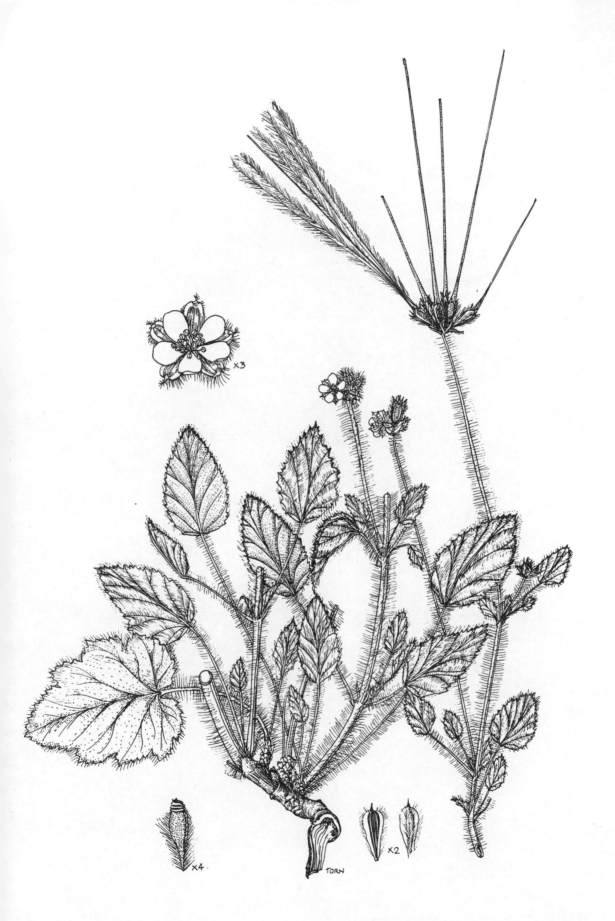

351. Monsonia heliotropioides (Cav.) Boiss. בַּהַק עַקְרַבִּי

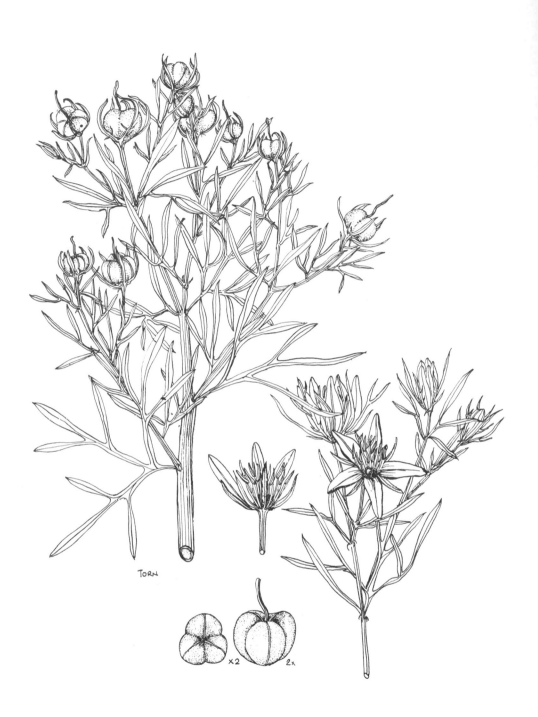

TORN

352. Peganum harmala L. שַׁבָּר לָבָן

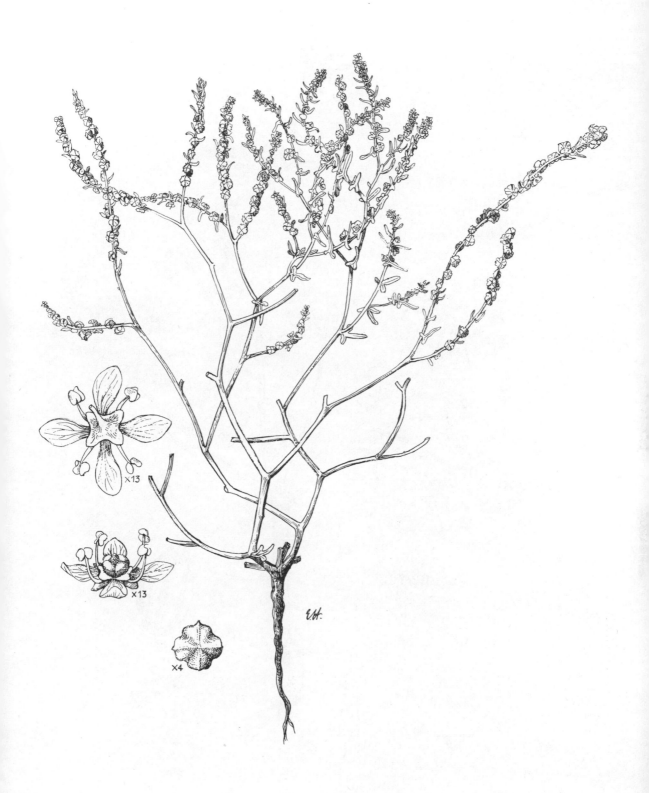

353. Tetradiclis tenella (Ehrenb.) Litv. אֲבִי־אַרְבַּע מָלוּחַ

×5

×3

354. Seetzenia orientalis Decne.   זֶצֶנְיָה מִזְרָחִית

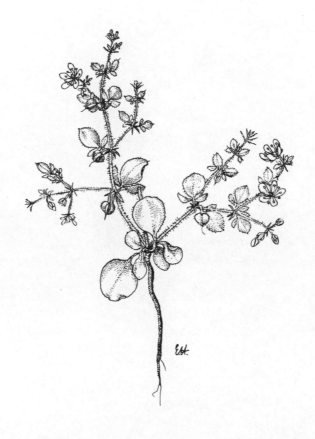

355. Fagonia latifolia Del. פָּגוֹנְיָה רַחֲבַת־עָלִים

356. Fagonia glutinosa Del. var. grandiflora Boiss.   פָּגוֹנְיָה דְּבִיקָה זַן גְּדוֹל־פְּרָחִים

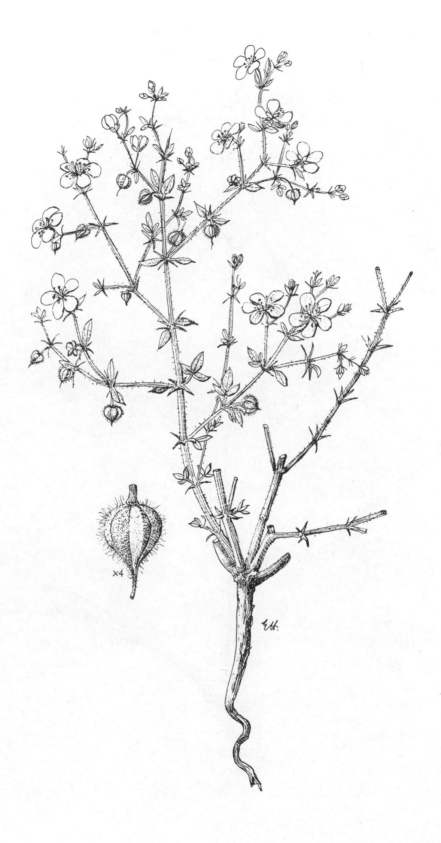

×4

357. Fagonia sinaica Boiss. פָגוֹנְיַת סִינַי

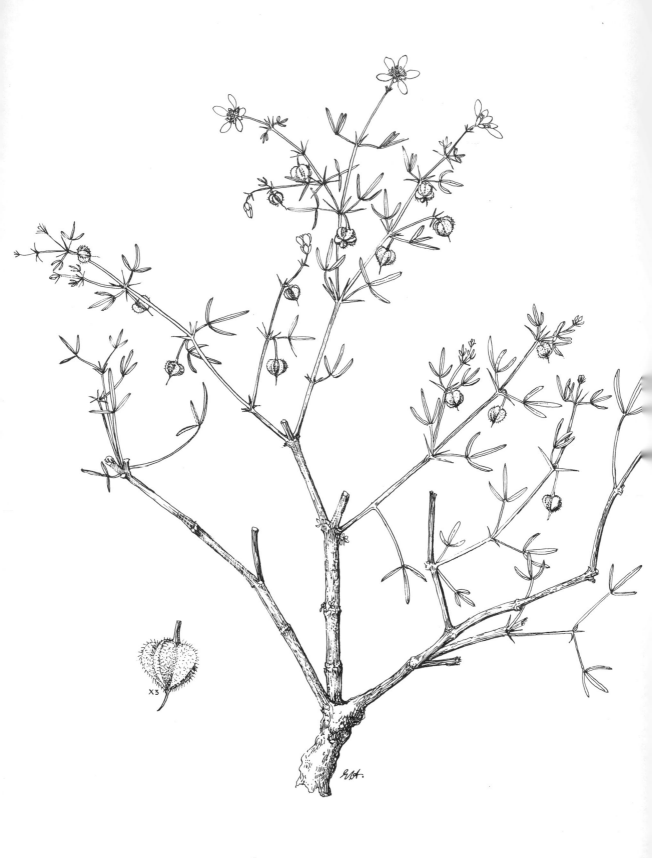

358. Fagonia bischarorum Schweinf. פָגוֹנְיָה צָרַת־עָלִים

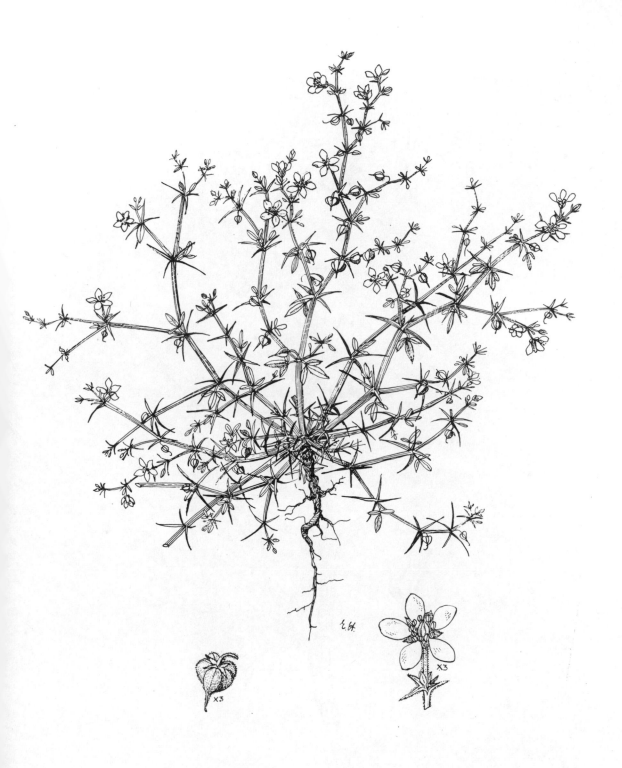

359. Fagonia bruguieri DC. פָּגוֹנְיָה קְטַנַּת־פְּרָחִים

360. Fagonia mollis Del. var. mollis   פָּגוֹנְיָה רַכָּה זַן טִיפּוּסִי

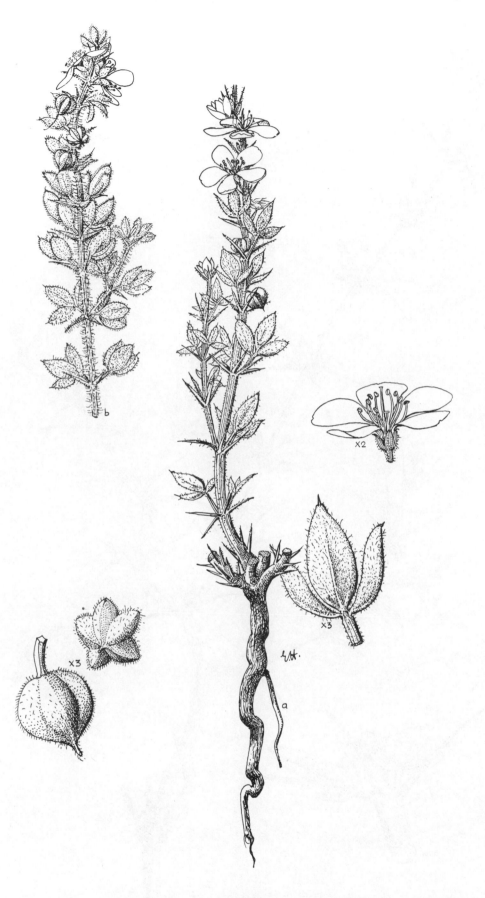

361a. Fagonia mollis **Del.** var. glabrata Schweinf.   פָּגוֹנְיָה רַכָּה זַן מַקְרִיחַ

361b. Fagonia mollis **Del.** var. hispida Zoh.   פָּגוֹנְיָה רַכָּה זַן שָׂעִיר

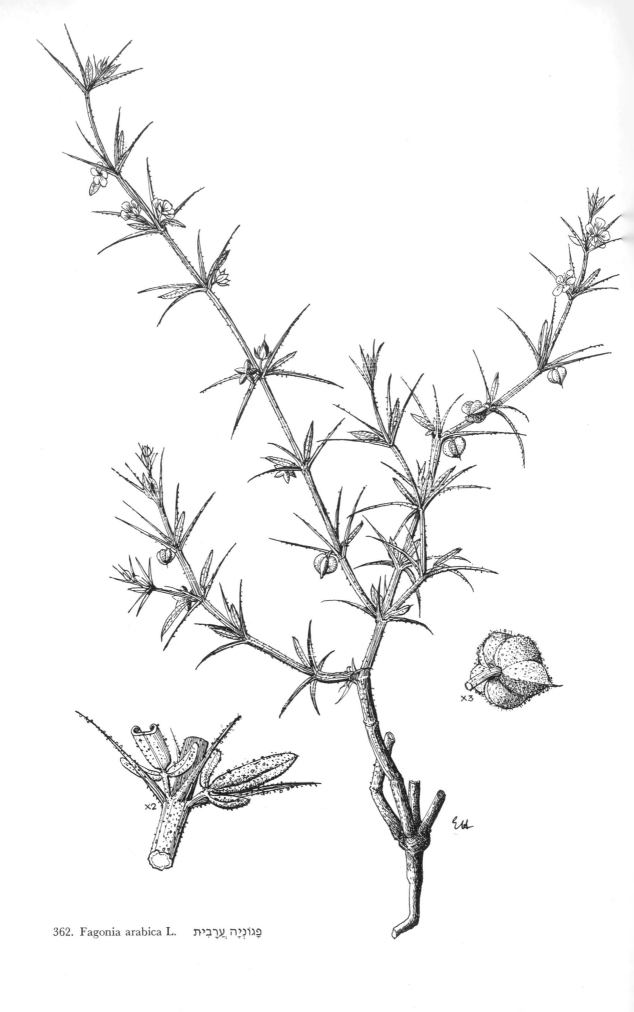

362. Fagonia arabica L. פָגוֹנְיָה עֲרָבִית

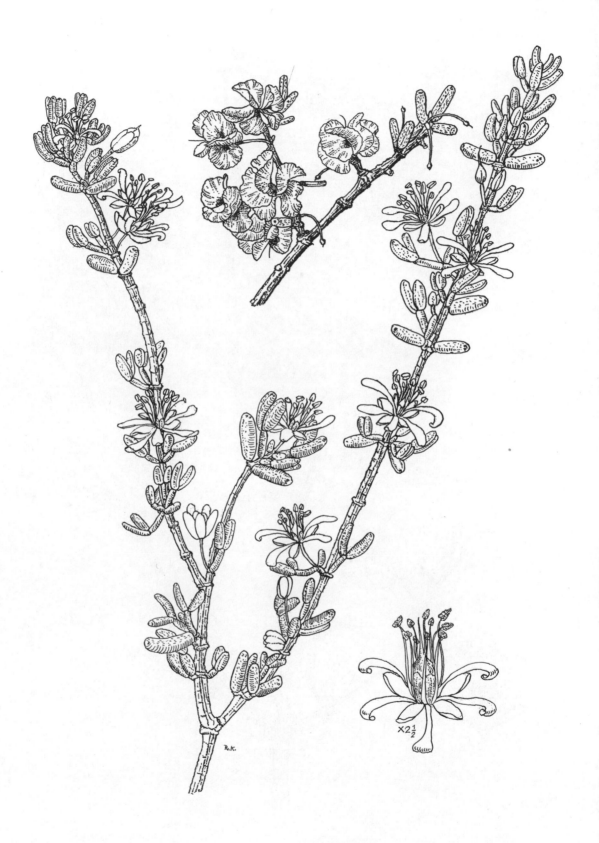

363. Zygophyllum dumosum Boiss. זוּגָן הַשִּׂיחַ

364. Zygophyllum fabago L.   זוּגָן רָחָב

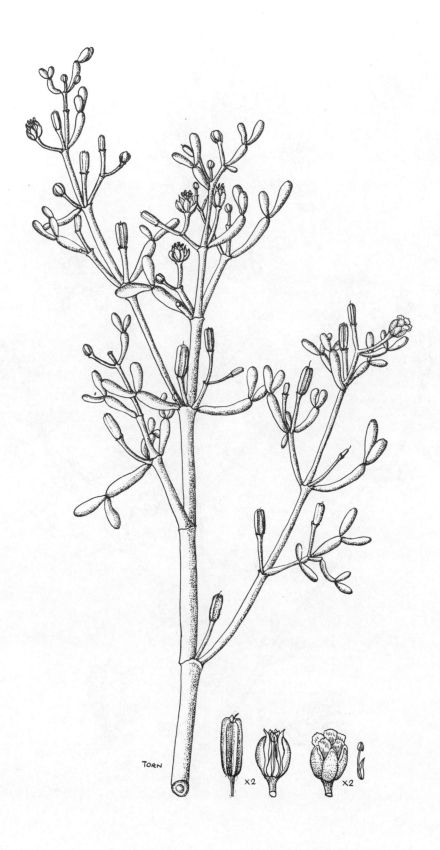

TORN

365. Zygophyllum coccineum L. זוּגָן אָדֹם

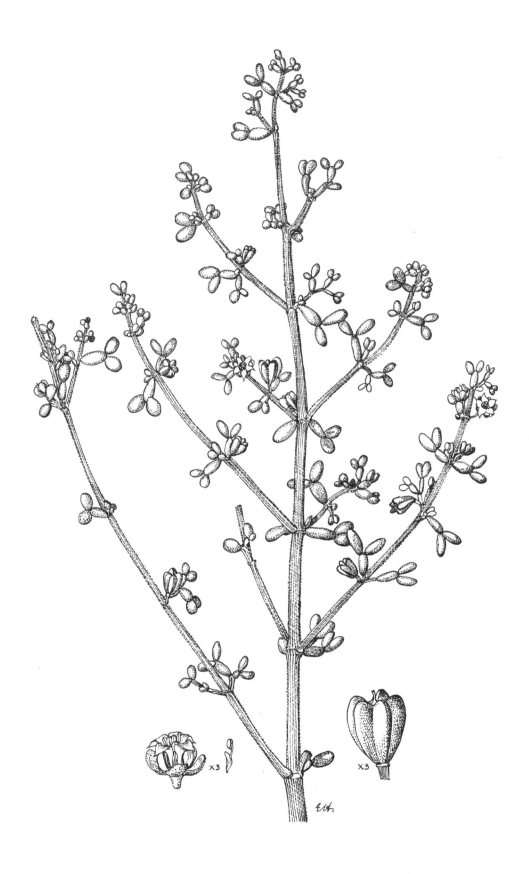

366. Zygophyllum album L. f.   זוּגָן לָבָן

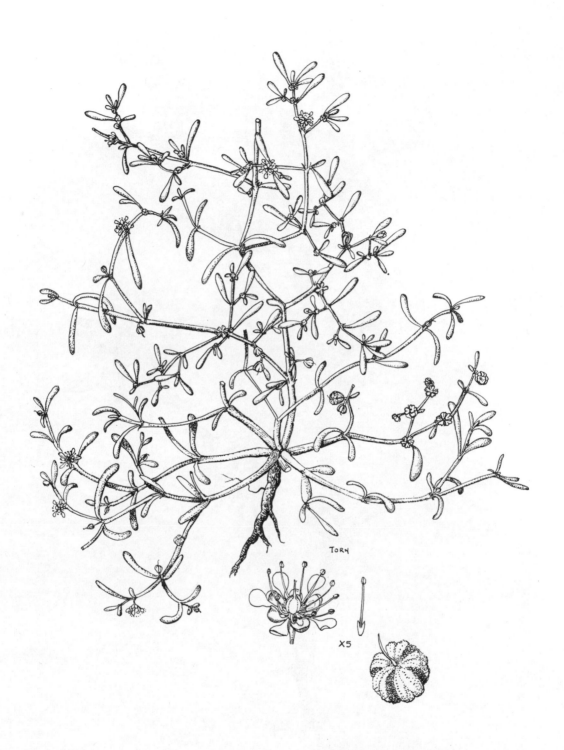

TORN

X5

367. Zygophyllum simplex L.   זוּגָן פָּשׁוּט

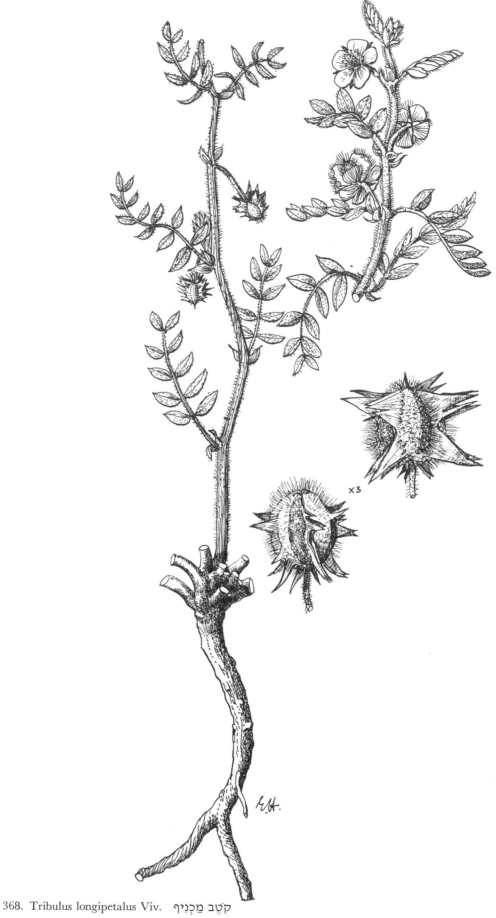

368. Tribulus longipetalus Viv. קֹטֶב מַכְנִיף

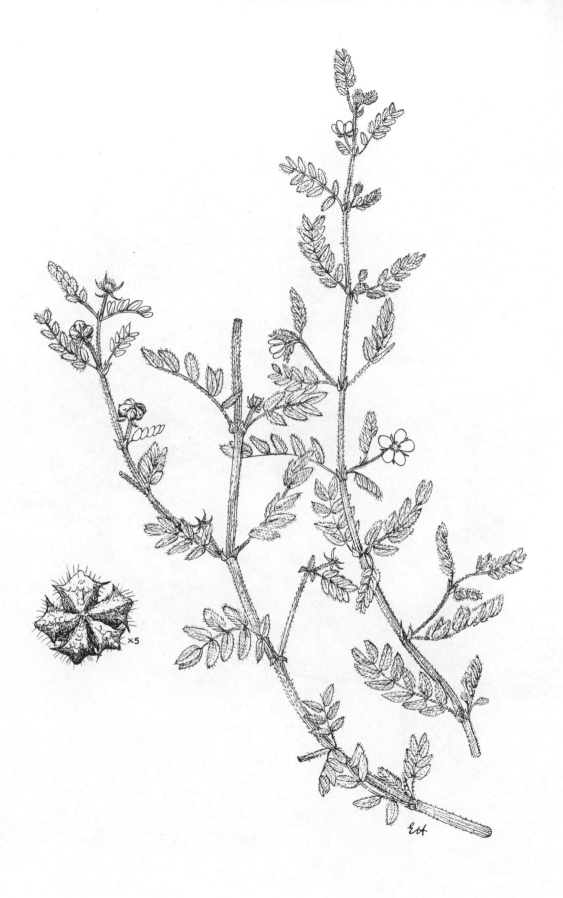

369. Tribulus bimucronatus Viv. קֹטֶב דו־זִיזִי

370. Tribulus terrestris L.   קֹטֶב מָצוּי

371. Nitraria retusa (Forssk.) Aschers.   יַמְלוּחַ פָּגוּם

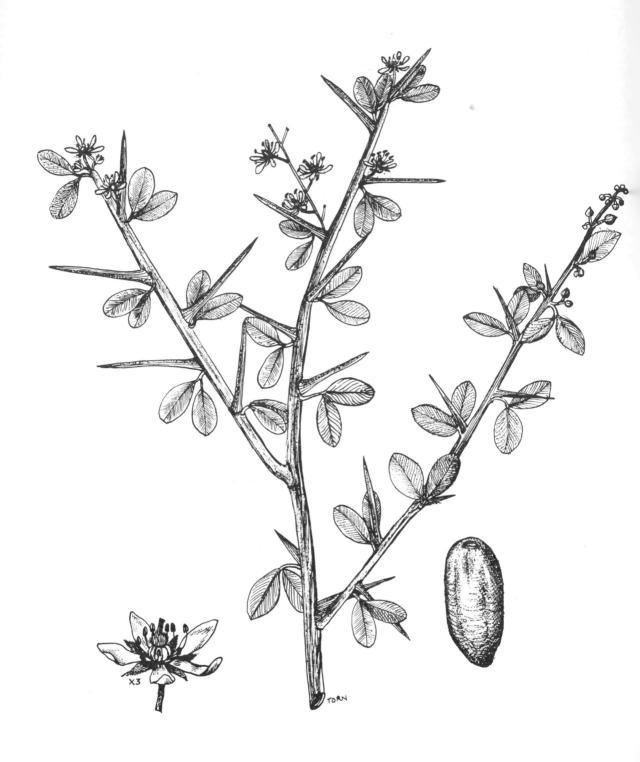

372. Balanites aegyptiaca (L.) Del. זַקוּם מִצְרִי

373. Linum pubescens Banks et Sol.   פִּשְׁתָּה שְׂעִירָה

374. Linum bienne Mill.   פִּשְׁתָּה צָרַת־עָלִים

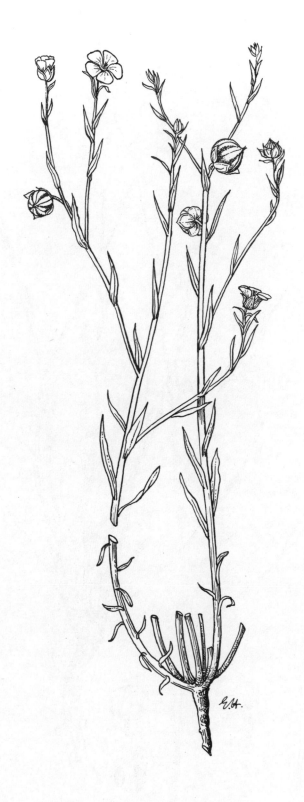

375. Linum peyronii Post פִּשְׁתַּת הָעֲרָבוֹת

376. Linum maritimum L.   פִּשְׁתַּת הַחוֹף

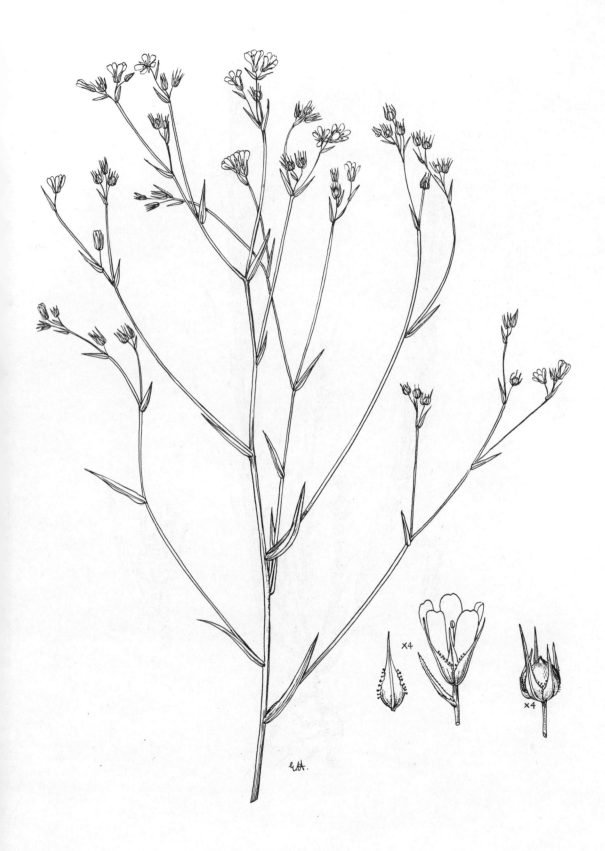

377. Linum corymbulosum Reichb. פִּשְׁתַּת הַמְּכֻבָּד

378. Linum strictum L. var. spicatum (Lam.) Pers.   פִּשְׁתָּה אֲשׁוּנָה זַן מְשֻׁבָּל

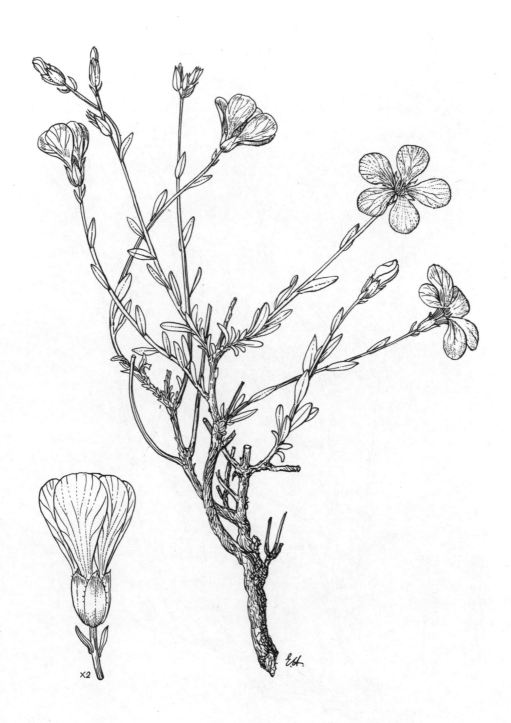

379. Linum toxicum Boiss.   פִּשְׁתָּה אַרְסִית

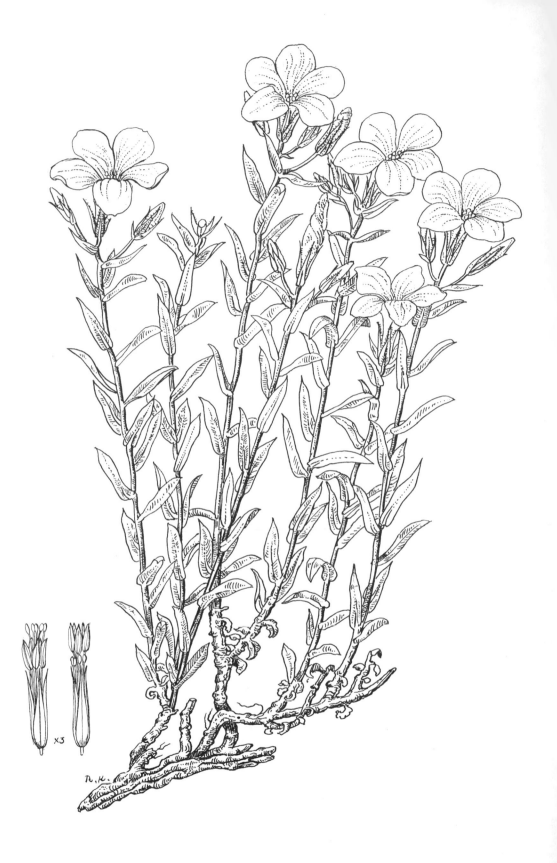

380. Linum mucronatum Bertol. פִּשְׁתָּה גְּדוֹלָה

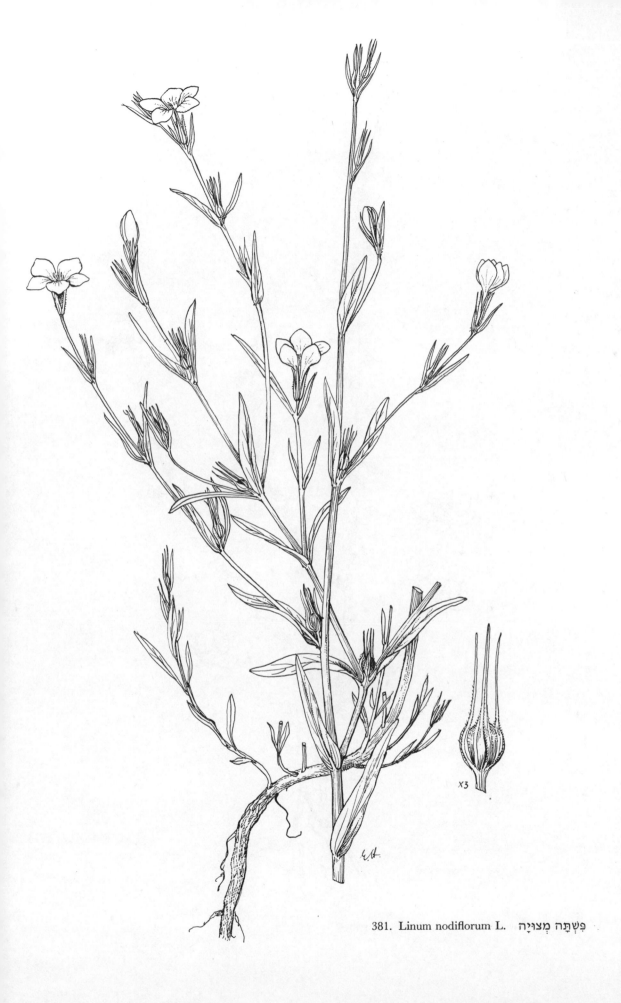

381. Linum nodiflorum L.   פִּשְׁתָּה מְצוּיָה

x3

382. Andrachne telephioides L. שְׁלוּחִית קֵרַחַת

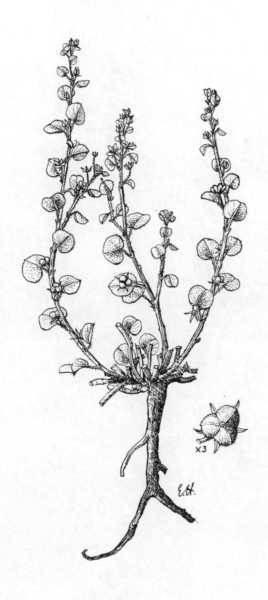

383. Andrachne aspera Spreng. שְׁלוּחִית שְׂעִירָה

384. Chrozophora plicata (Vahl) Ad. Juss. לְשִׁישִׁית מְקֻמֶּטֶת

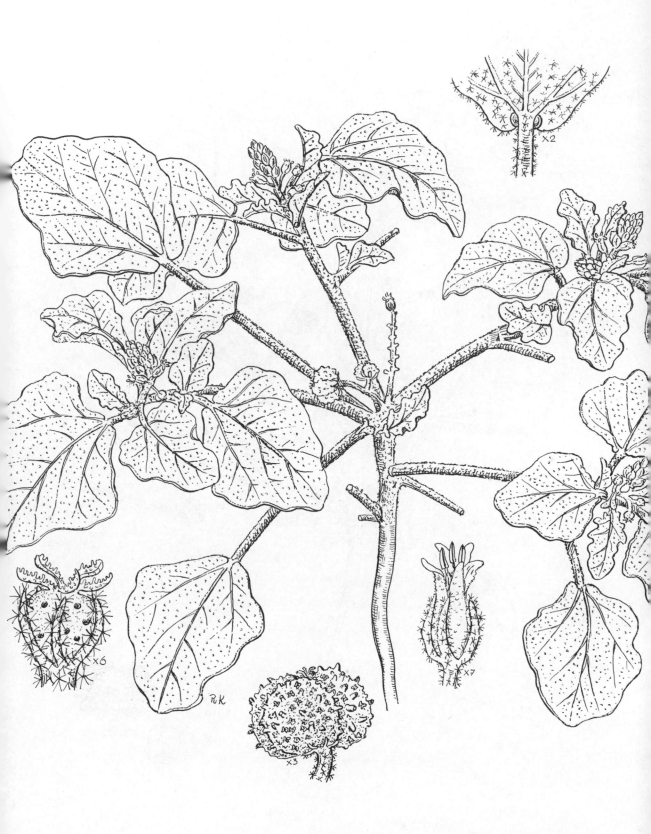

385. Chrozophora tinctoria (L.) Raf. לְשִׁישִׁית הַצַּבָּעִים

×3

386. Chrozophora verbascifolia (Willd.) Ad. Juss.   לְשִׁישִׁית הַבּוּצִין

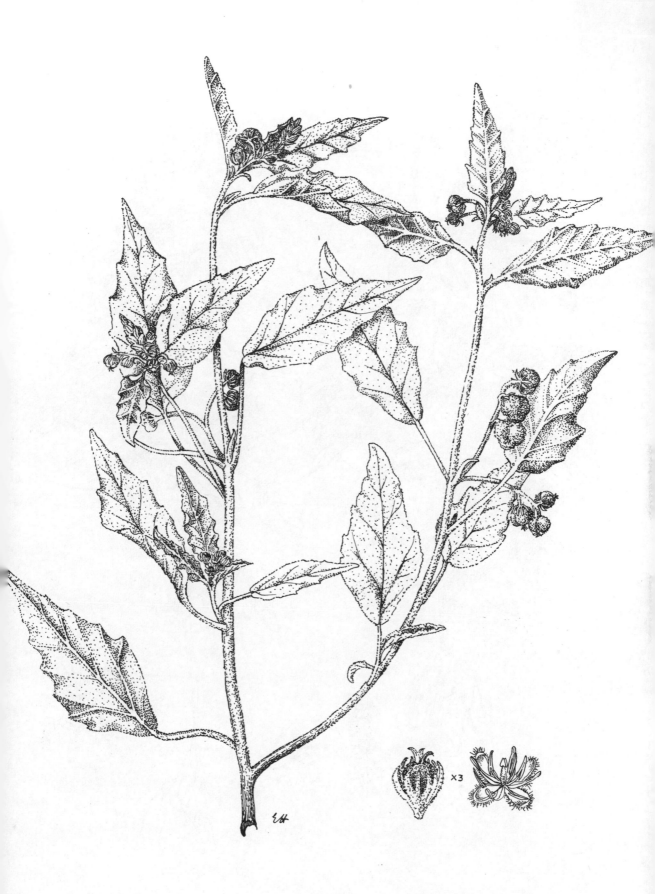

387. Chrozophora obliqua (Vahl) Ad. Juss. לְשִׁישִׁית הַשִּׂיחַ

388. Mercurialis annua L. מַרְקוּלִית מְצוּיָה

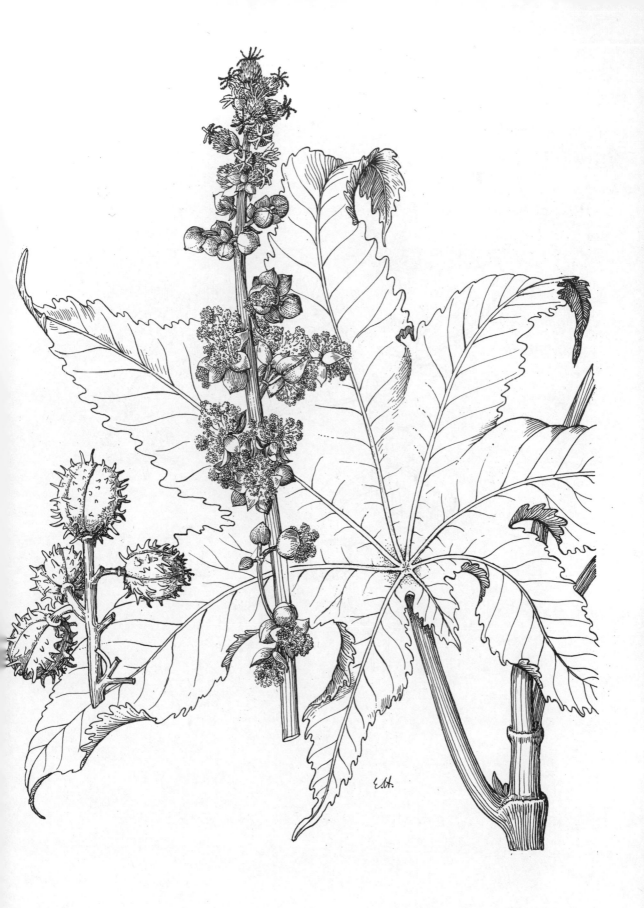

389. Ricinus communis L. קִיקָיון מָצוי

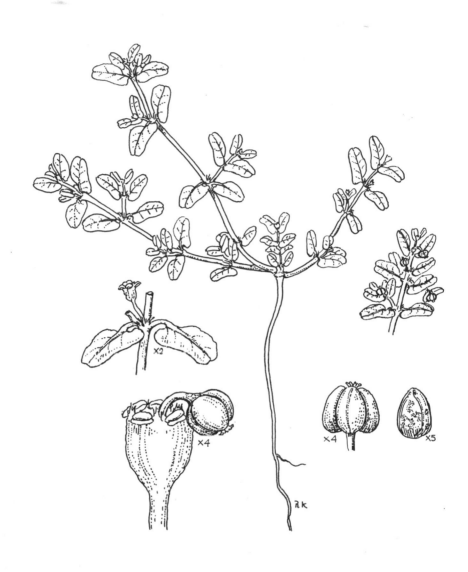

390. Euphorbia peplis L. חֲלַבְלוּב שָׂרוּעַ

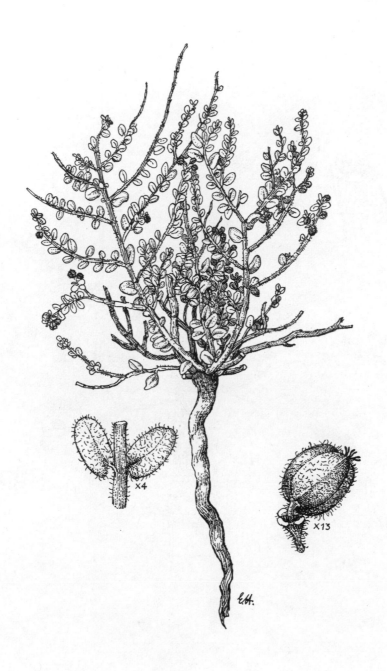

391. Euphorbia granulata Forssk.   חֲלַבְלוּב גַּרְגְּרִי

392. Euphorbia chamaesyce L.　חֲלַבְלוּב עֲגֹל-עָלִים

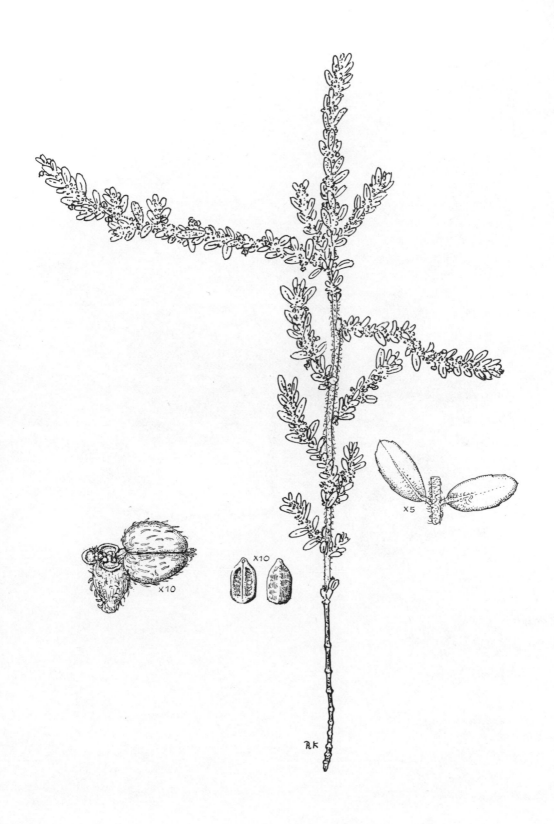

393. Euphorbia forskalii J. Gay   חֲלַבְלוּב מִצְרִי

394. Euphorbia prostrata Ait.   חֲלַבְלוּב פּוֹשֵׁט

X13

395. Euphorbia hirta L. ‏חֲלַבְלוּב הַכַּדּוּרִים

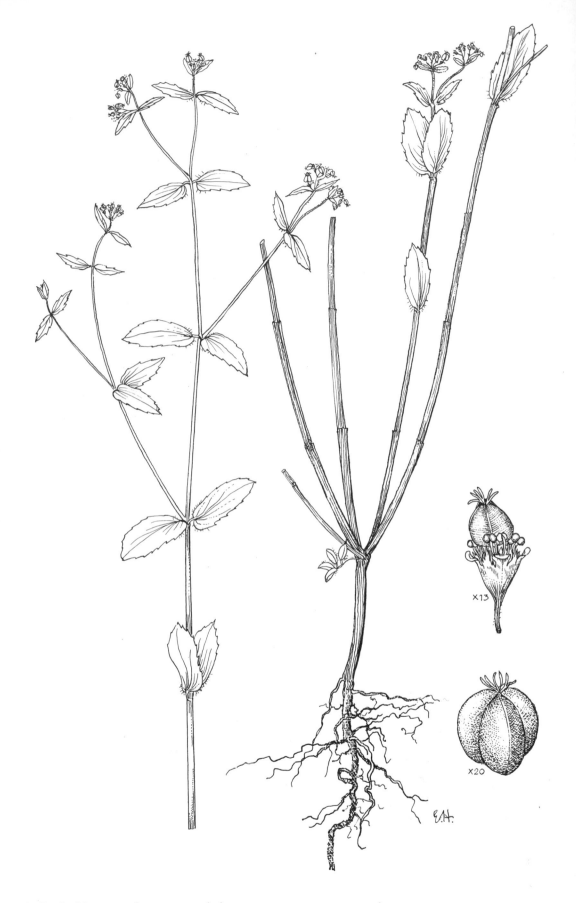

396. Euphorbia nutans Lag.　חֲלַבְלוּב נָטוּי

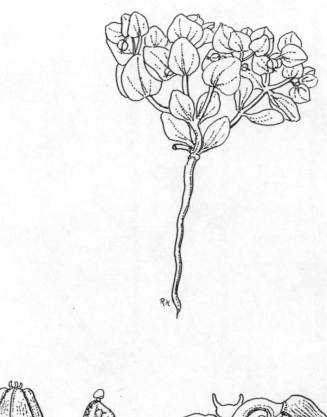

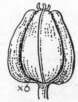

x6
x8
x5

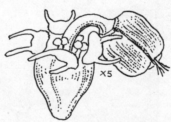

397. *Euphorbia densa* Schrenk חֲלַבְלוּב דָּחוּס

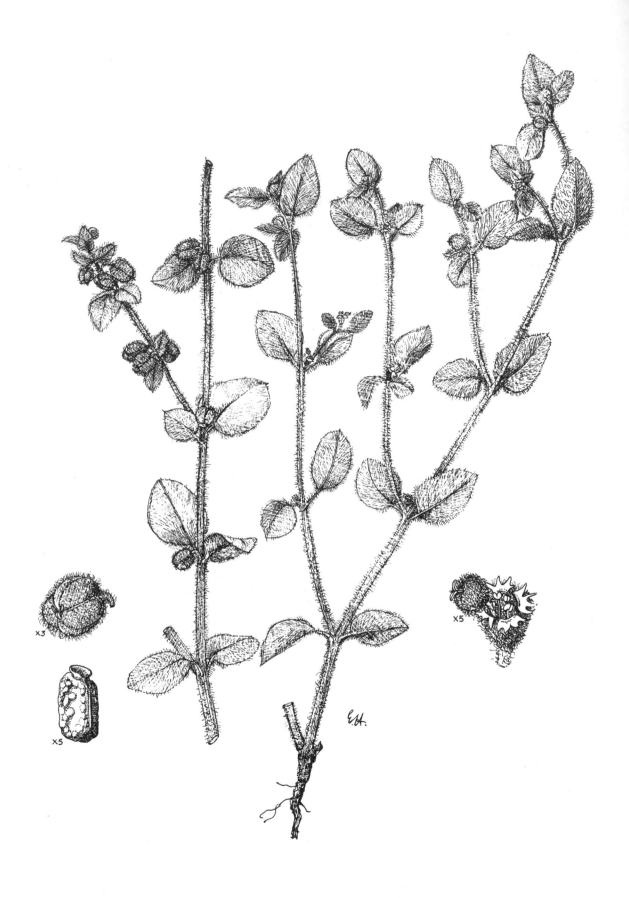

398. Euphorbia petiolata Banks et Sol.   חֲלַבְלוּב צָמִיר

399. Euphorbia dendroides L.   חֲלַבְלוּב הַשִּׂיחַ

400. Euphorbia retusa Forssk.   חֲלַבְלוּב קָהִירִי

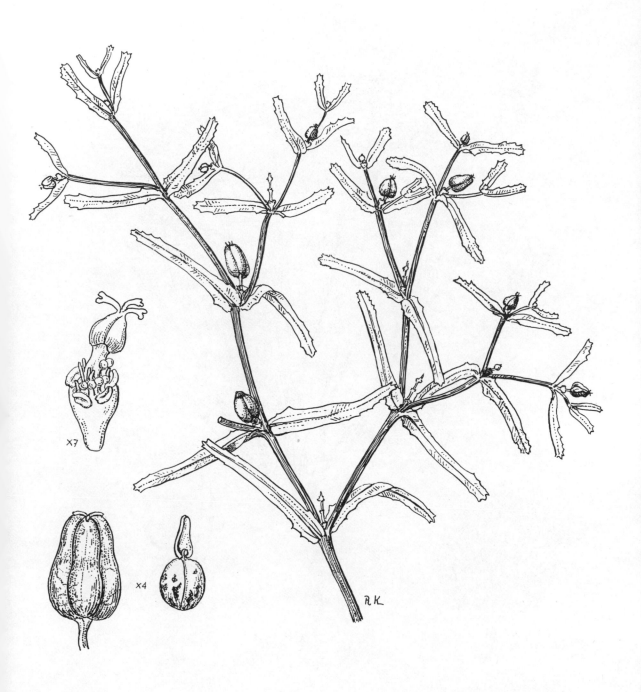

X7
X4

401. Euphorbia isthmia V. Täckh. חֲלַבְלוּב סִינַי

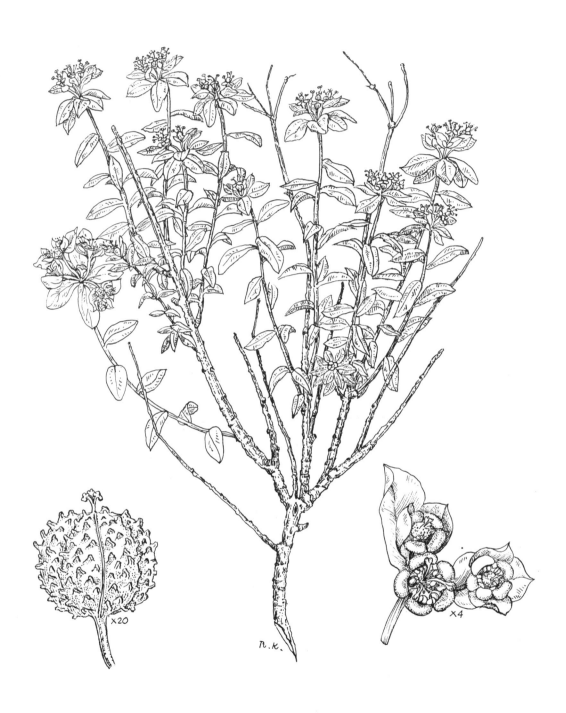

402. Euphorbia hierosolymitana Boiss. חֲלַבְלוּב מְגֻבְשָׁשׁ

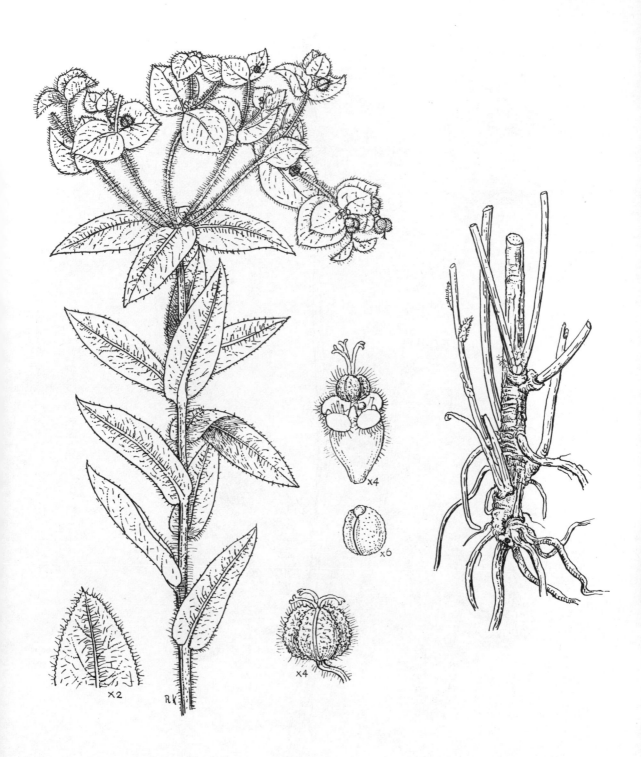

403. Euphorbia verrucosa L. חֲלַבְלוּב שָׂעִיר

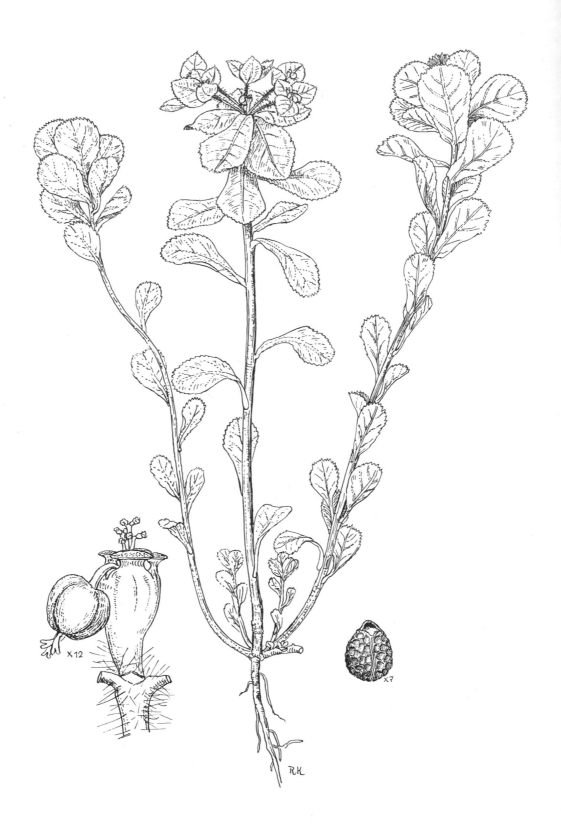

404. Euphorbia helioscopia L.　חֲלַבְלוּב הַשֶּׁמֶשׁ

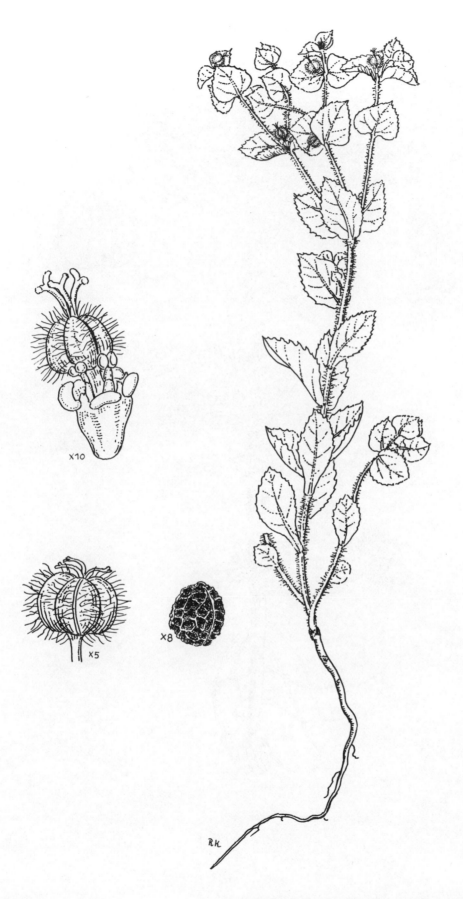

405. Euphorbia berythea Boiss. et Bl.   חֲלַבְלוּב בֵּירוּתִי

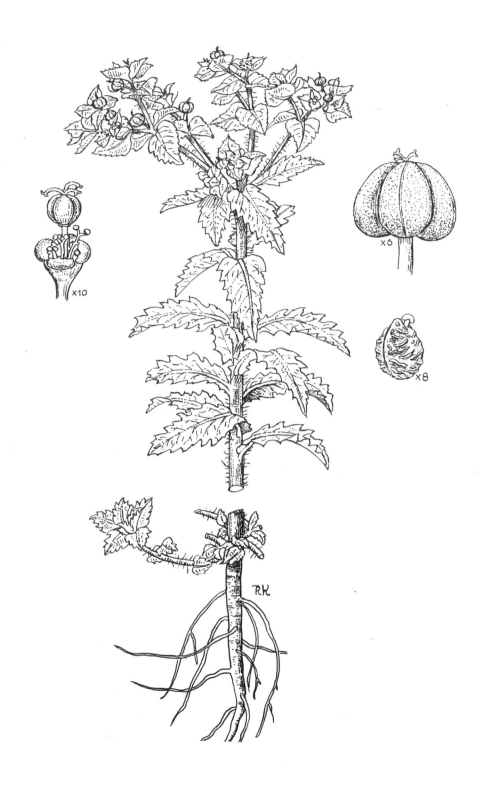

406. Euphorbia oxyodonta Boiss. et Hausskn. חֲלַבְלוּב מְרֻשָּׁת

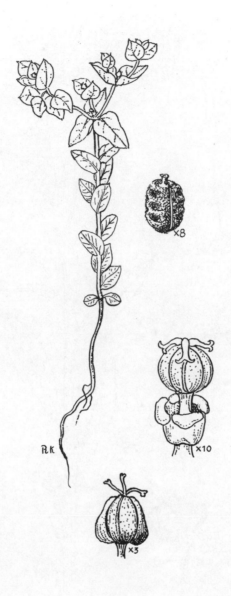

407. Euphorbia phymatosperma Boiss. et Gaill. חֲלַבְלוּב עַב־זֶרַע

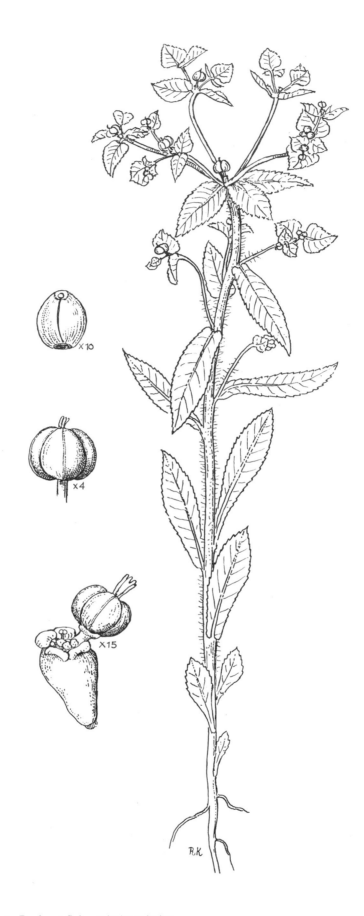

408. Euphorbia arguta Banks et Sol. ‏חֲלַבְלוּב מְשֻׁנְשָׁן‎

409. Euphorbia gaillardotii Boiss. et Bl.   חֲלַבְלוּב־הַגַּלְגַּל

410. Euphorbia microsphaera Boiss.　חֲלַבְלוּב קְטַן־פְּרִי

411. Euphorbia cybirensis Boiss. חֲלַבְלוּב סָמוּר

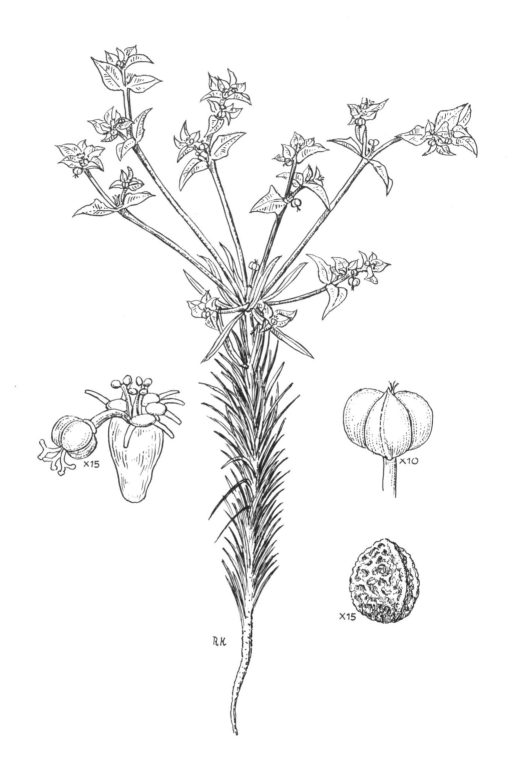

412. Euphorbia aleppica L.   חֲלַבְלוּב אֲרַם־צוֹבָא

413. Euphorbia exigua L.   חֲלַבְלוּב צַר־עָלִים

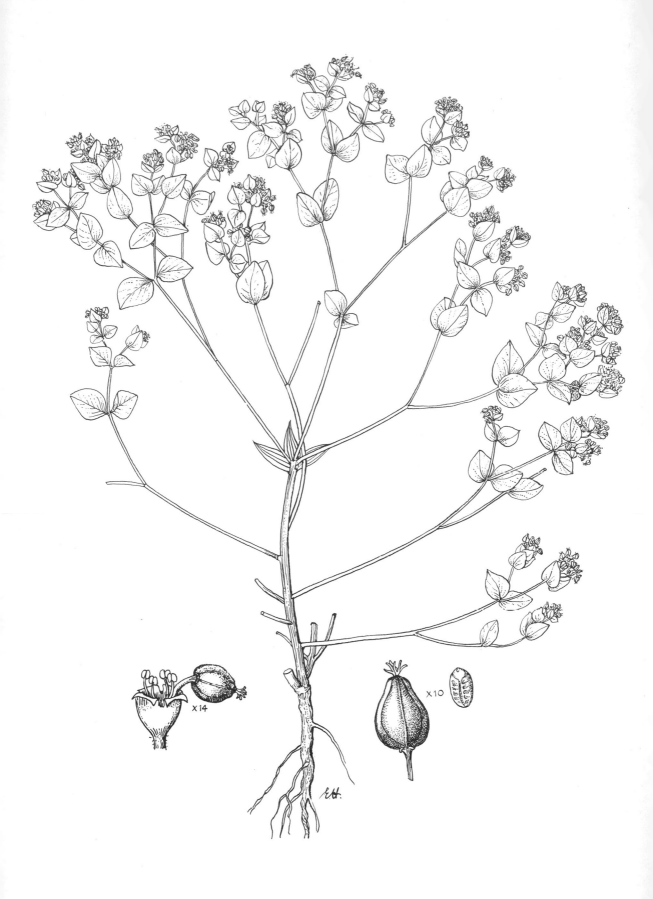

414. Euphorbia falcata L. var. ecornuta Boiss.   חֲלַבְלוּב מַגְלָנִי זַן מְקֻפָּח

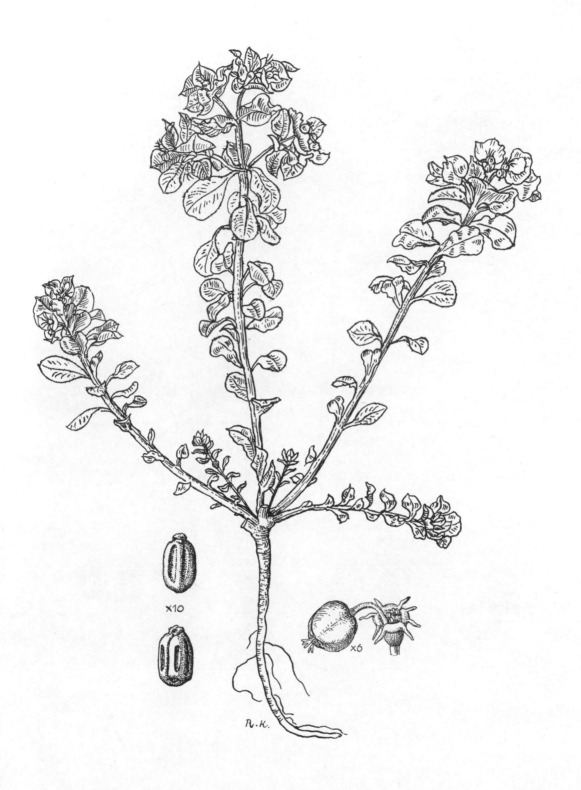

415. Euphorbia aulacosperma Boiss. ‏חֲלַבְלוּב חָרוּץ‎

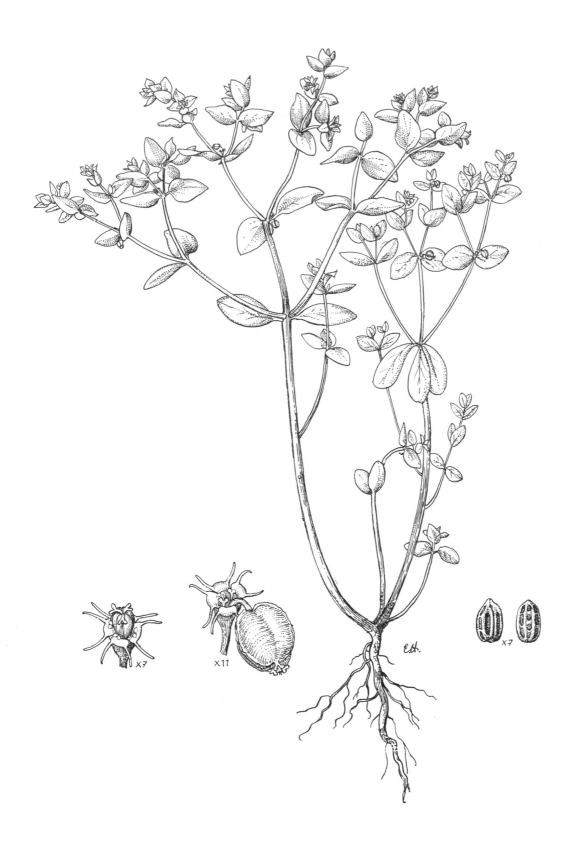

416. Euphorbia peplus L.   חֲלַבְלוּב מָצוּי

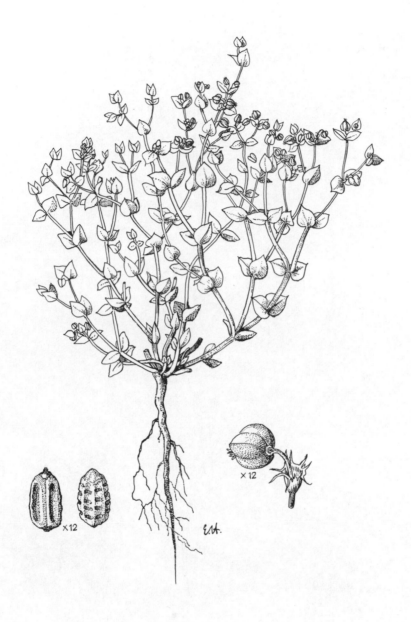

417. Euphorbia chamaepeplus Boiss. et Gaill.   חֲלַבְלוּב פָּעוּט

418. Euphorbia reuteriana Boiss.   חֲלַבְלוּב מַקְרִין

419. Euphorbia cheiradenia Boiss. et Hohen.   חֲלַבְלוּב הַמִּדְבָּר

420. Euphorbia terracina L.   חֲלַבְלוּב הַחוֹף

×4½

×6

R.K.

421. Euphorbia macroclada Boiss. חֲלַבְלוּב עָנֵף

422. Euphorbia paralias L. חֲלַבְלוּב הַיָּם

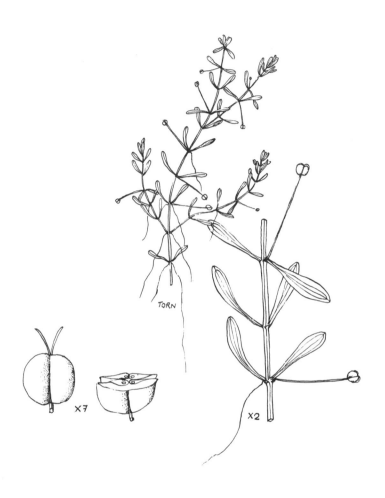

TORN

×7

×2

424. Callitriche pedunculata DC.   טוֹבְעָנִית הָעֲקָצִים

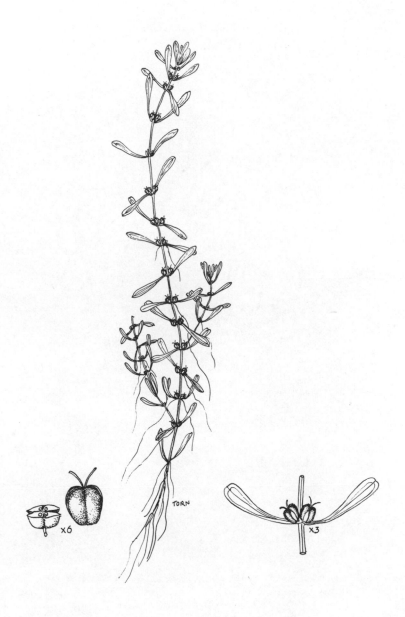

425. Callitriche verna L.   טוֹבְעָנִית אֲבִיבִית

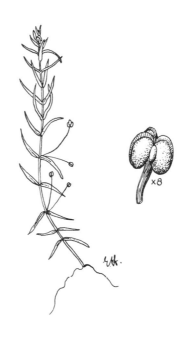

426. Callitriche hermaphroditica L. טוֹבְעָנִית דו־מִינִית

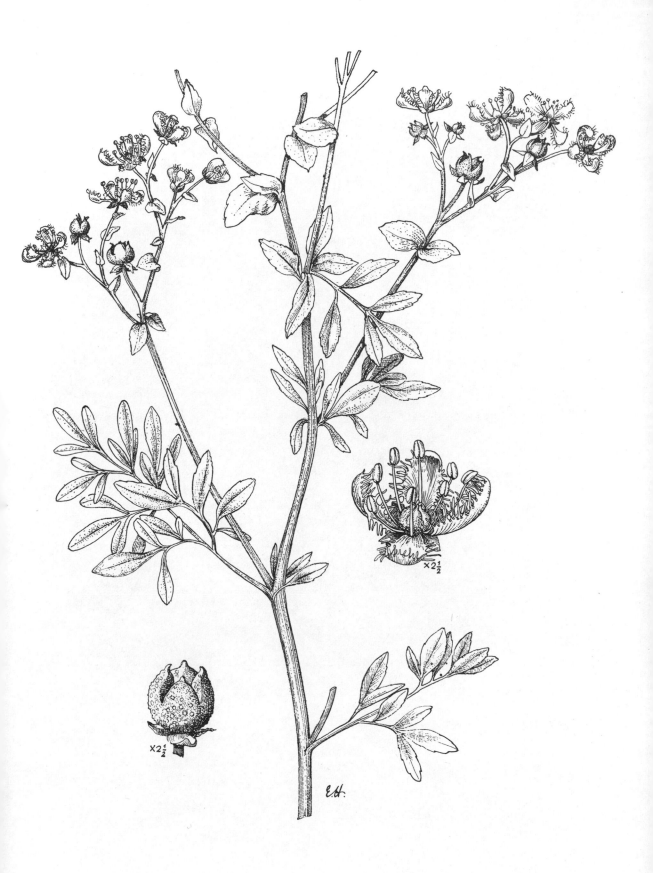

427. Ruta chalepensis L. פֵּיגָם מָצוּי

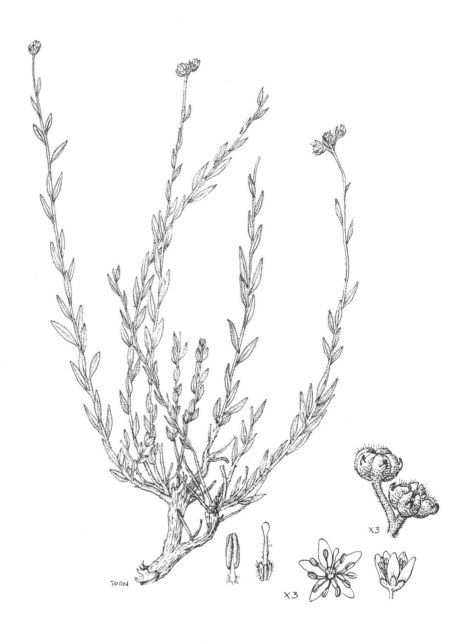

428. Haplophyllum fruticulosum (Labill.) G. Don f. פֵּיגָמִית הַשִּׂיחַ

429. Haplophyllum poorei C. C. Townsend ssp. negevense Zoh. et Danin פִּיגָמִית פּוּר תַּת־מִין נֶגְבִּי

×4

×4

430. Haplophyllum buxbaumii (Poir.) G. Don f. פִּיגָמִית מְצוּיָה

DULIC

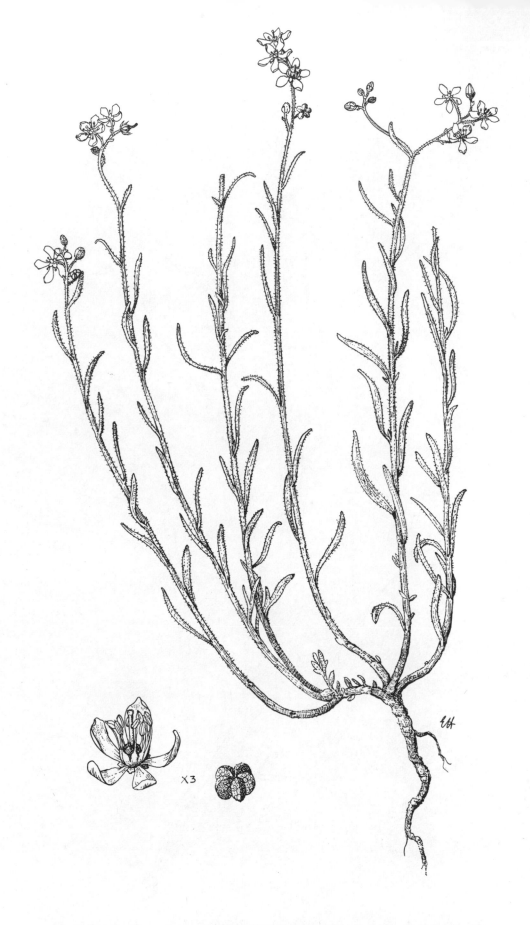

X3

431. *Haplophyllum blanchei* Boiss. פֵּיגָמִית בְּלַנְשׁ

432. Haplophyllum tuberculatum (Forssk.) Ad. Juss. פֵּיגָמִית מְגֻבְשֶׁשֶׁת

432a. Haplophyllum tuberculatum (Forssk.) Ad. Juss. f. longifolium פִּיגָמִית מְגֻבְשֶׁשֶׁת צוּרָה אֲרֻכַּת־עָלִים

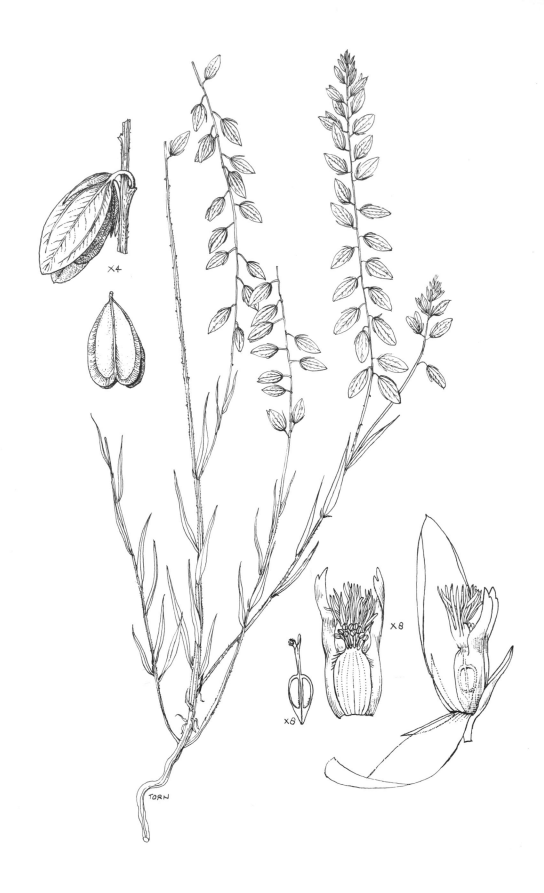

433. Polygala monspeliaca L. מַרְבֵּה־חָלָב מוֹנְפֶּלְיָנִי

434. Polygala sinaica Botsch. מַרְבֵּה־חָלָב רְתָמִי

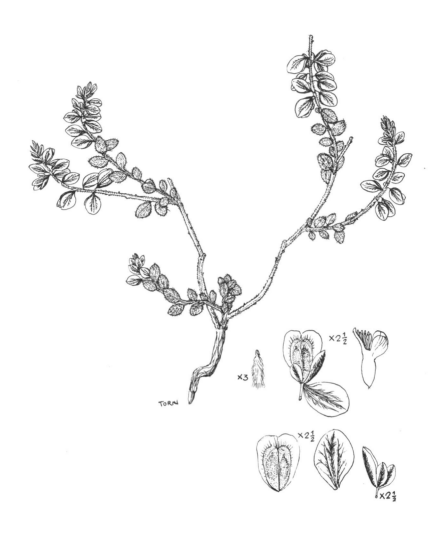

435. Polygala hohenackeriana Fisch. et Mey. מַרְבֵּה־חָלָב אֲדוּמִי

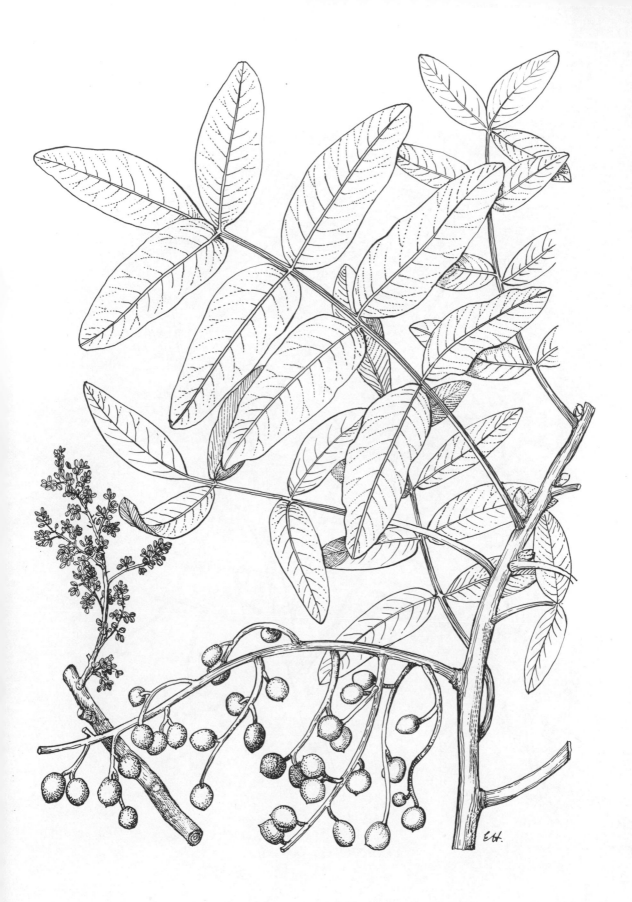

436. Pistacia atlantica Desf. אֵלָה אַטְלַנְטִית

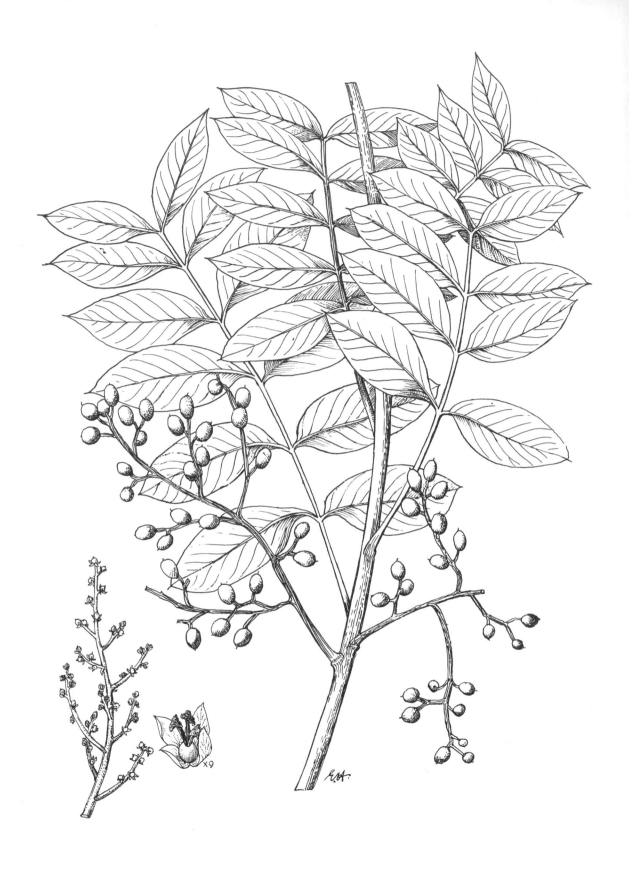

437. Pistacia palaestina Boiss. אֵלָה אֶרֶצְיִשְׂרְאֵלִית

438. Pistacia saportae Burnat   אֵלַת הַכִּלְאַיִם

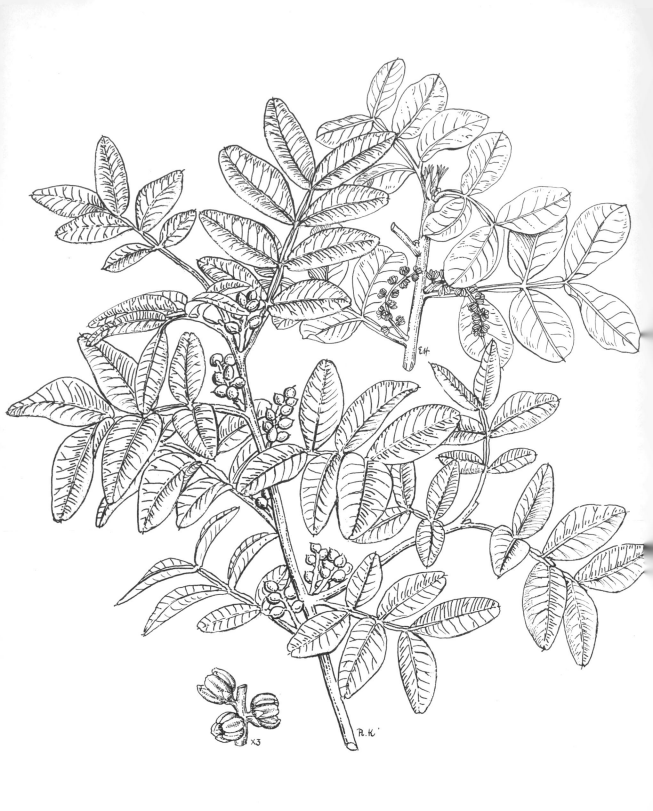

439. Pistacia lentiscus L. אֶלַת הַמַּסְטִיק

440. Rhus coriaria L.　אוֹג הַבֻּרְסְקָאִים

441. Rhus tripartita (Ucria) Grande　אוֹג קוֹצָנִי

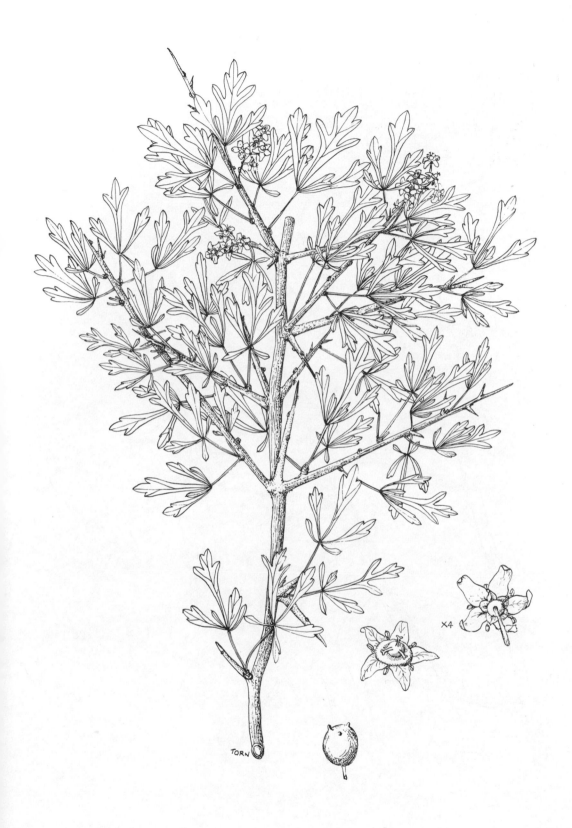

442. Rhus pentaphylla (Jacq.) Desf.   אוֹג מְחֻמָּשׁ

443. Acer obtusifolium Sm. ssp. syriacum (Boiss. et Gaill.) Holmboe   אֶדֶר סוּרִי

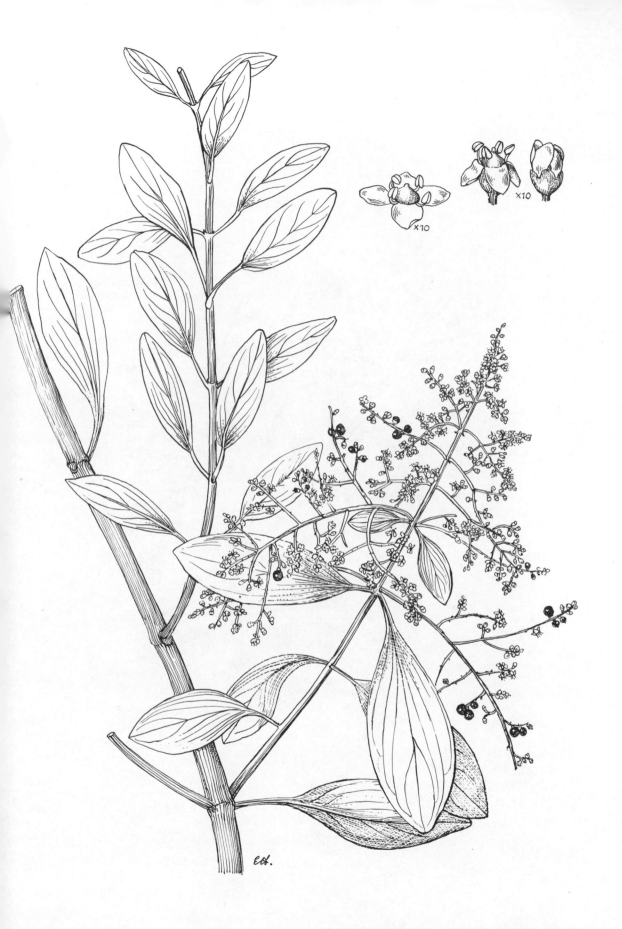

444. Salvadora persica L. סַלְוָדוֹרָה פַּרְסִית

445. Rhamnus dispermus Ehrenb.   אֶשְׁחָר דּוּ־זַרְעִי

446. Rhamnus palaestinus Boiss.　אֶשְׁחָר אֶרֶצִישְׂרְאֵלִי

447. Rhamnus punctatus Boiss.   אֶשְׁחָר מְנֻקָּד

448. Rhamnus alaternus L. אֶשְׁחָר רְחַב־עָלִים

449. Paliurus spina-christi Mill.   שָׁמִיר קוֹצָנִי

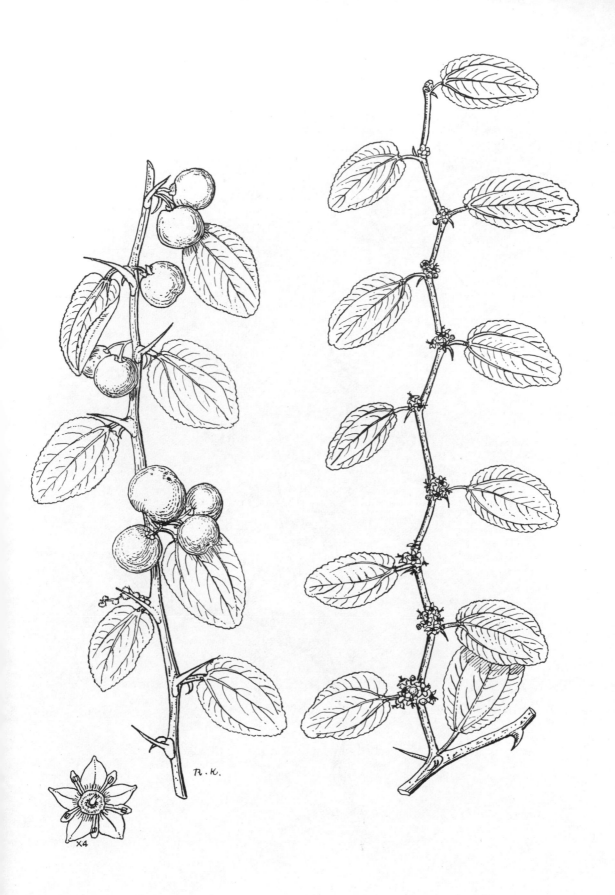

450. Ziziphus spina-christi (L.) Desf. שֵׁיזָף מָצוּי

451. Ziziphus nummularia (Burm. f.) Wight et Walk.-Arn.   שֵׁיזָף שָׂעִיר

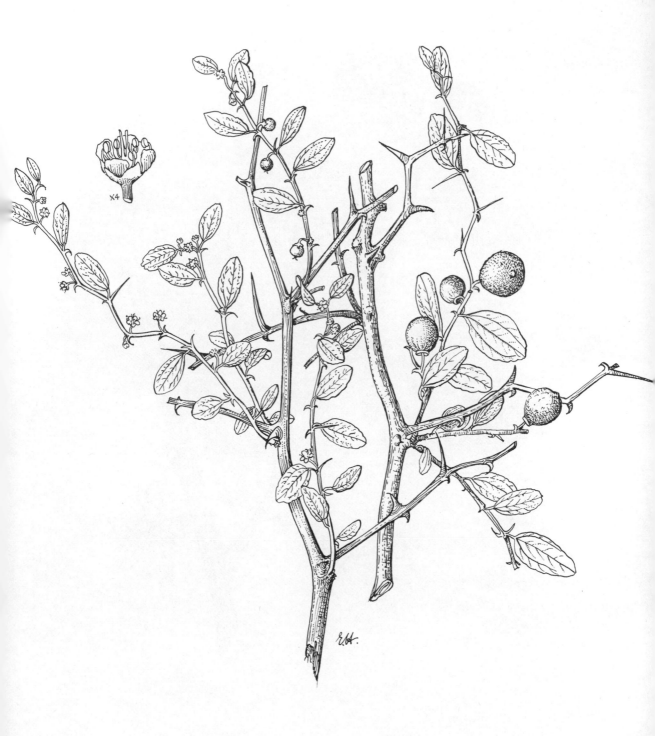

452. Ziziphus lotus (L.) Lam. שֵׂיזָף הַשִּׂיחַ

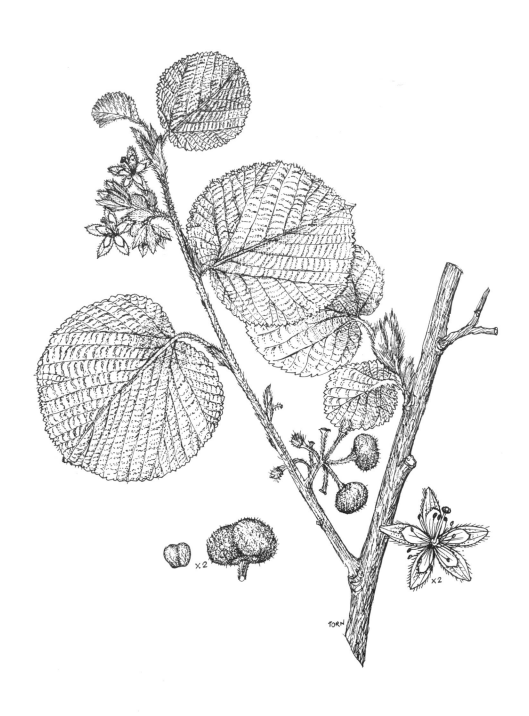

453. Grewia villosa Willd. גְּרוִיָה שְׂעִירָה

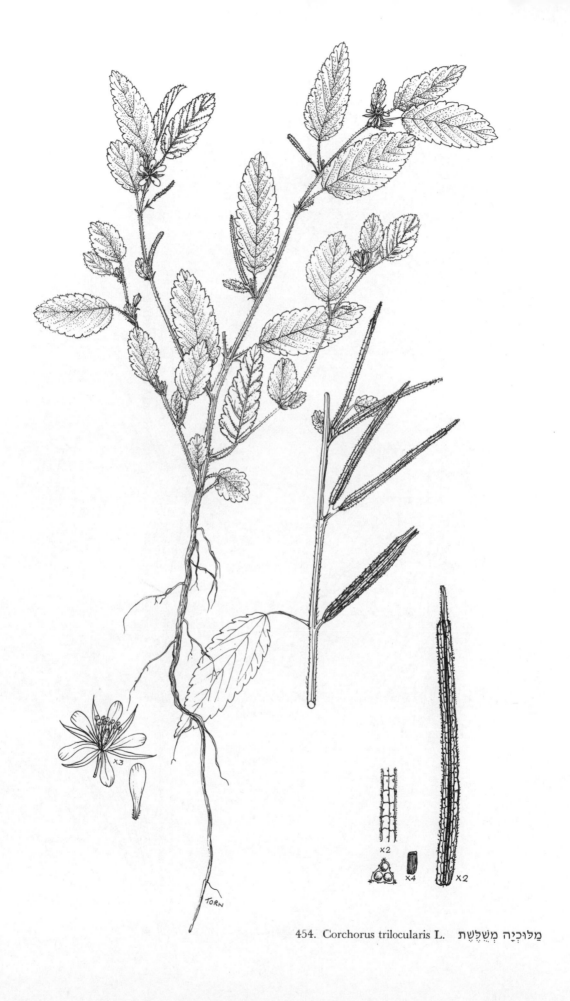

454. Corchorus trilocularis L. מַלוּכִיָּה מְשֻׁלֶּשֶׁת

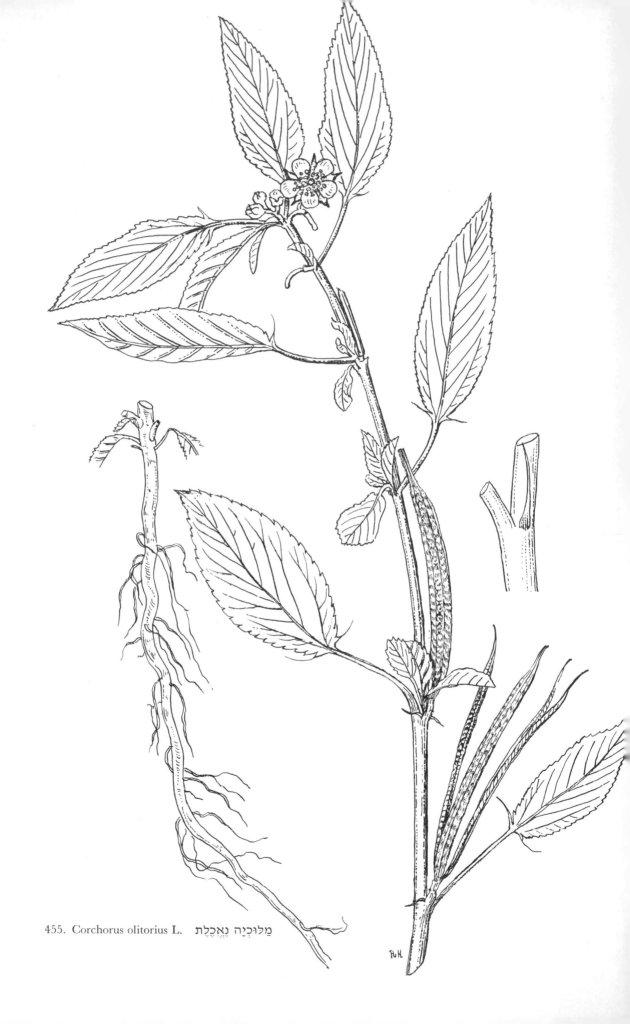

455. Corchorus olitorius L. מַלוּכְיָה נֶאֱכֶלֶת

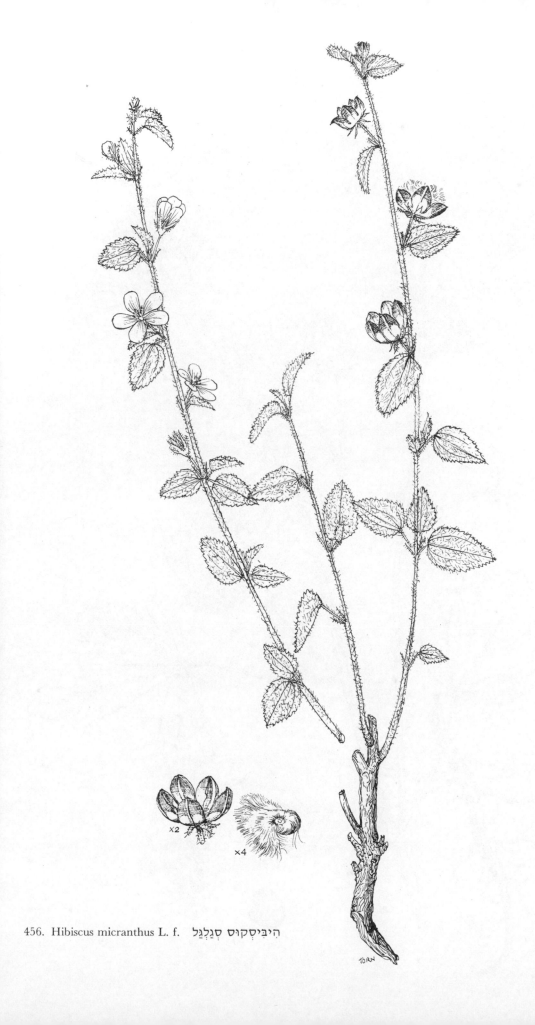

×2

×4

456. Hibiscus micranthus L. f.   הִיבִּיסְקוּס סְגַלְגַּל

457. Hibiscus trionum L.   הִיבִּיסְקוּס מְשֻׁלָּשׁ

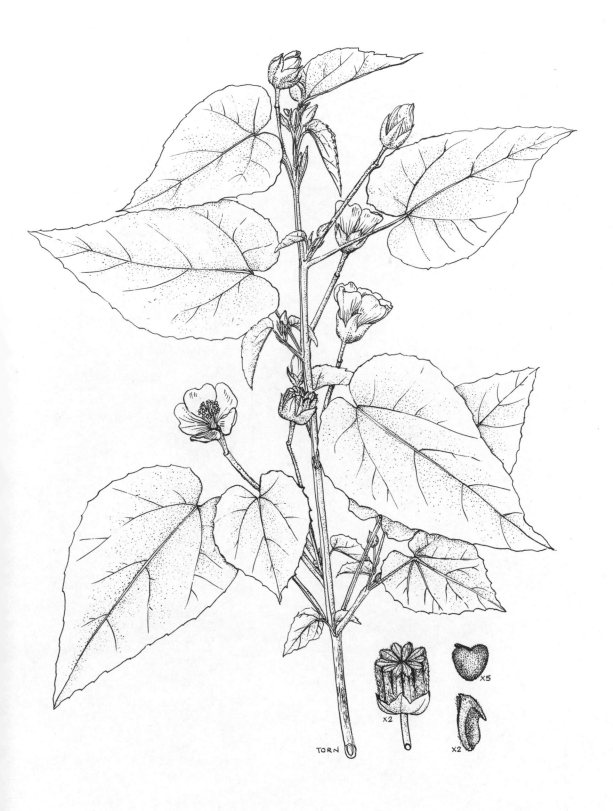

458. Abutilon fruticosum Guill. et Perr. אֲבוּטִילוֹן הַשִׂיחַ

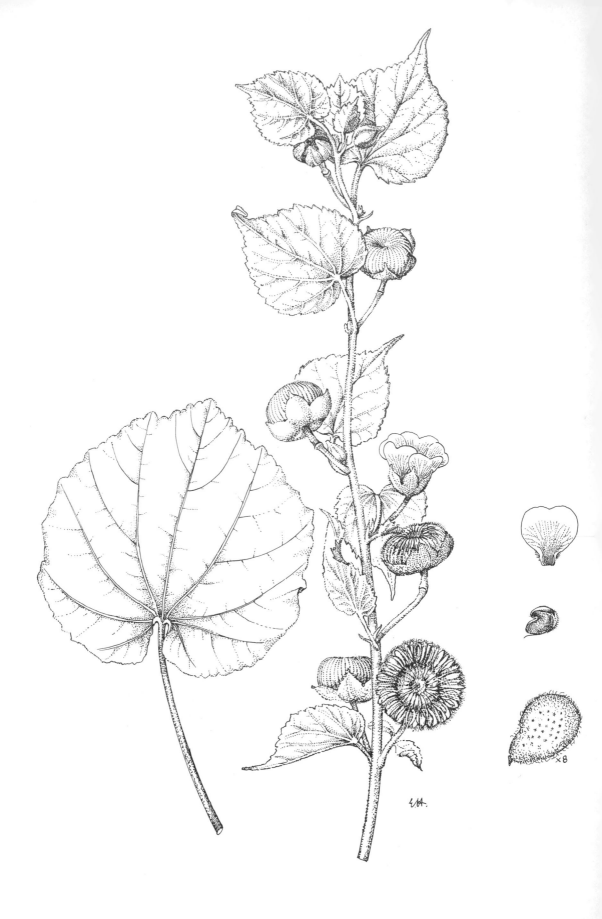

459. Abutilon pannosum (Forst. f.) Schlecht.   אַבּוּטִילוֹן לָבִיד

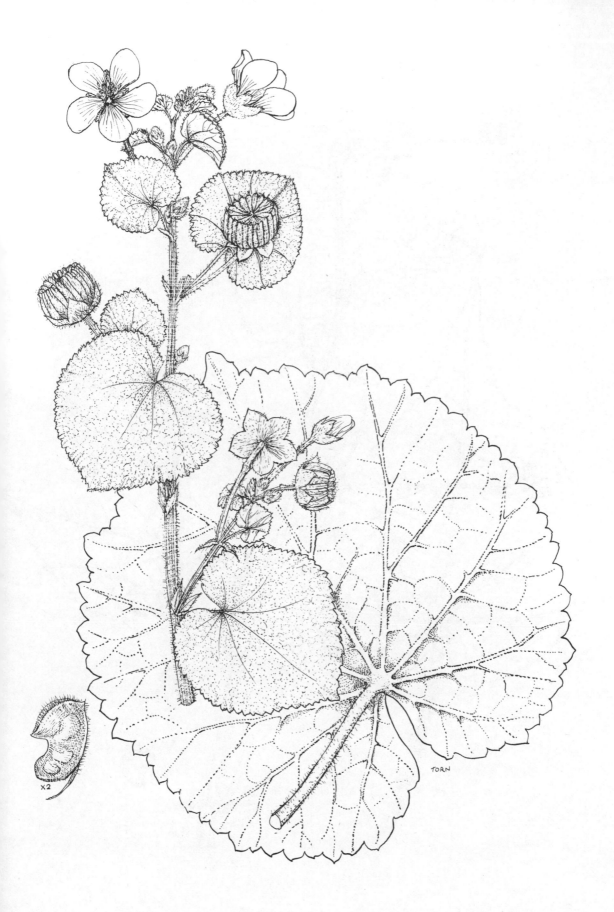

460. Abutilon hirtum (Lam.) Sweet אֲבוּטִילוֹן קֵהֶה

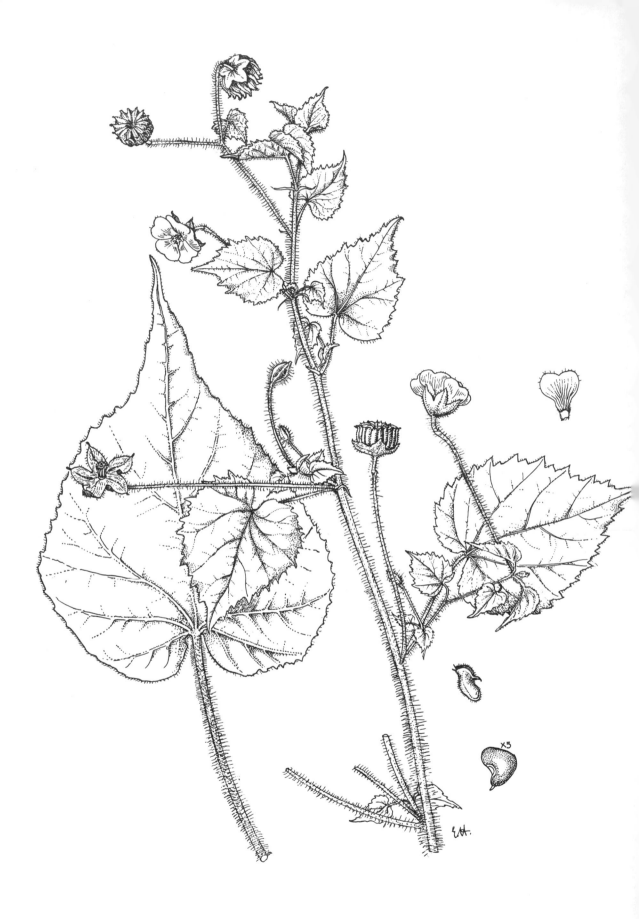

461. Abutilon indicum (L.) Sweet אֲבוּטִילוֹן הֹדִּי

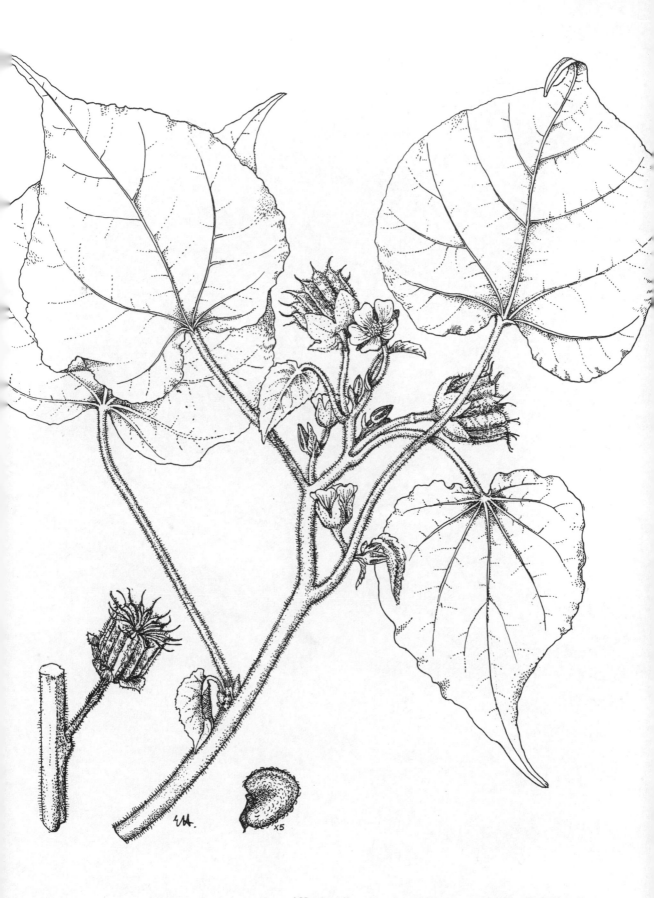

462. Abutilon theophrasti Medik. אֲבּוּטִילוֹן תֵּאוֹפְרַסְטוּס

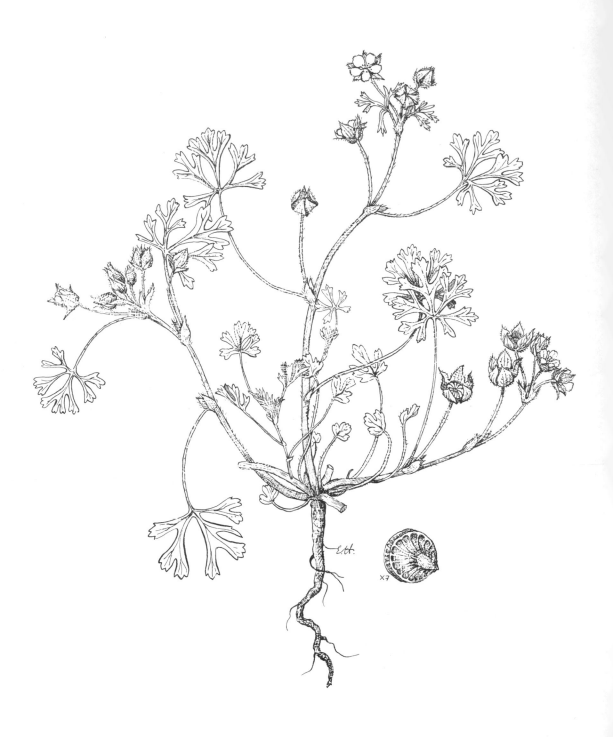

463. Malva aegyptia L. חֶלְמִית מִצְרִית

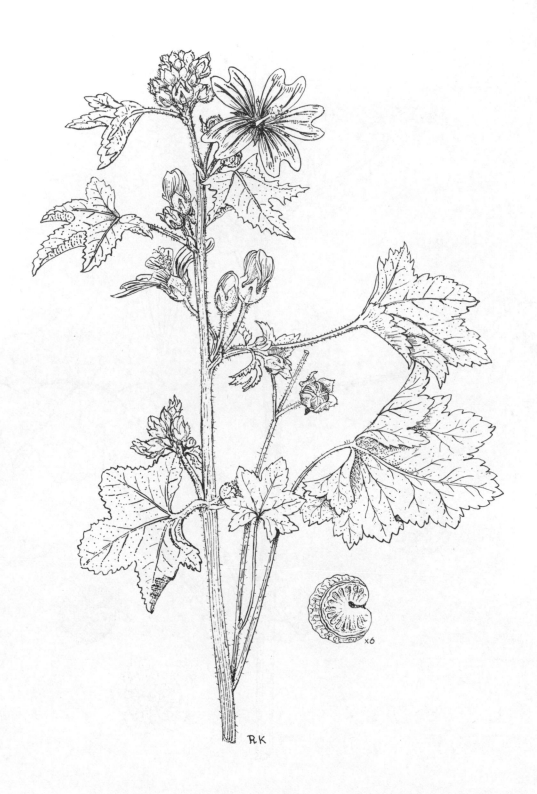

464. *Malva sylvestris* L. חֲלַמִּית גְּדוֹלָה

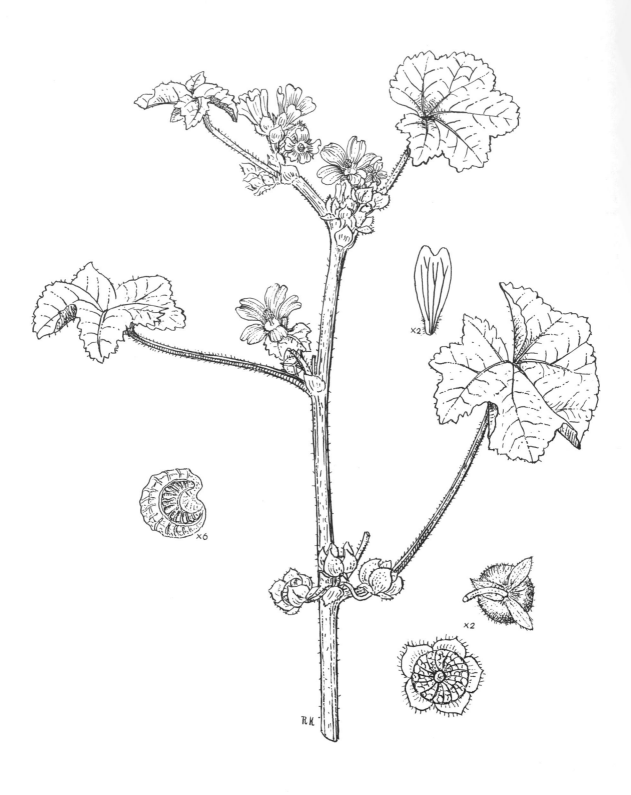

465. Malva nicaeensis All.   חֶלְמִית מְצוּיָה

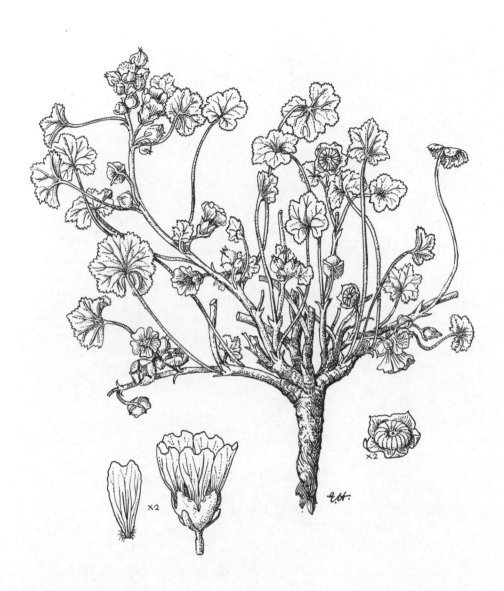

466. Malva neglecta Wallr. חֶלְמִית מֻזְנַחַת

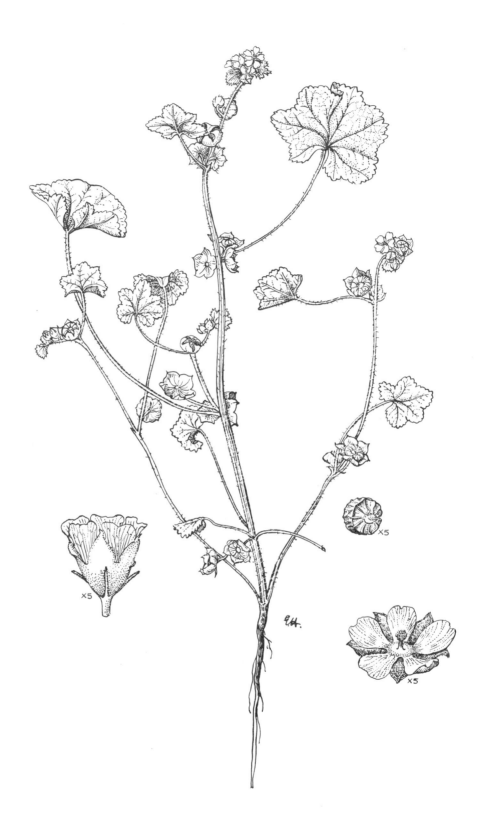

467. Malva parviflora L. חֶלְמִית קְטַנַּת־פְּרָחִים

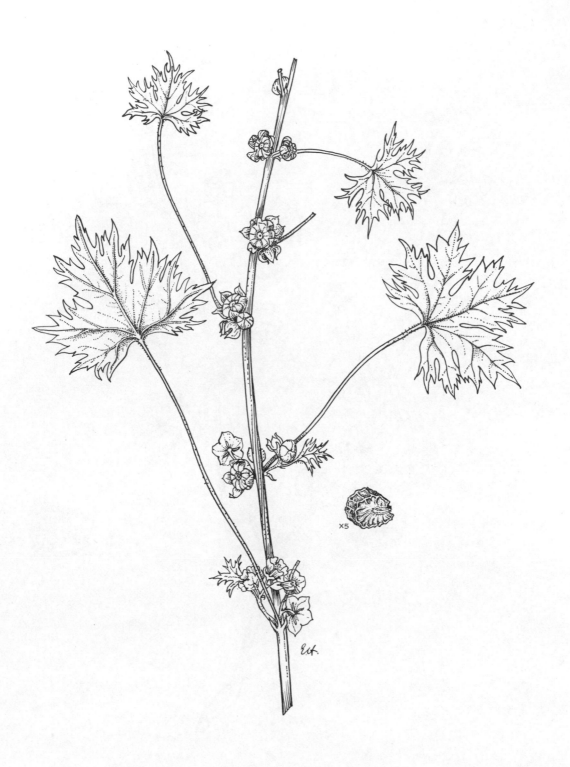

468. Malva oxyloba Boiss. חֶלְמִית חַדַּת־אֻנּוֹת

469. Malvella sherardiana (L.) Jaub. et Sp.   בַּת־חֶלְמִית שְׂרוּעָה

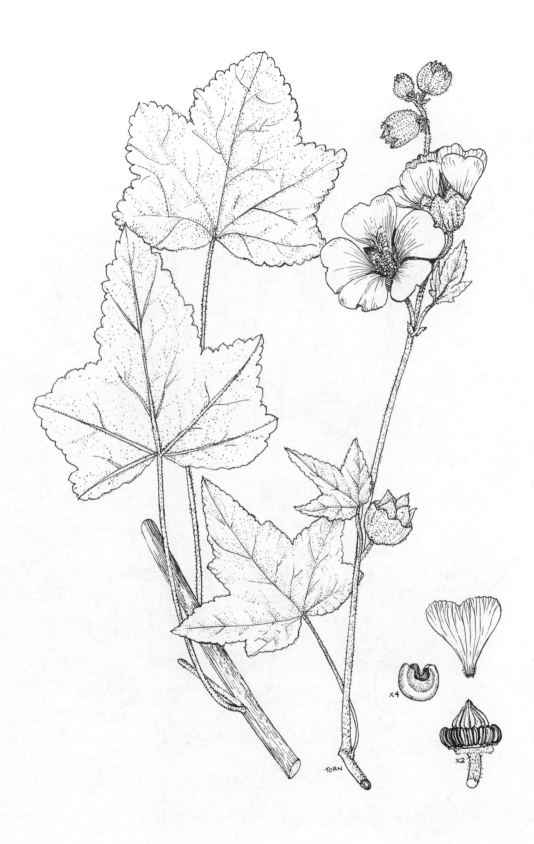

470. *Lavatera bryoniifolia* Mill. מָעוֹג קִפֵּחַ

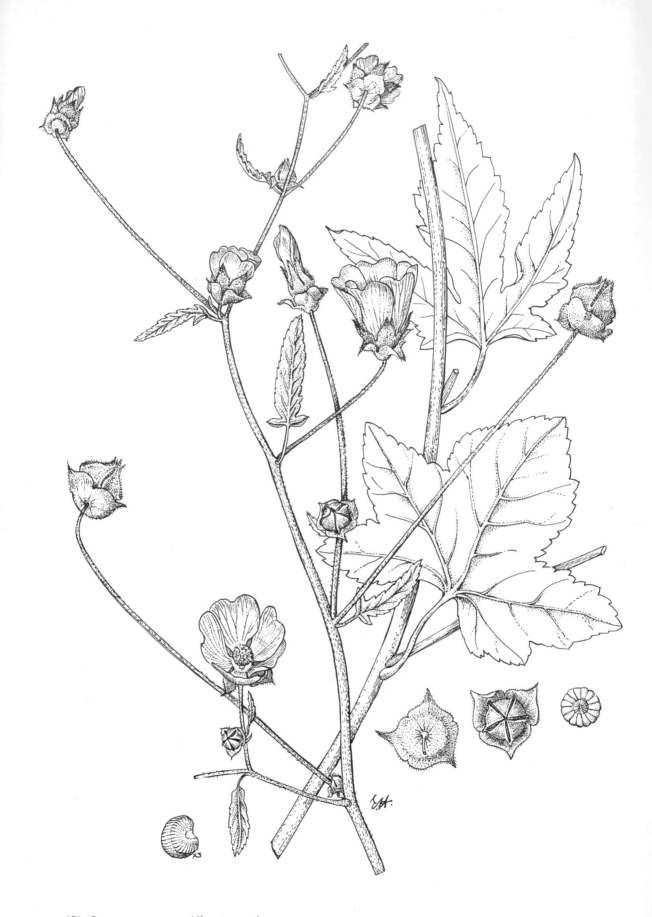

471. Lavatera punctata All.　מָעוֹג מְנֻקָּד

472. Lavatera trimestris L.   מָעוֹג אָפִיל

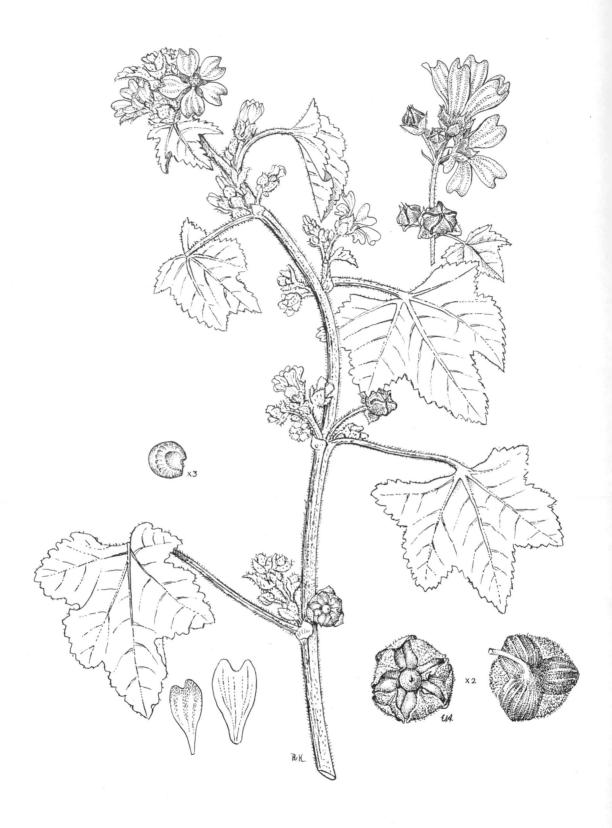

473. Lavatera cretica L. מָעוֹג כְּרֵתִי

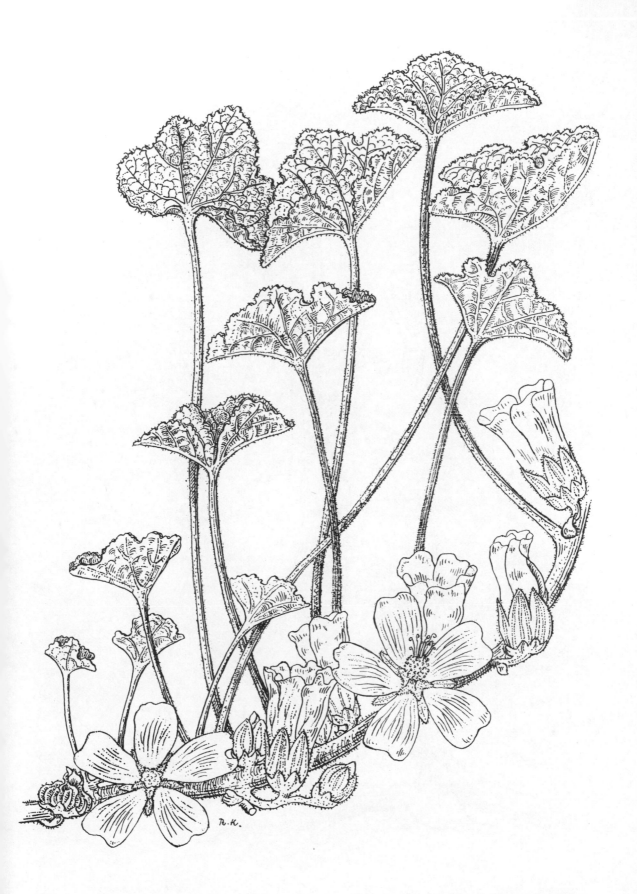

474. *Alcea acaulis* (Cav.) Alef. חַטְמִית עֵין־הַפָּרָה

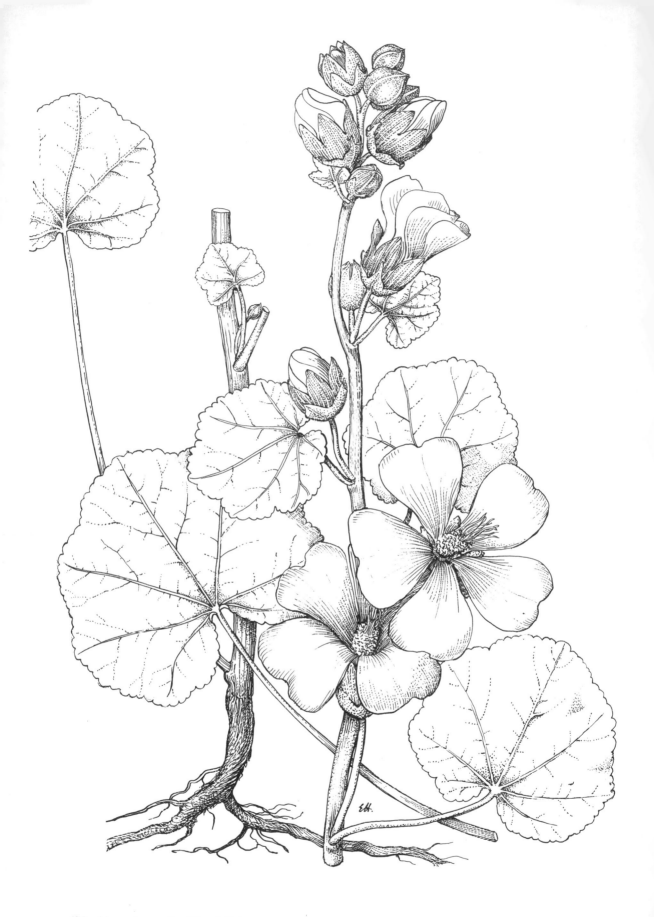

475. Alcea chrysantha (Sam.) Zoh. חַטְמִית זְהֻבָּה

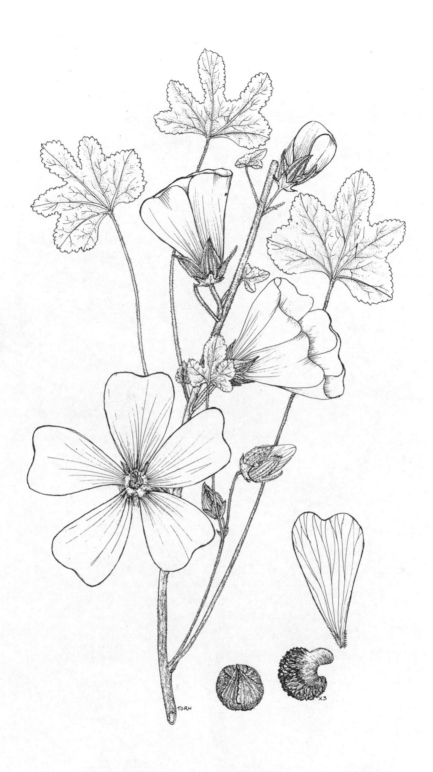

476. Alcea galilaea Zoh. חָטְמִית הַגָּלִיל

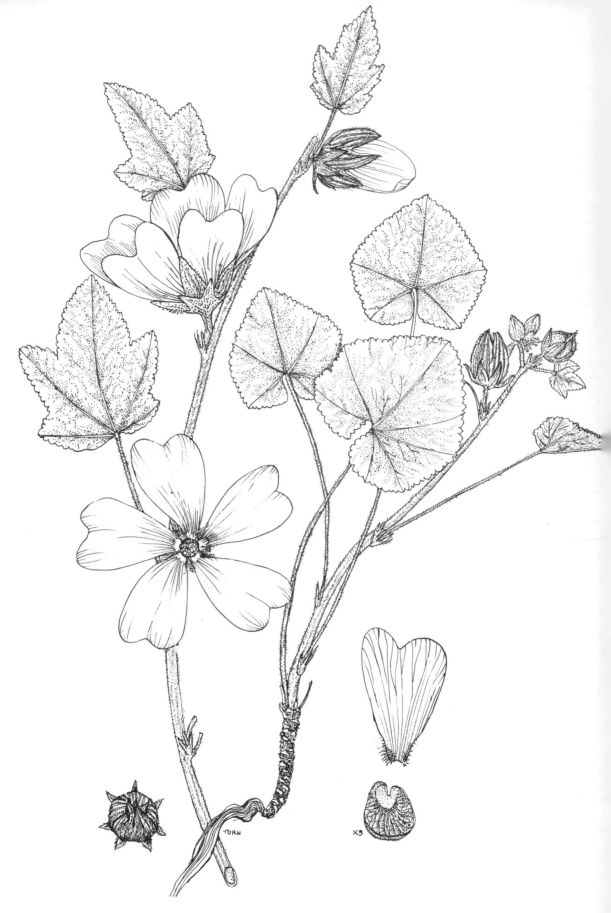

477. Alcea striata (DC.) Alef. חַטְמִית מְשֹׂרְטֶטֶת

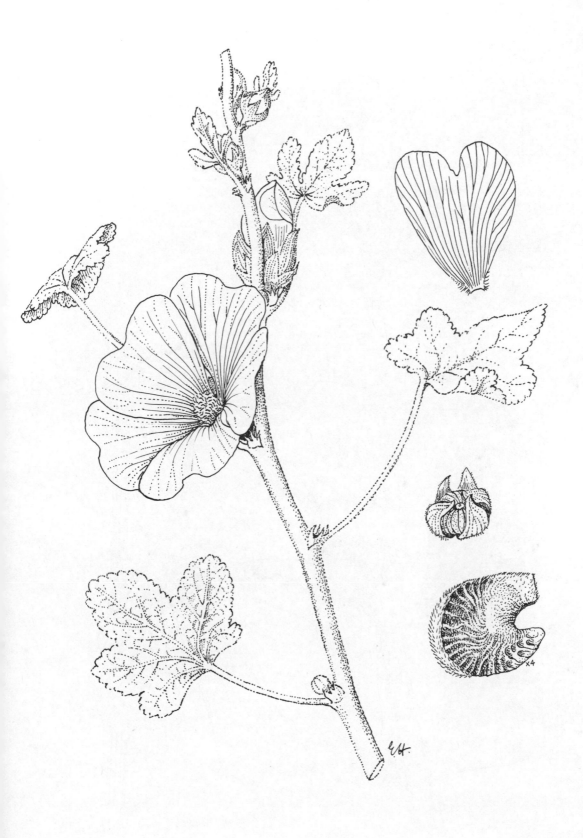

478. Alcea rufescens (Boiss.) Boiss.   חַטְמִית צְהֻבָּה

479. Alcea setosa (Boiss.) Alef.　חַטְמִית זִיפָנִית

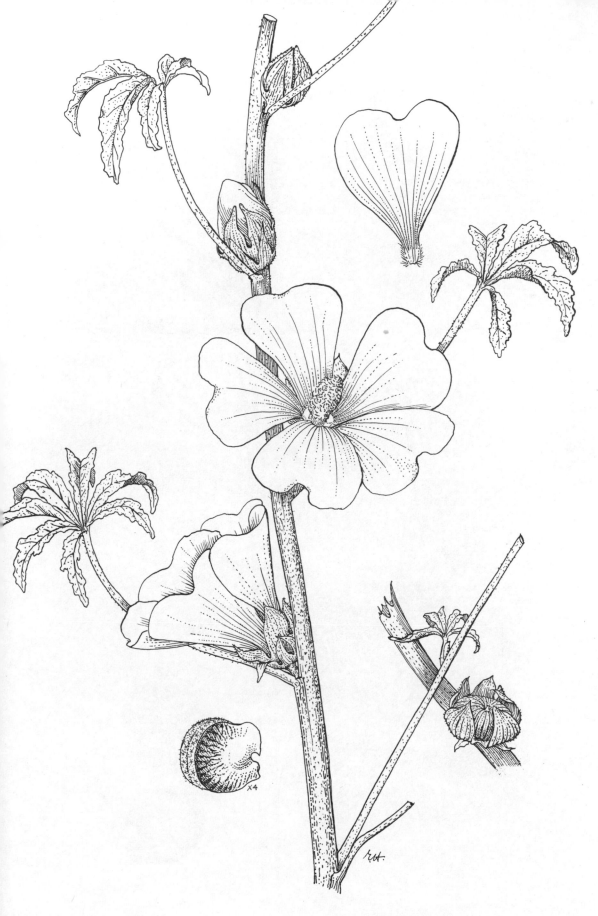

180. Alcea digitata (Boiss.) Alef. חַטְמִית מְאֻצְבַּעַת

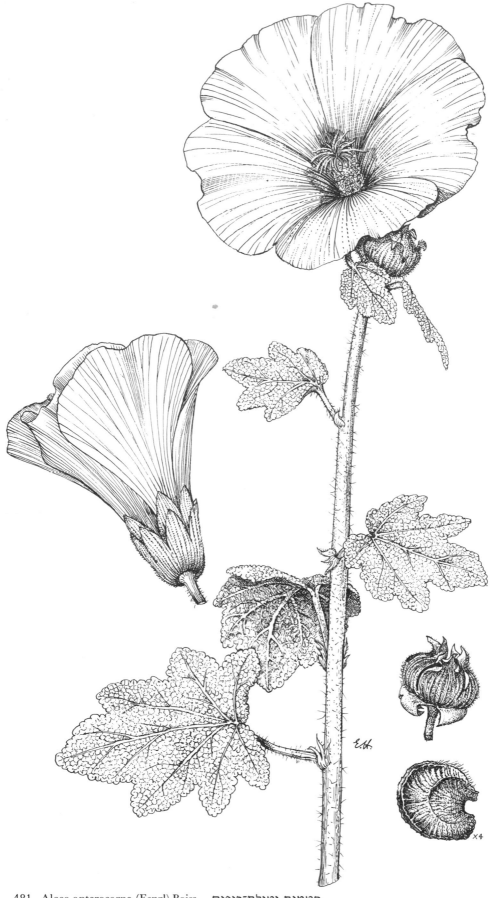

481. Alcea apterocarpa (Fenzl) Boiss. חָטְמִית נְטוּלַת־כְּנָפַיִם

482. Alcea dissecta (Baker) Zoh. var. microchiton Zoh. חָטְמִית קֵרַחַת זַן קְצַר־גְּבִיעוֹן

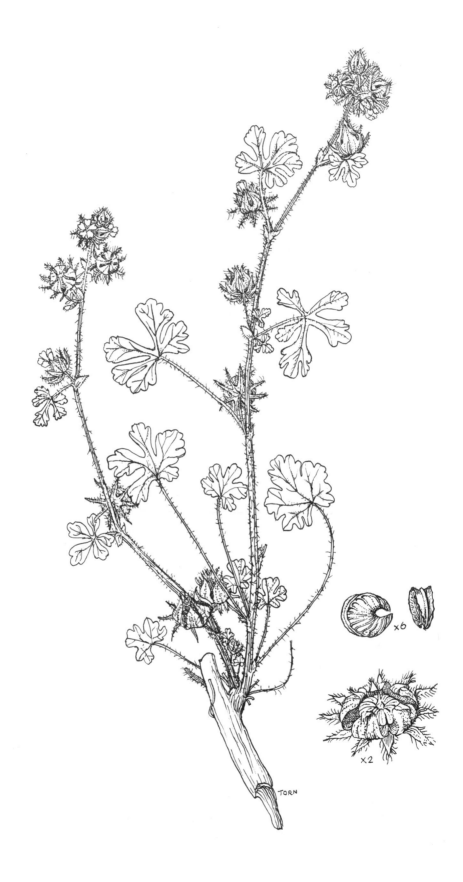

483. Althaea ludwigii L. נְטוֹפִית הַמִּדְבָּר

484. ʾAlthaea officinalis L.   נְטוֹפִית רְפוּאִית

485. Althaea hirsuta L.   נְטוֹפִית שְׂעִירָה

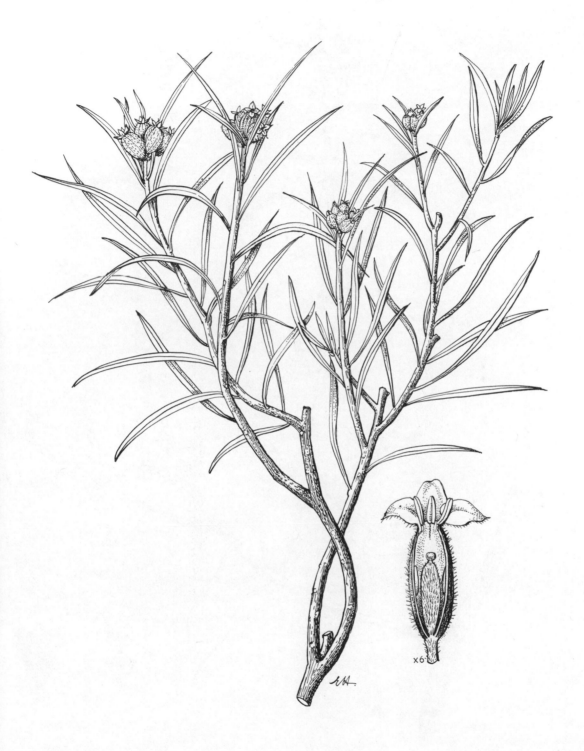

486. Daphne linearifolia Hart דַּפְנָה צָרַת־עָלִים

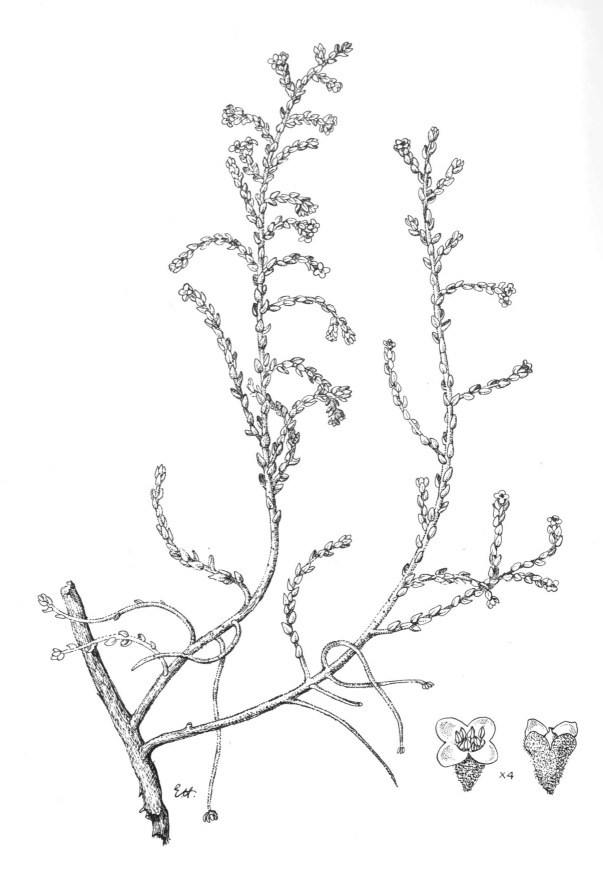

487. Thymelaea hirsuta (L.) Endl.   מִתְנָן שָׂעִיר

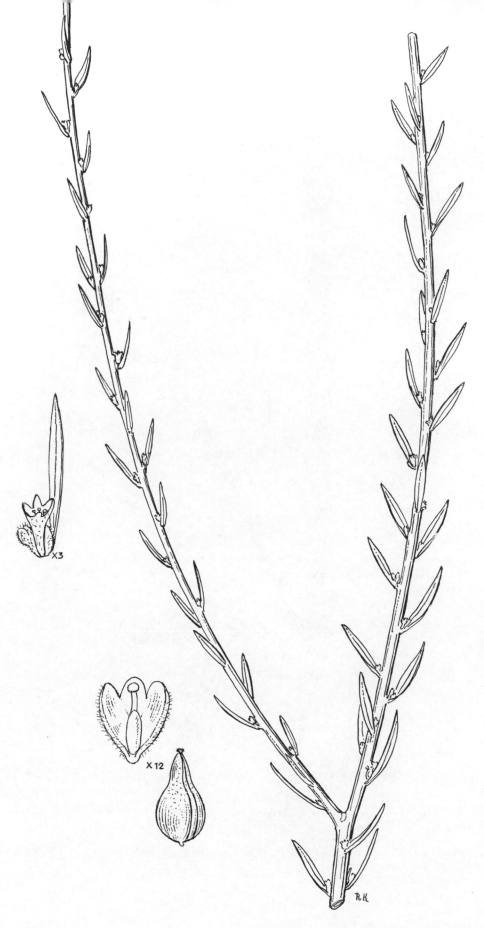

488. Thymelaea passerina (L.) Coss. et Germ.　מִתְנָן מָצוּי

489. Thymelaea pubescens (L.) Meissn.   מִתְנָן צָמִיר

490. Elaeagnus angustifolia L.   עֵץ־הַשֶּׁמֶן הַמַּכְסִיף

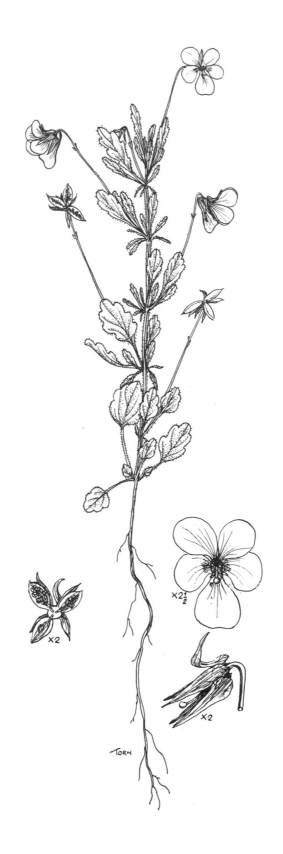

491. Viola kitaibeliana Schult. סֶגֶל שְׁלָשׁ־גּוֹנִי

492. Viola pentadactyla Fenzl ‏סֶגֶל תָּמִים‏

×3

493. Viola occulta Lehm.   סֶגֶל עָטוּי

494. Viola modesta Fenzl   סֶגֶל צָנוּעַ

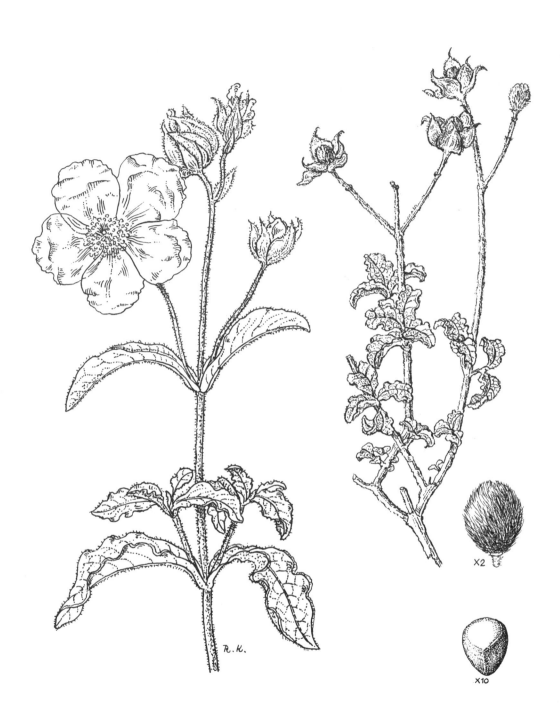

495. Cistus creticus L.   לֹטֶם שָׂעִיר

496. Cistus salviifolius L.   לֹטֶם מַרְוָנִי

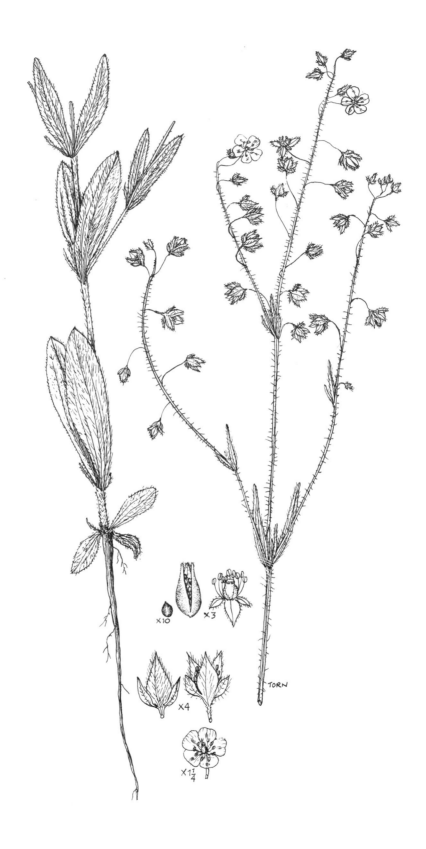

497. Tuberaria guttata (L.) Fourr. שְׁמְשׁוֹנִית הַטִּפִּין

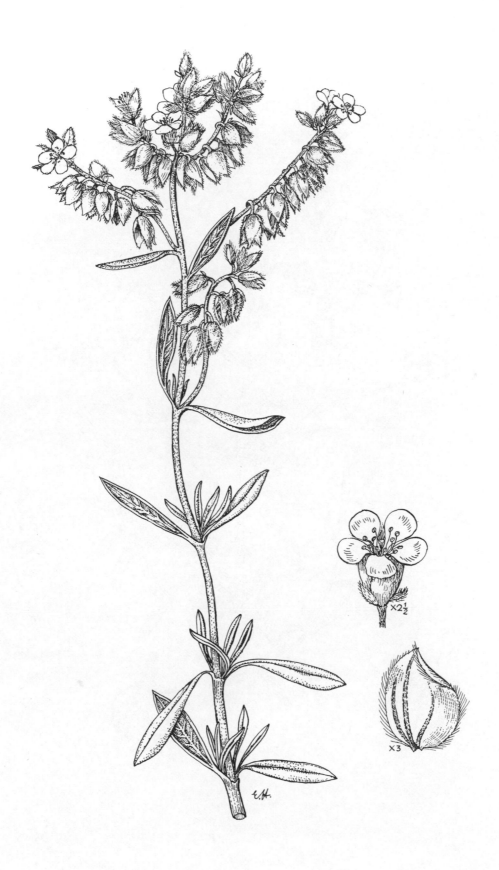

498. Helianthemum fasciculi Greuter שְׁמְשׁוֹן אֱזוֹבְיוֹנִי

499. Helianthemum vesicarium Boiss. var. vesicarium שְׁמְשׁוֹן הַשַּׁלְחוּפִיּוֹת זַן טִיפּוּסִי
499a. Helianthemum vesicarium Boiss. var. ciliatum (Desf.) Zoh. שְׁמְשׁוֹן הַשַּׁלְחוּפִיּוֹת זַן רִיסָנִי

500. Helianthemum kahiricum Del. שִׁמְשׁוֹן קָהִירִי

501. Helianthemum ventosum Boiss.   שִׁמְשׁוֹן הַנֶּגֶב

502. Helianthemum sancti-antonii Schweinf. שִׁמְשׁוֹן הַמִּדְבָּר

503. Helianthemum stipulatum (Forssk.) Christens. שִׁמְשׁוֹן סְגַלְגַּל

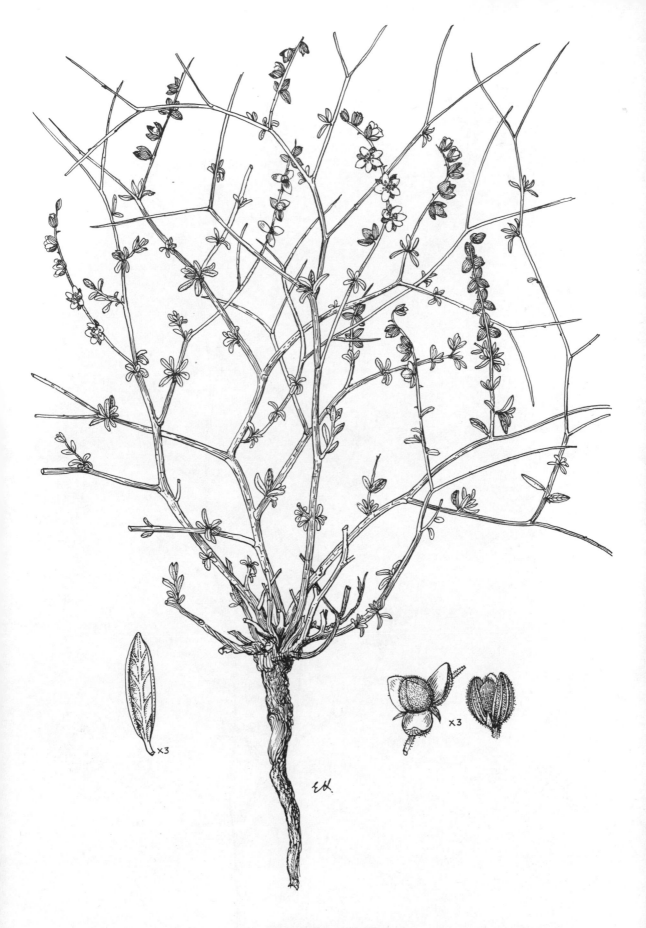

504. Helianthemum lippii (L.) Dum.-Cours. שִׁמְשׁוֹן לִיפִּי

DULIC

505. Helianthemum sessiliflorum (Desf.) Pers. שְׁמְשׁוֹן יוֹשֵׁב

506. Helianthemum ledifolium (L.) Mill. var. ledifolium שְׁמְשׁוֹן רִיסָנִי זַן טִיפּוּסִי

506a. Helianthemum ledifolium (L.) Mill. var. microcarpum Coss.　שִׁמְשׁוֹן רִיסָנִי זַן קְטַן־פְּרִי

507. Helianthemum lasiocarpum Desf. שִׁמְשׁוֹן שָׂעִיר

508. Helianthemum salicifolium (L.) Mill. שִׁמְשׁוֹן מָצוּי

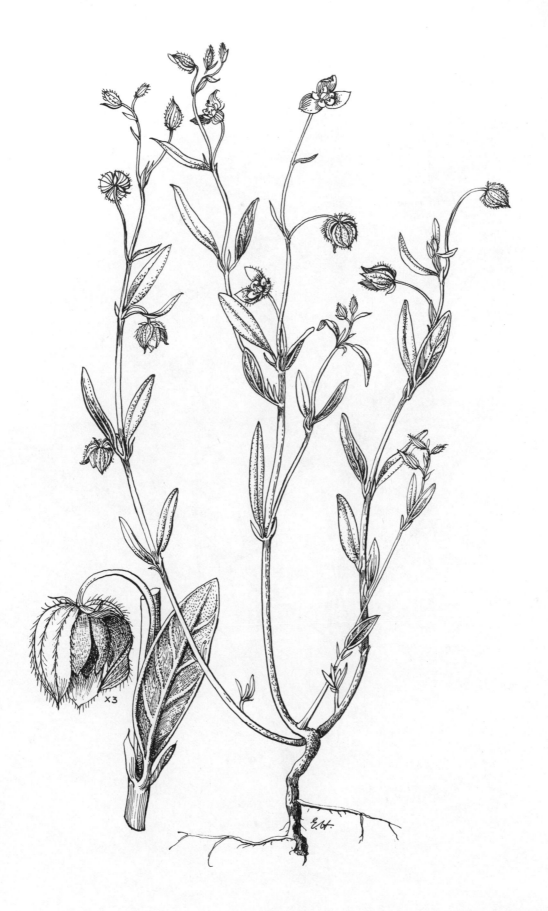

509. Helianthemum aegyptiacum (L.) Mill. שְׁמְשׁוֹן מִצְרִי

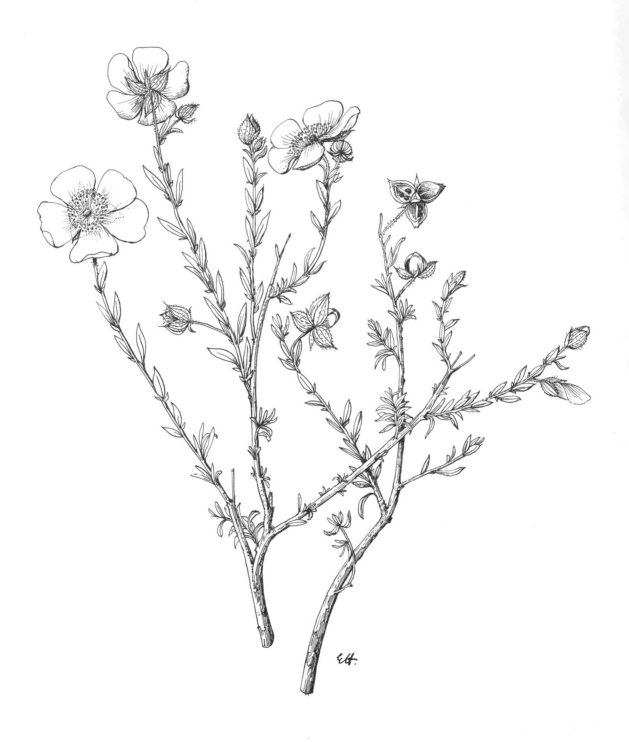

510. Fumana arabica (L.) Sp. לָטְמִית עֲרָבִית

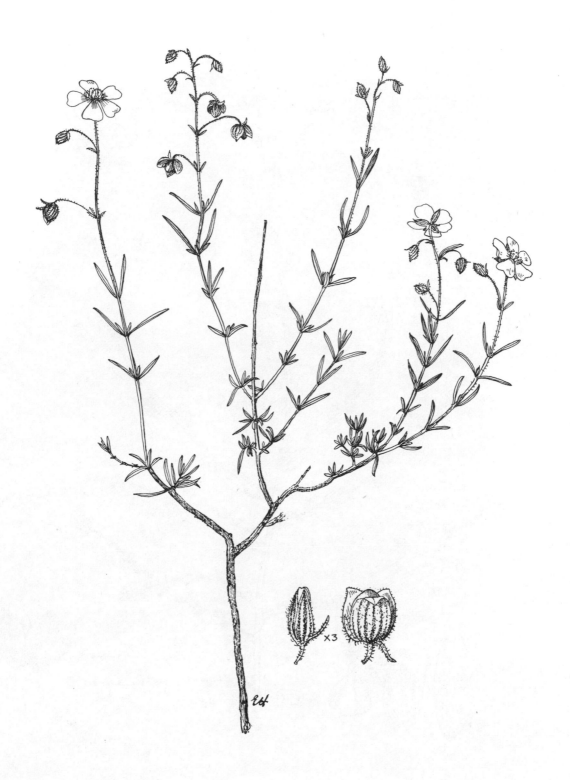

511. Fumana thymifolia (L.) Sp. לַטְמִית דְּבִיקָה

512. Reaumuria negevensis Zoh. et Danin   אַשְׁלִיל הַנֶּגֶב

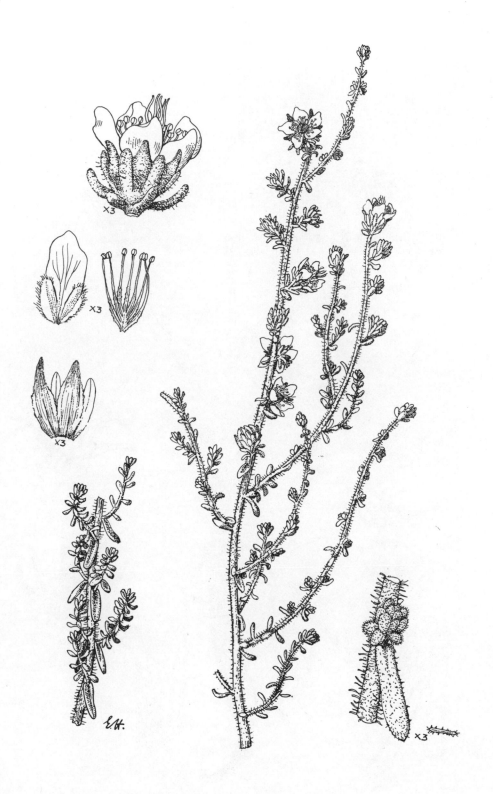

513. Reaumuria hirtella Jaub. et Sp. אַשְׁלִיל שָׂעִיר

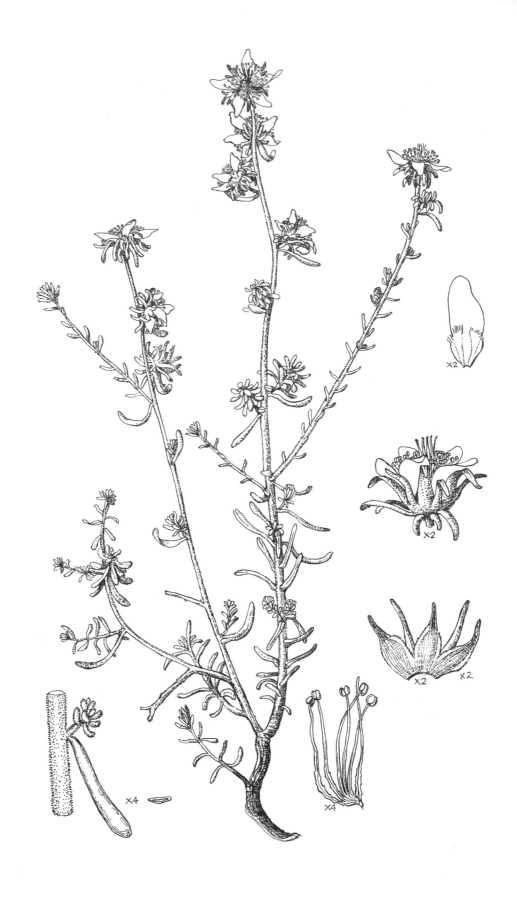

514. Reaumuria hirtella Jaub. et Sp. var. palaestina (Boiss.) Zoh. et Danin אַשְׁלִיל אֶרֶצְיִשְׂרְאֵלִי

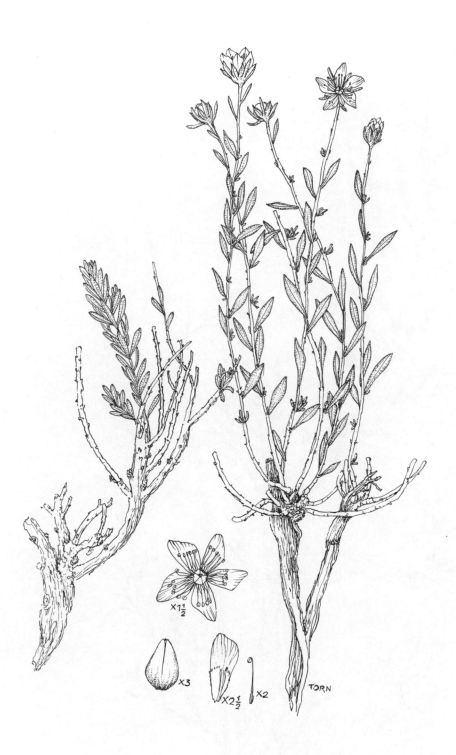

515. *Reaumuria alternifolia* (Labill.) Britten אַשְׁלִיל מְסֹרָג

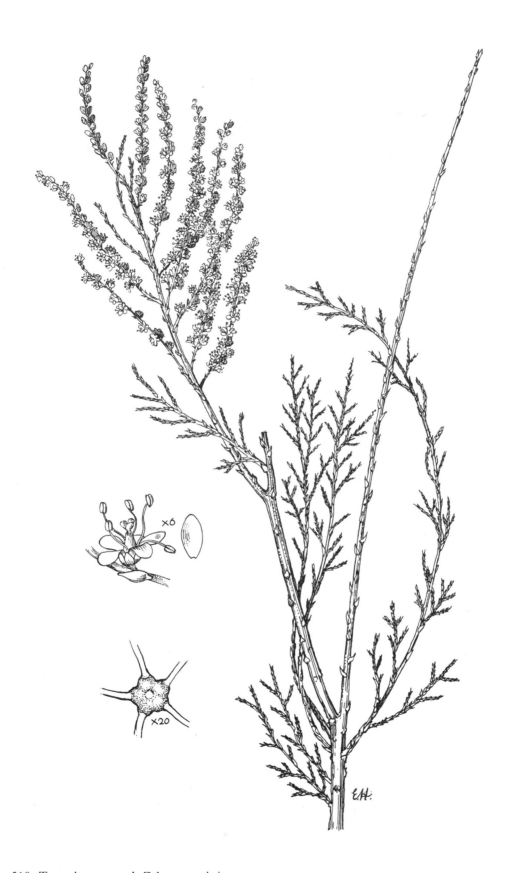

516. Tamarix negevensis Zoh.   אֵשֶׁל הַנֶּגֶב

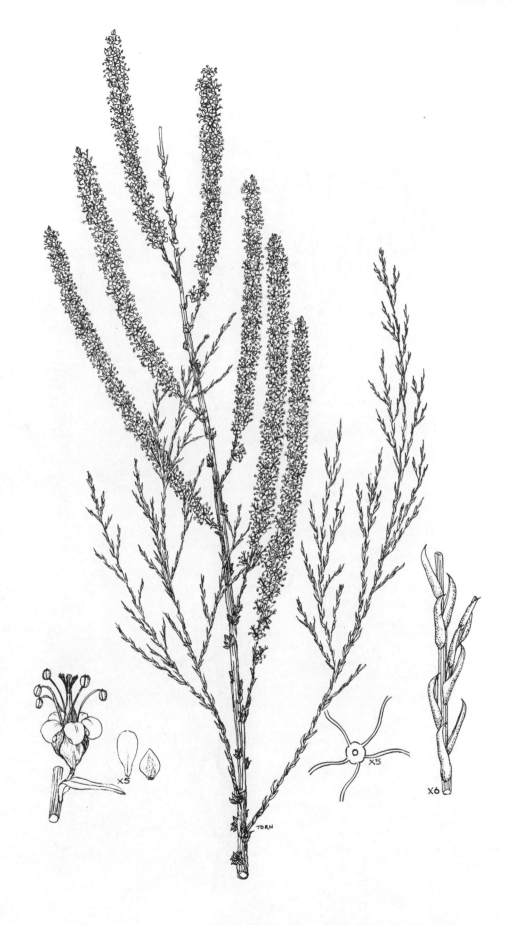

517. Tamarix gennessarensis Zoh. אֶשֶׁל הַכִּנֶּרֶת

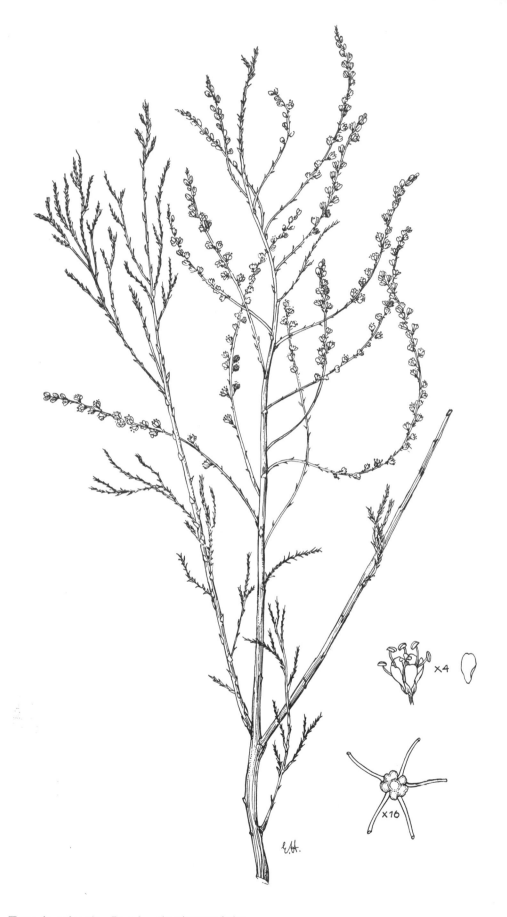

518. Tamarix palaestina Bertol. אֵשֶׁל אֶרֶצְיִשְׂרְאֵלִי

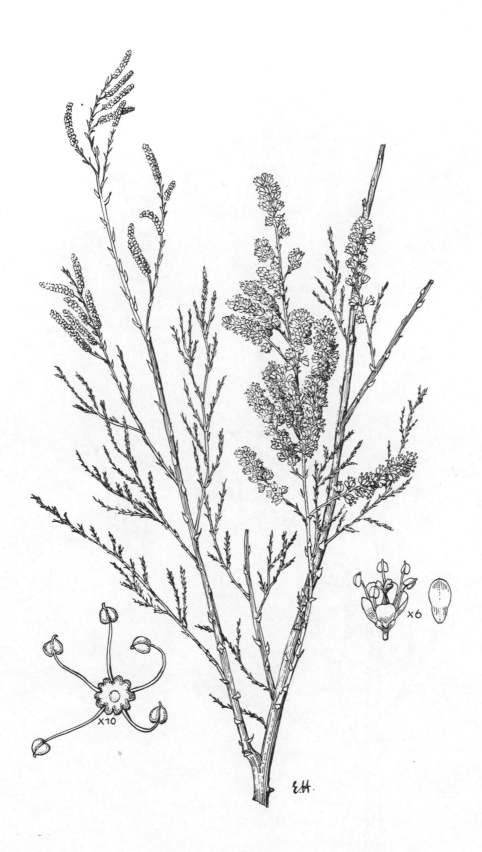

519. Tamarix jordanis Boiss.   אֵשֶׁל הַיַּרְדֵּן

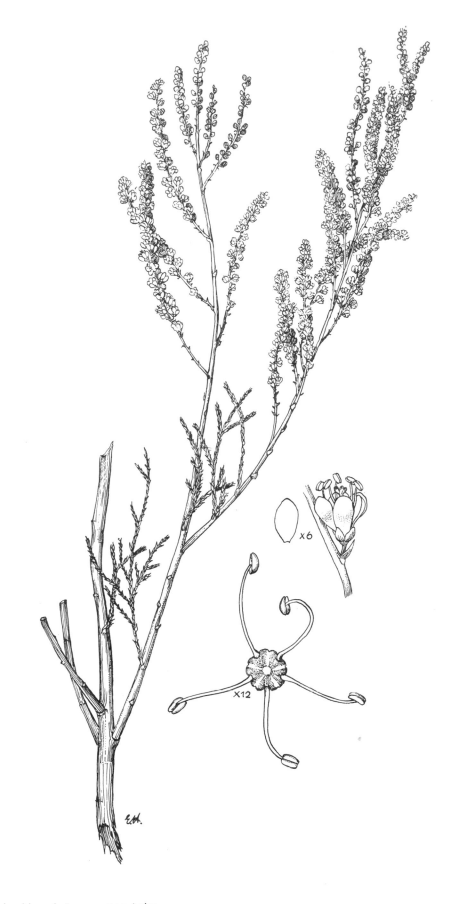

520. Tamarix chinensis Lour. אֶשֶׁל סִינִי

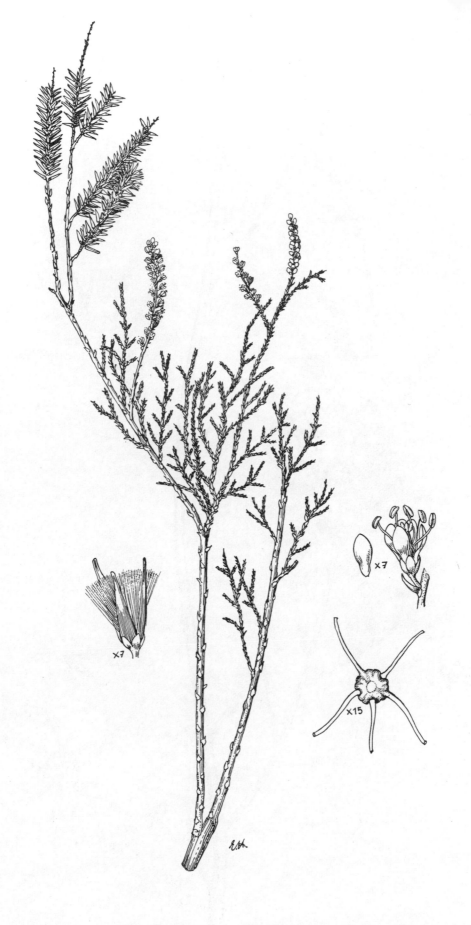

521. Tamarix nilotica (Ehrenb.) Bge. var. nilotica אֶשֶׁל הַיְאוֹר זַן טִיפּוּסִי

521a. Tamarix nilotica (Ehrenb.) Bge. var. micrantha (Zoh.) Zoh. אֶשֶׁל הַיְאוֹר זַן קְטַן־פְּרָחִים

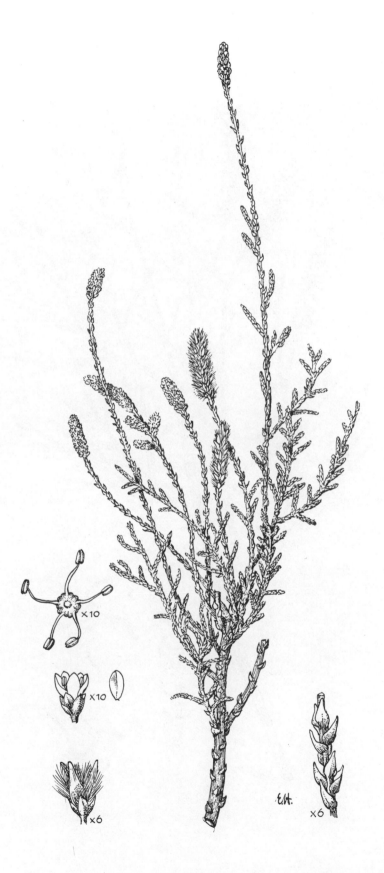

521b. Tamarix nilotica (Ehrenb.) Bge. var. eilatensis (Zoh.) Zoh. אֶשֶׁל הַיְאוֹר זַן אֵילָתִי

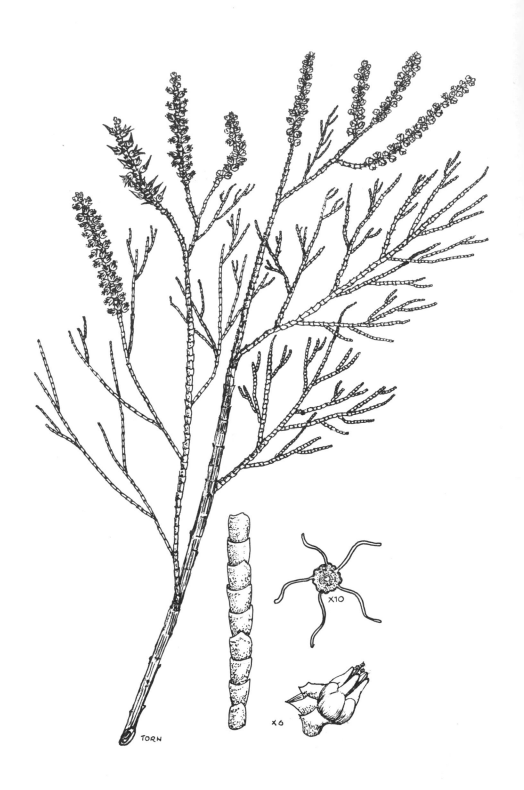

522. Tamarix aphylla (L.) Karst.   אֵשֶׁל הַפְּרָקִים

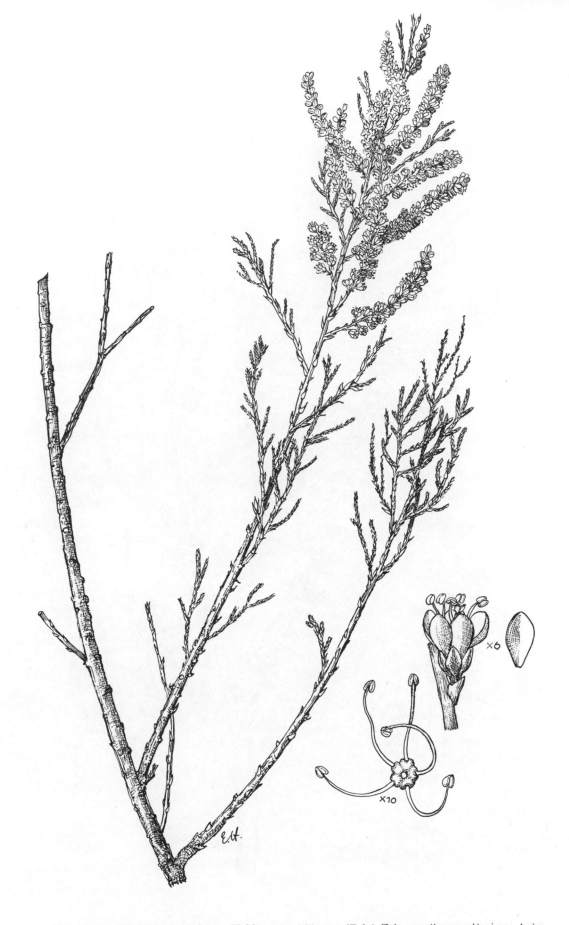

523. Tamarix hampeana Boiss. et Heldr. var. philistaea (Zoh.) Zoh. אֶשֶׁל עַב־שִׁבֹּלֶת זַן פְּלִשְׁתִּי

524. Tamarix tetragyna Ehrenb. var. tetragyna אֶשֶׁל מְרֻבָּע זַן טִיפּוּסִי

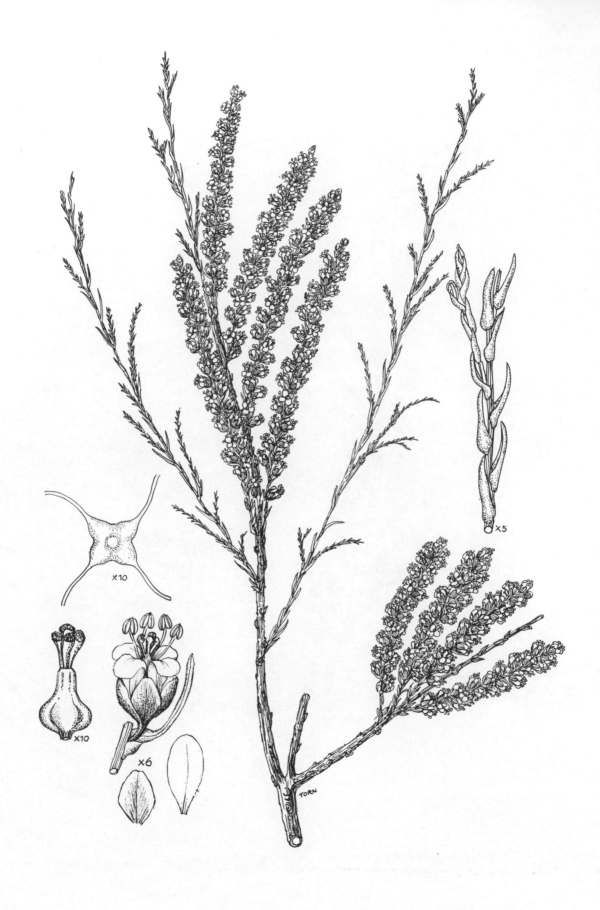

524a. Tamarix tetragyna Ehrenb. var. meyeri (Boiss.) Boiss.   אֵשֶׁל מְרֻבָּע זַן מֵאִיר

525. Tamarix parviflora DC.   אֵשֶׁל קְטַן־פְּרָחִים

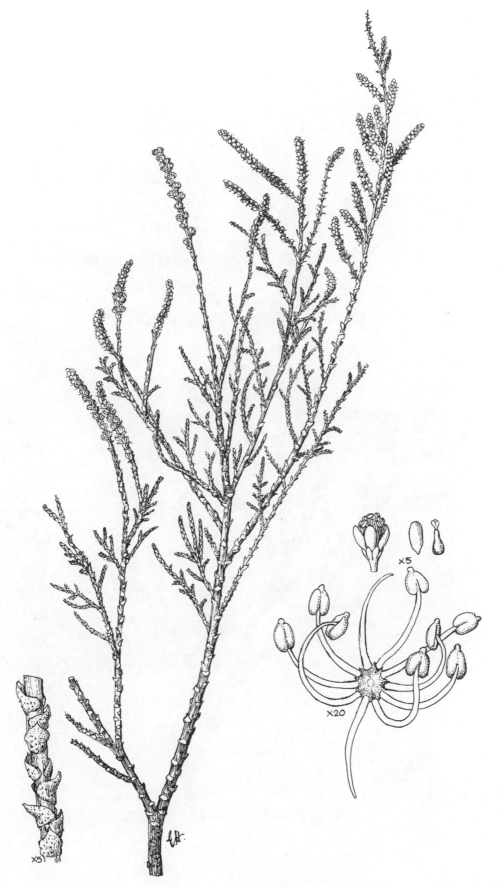

526. Tamarix amplexicaulis Ehrenb. אֶשֶׁל חוֹבֵק

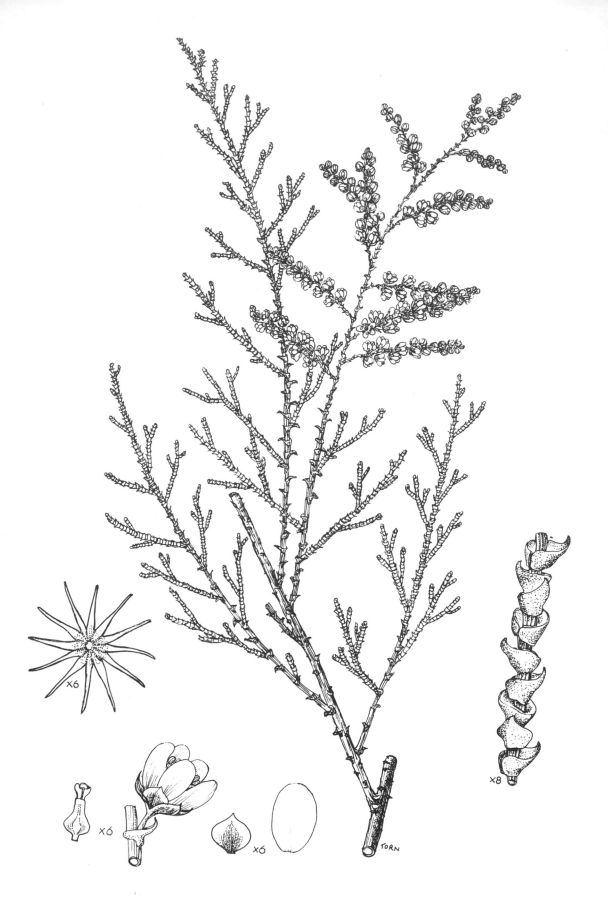

527. Tamarix passerinoides Del. אֶשֶׁל מִתְנַנִּי

528. Tamarix aravensis Zoh.   אֵשֶׁל הָעֲרָבָה

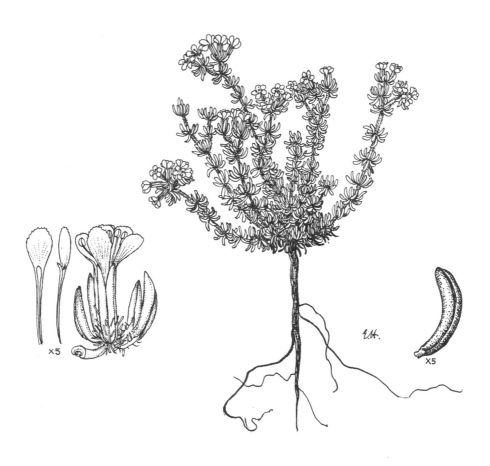

529. Frankenia hirsuta L. פְרַנְקֶנְיָה שְׂעִירָה

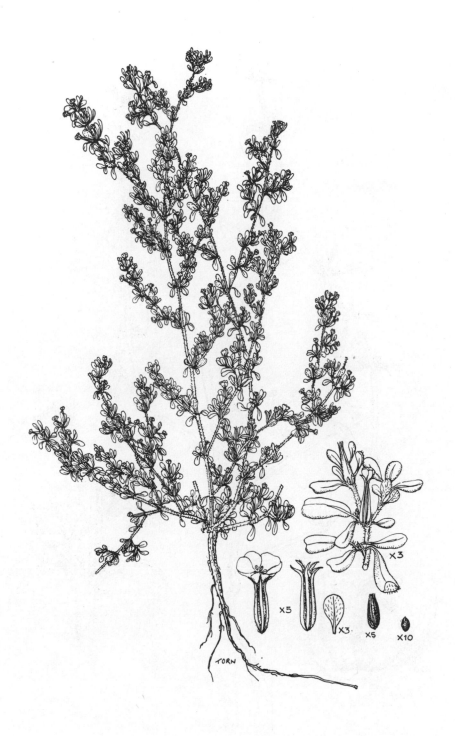

530. Frankenia pulverulenta L. פְרַנְקֶנְיָה מְאֻבֶּקֶת

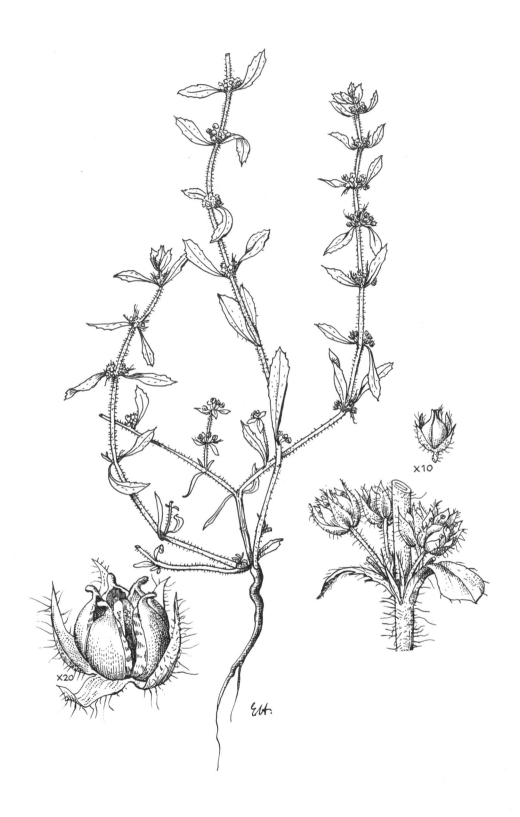

531. Bergia ammannioides Heyne   בֶּרְגִּיָּה אַמָּנִית

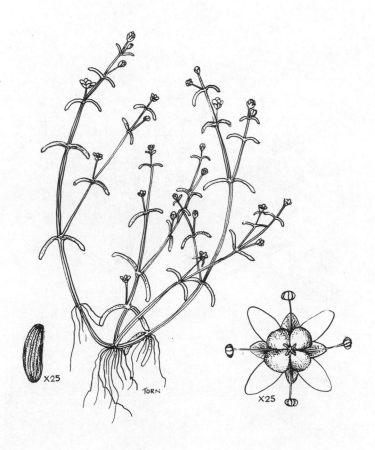

532. Elatine hydropiper L. אֶלַטִין גָּדוֹל

533. Elatine macropoda Guss. אֵלָטִין עֲקֹם־זְרָעִים

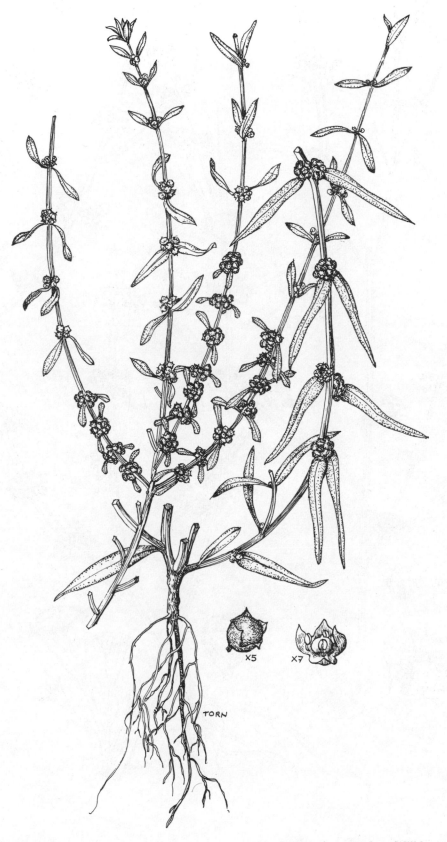

TORN

534. Ammannia aegyptiaca Willd. אַמַנְיָה מִצְרִית

X5   X7

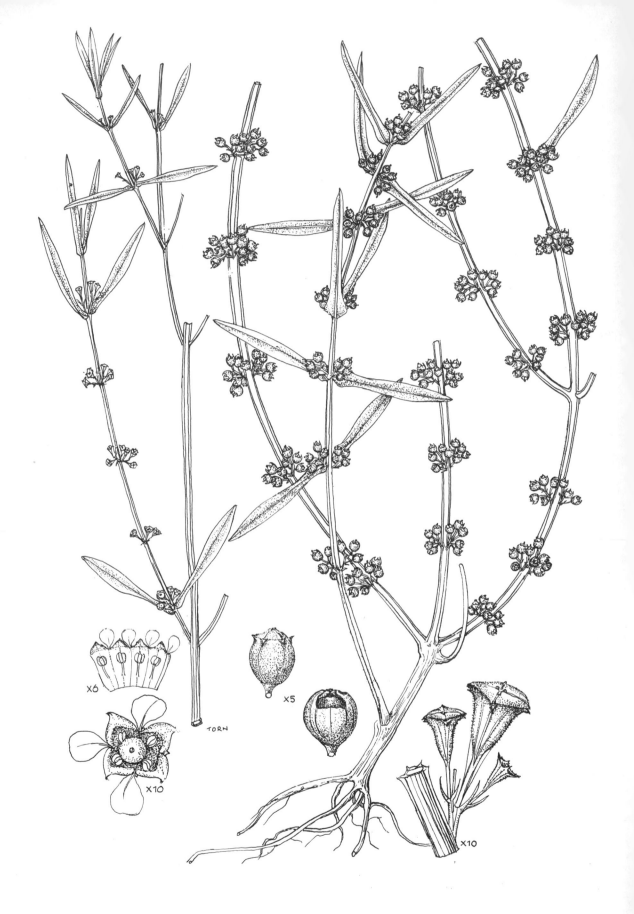

535. Ammannia prieureana Guill. et Perr. אַמָּנִיָּה רַבַּת־פְּרָחִים

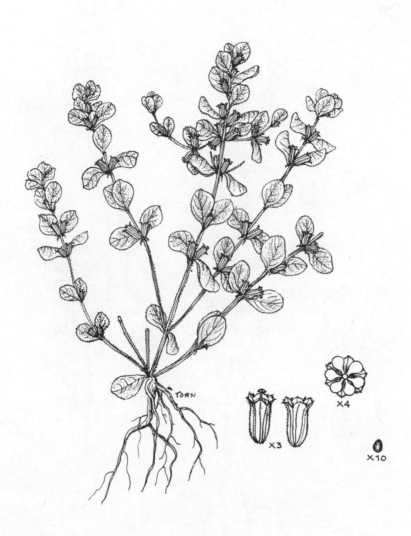

536. Lythrum borysthenicum (Schrank) Litv. שָׁנִית רַחֲבַת־עָלִים

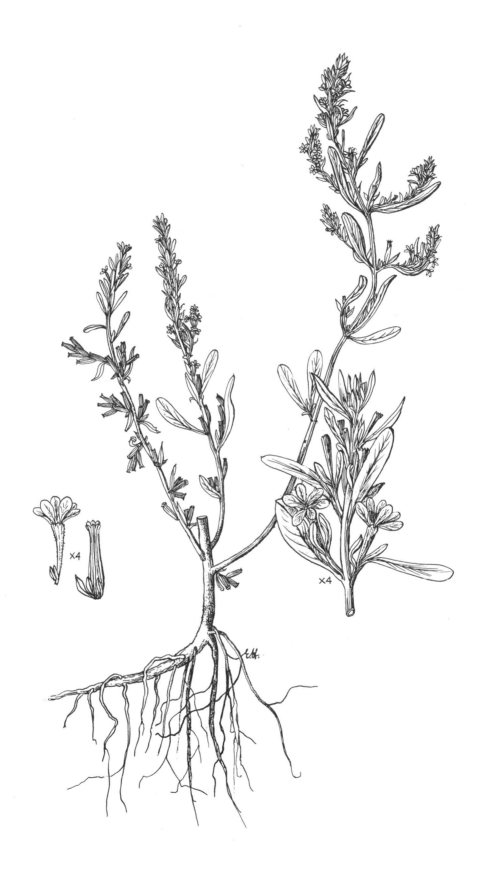

537. Lythrum tribracteatum Salzm. שַׁנִית שְׁוַת־שְׁנַיִם

538. Lythrum hyssopifolia L.   שָׁנִית קְטַנַּת־עָלִים

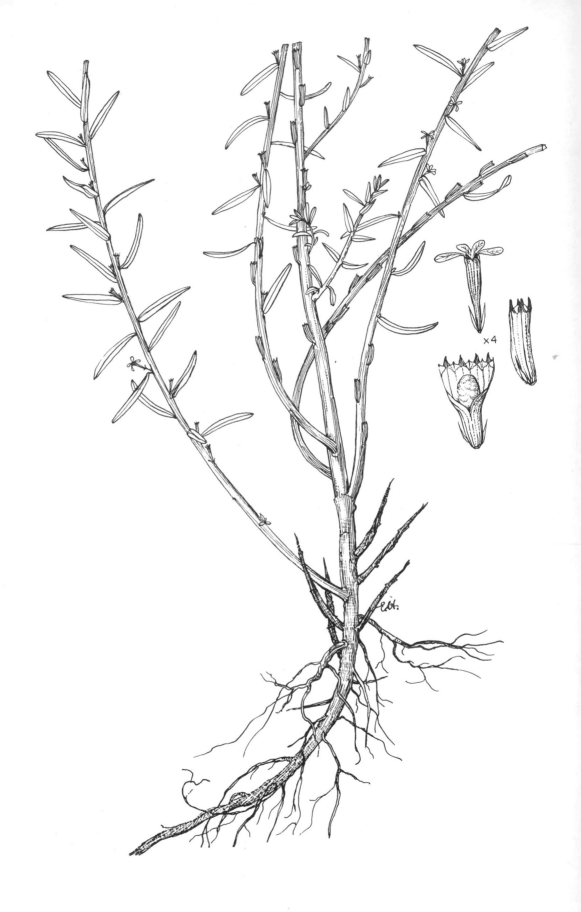

539. Lythrum thymifolia L.　שָׁנִית הַקּוֹרָנִית

DULIC

540. Lythrum junceum Banks et Sol.   שָׁנִית מִתְפַּתֶּלֶת

×3

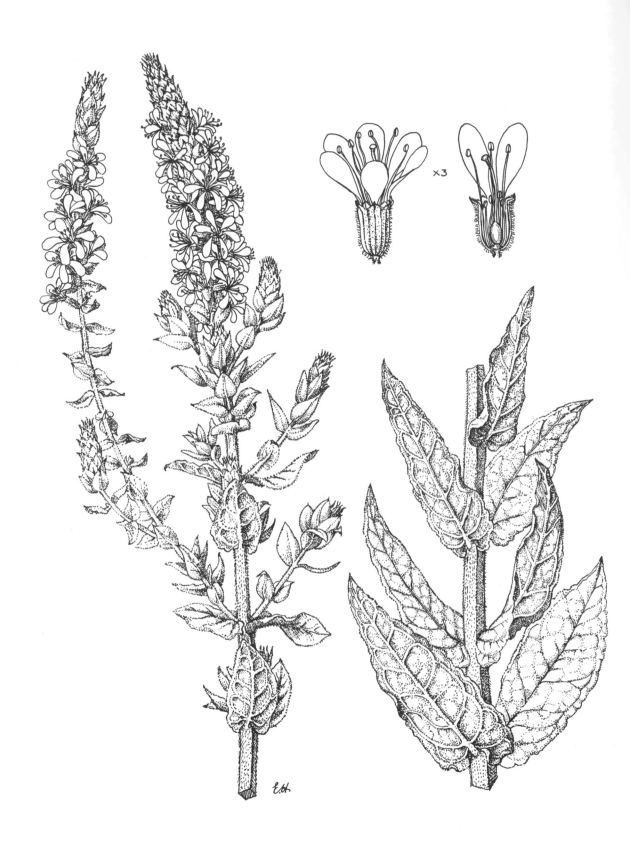

541. Lythrum salicaria L.   שָׁנִית גְּדוֹלָה

542. Myrtus communis L.   הֲדַס מָצוּי

543. Ludwigia stolonifera (Guill. et Perr.) Raven לוּדְבִיגְיַת הַשְּׁלוּחוֹת

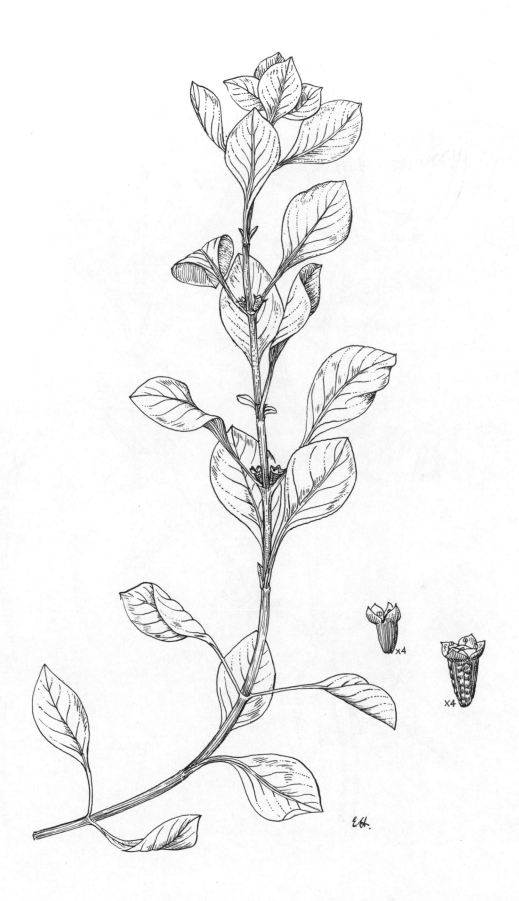

544. Ludwigia palustris (L.) Elliott לוּדְבִיגְיַת הַבִּצּוֹת

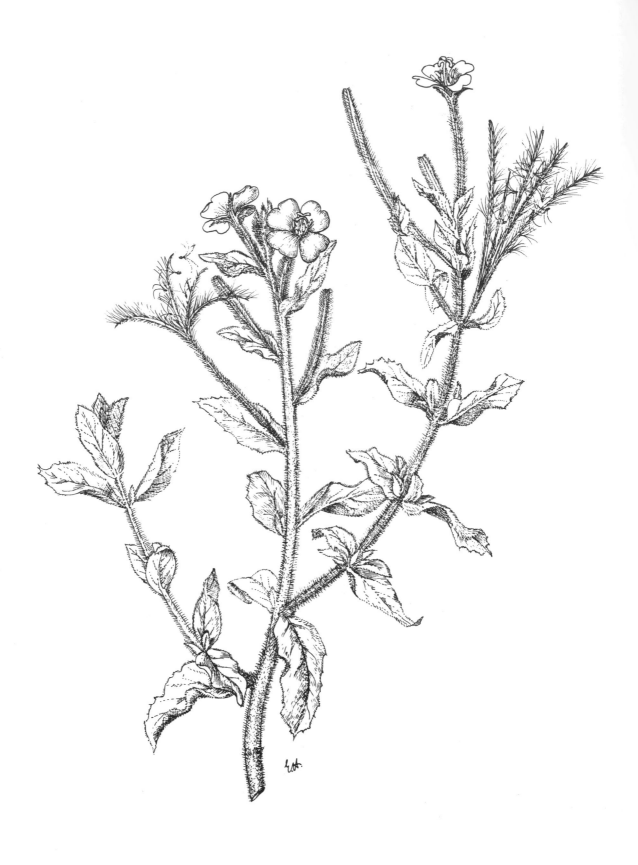

545. Epilobium hirsutum L. עֲרַבְרַבָּה שְׂעִירָה

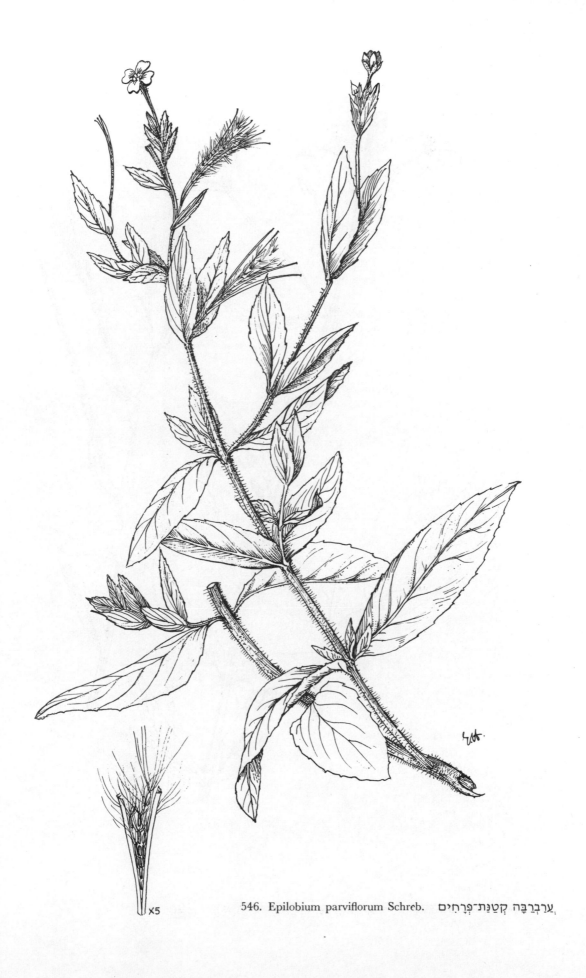

×5

546. Epilobium parviflorum Schreb. עֲרַבְרַבָּה קְטַנַּת־פְּרָחִים

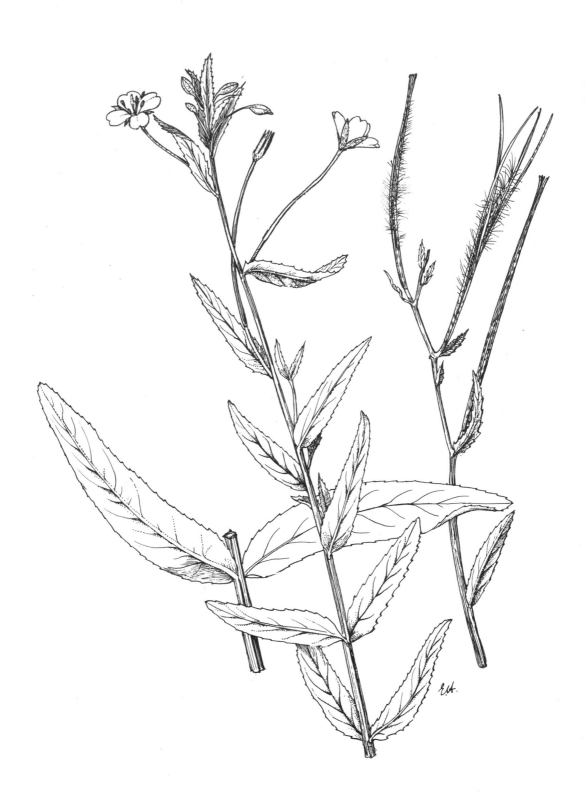

547. *Epilobium tournefortii* Michal. עֲרַבְרַבָּה מְרֻבַּעַת

548. Oenothera drummondii Hook.   נֵר־הַלַּיְלָה הַחוֹפִי

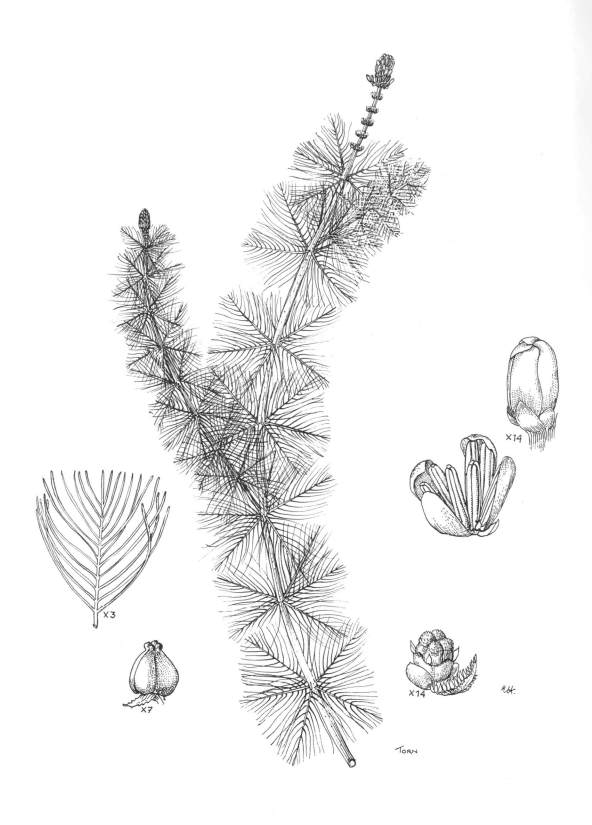

549. Myriophyllum spicatum L.   אֶלֶף־הֶעָלֶה הַמְשֻׁבָּל

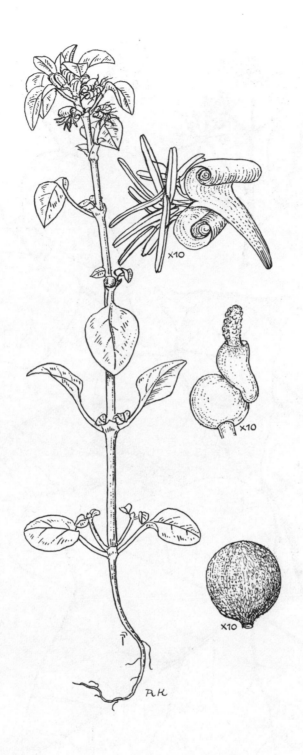

550. Theligonum cynocrambe L.   טַרְשָׁנִית שְׂרוּעָה

551. Hedera helix L.   קִיסוֹס הַחֹרֶשׁ

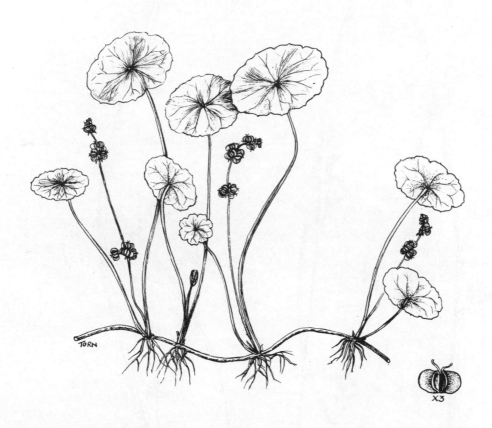

552. Hydrocotyle vulgaris L.　סַפְלִילָה קְטַנָּה

553. Hydrocotyle ranunculoides L. f.   לִילָה מְצוּיָה

X10

TORN

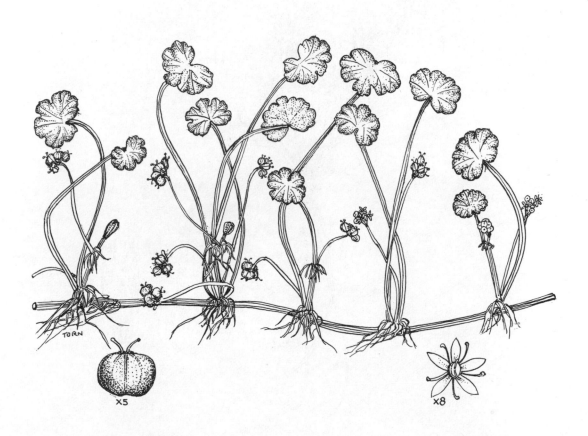

x5

x8

554. Hydrocotyle sibthorpioides Lam. סַפְלִילָה זְעִירָה

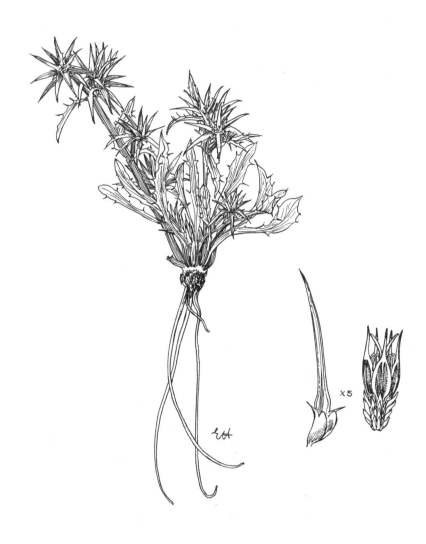

555. Eryngium barrelieri Boiss. חַרְחֲבִינָה טוֹבְעָנִית

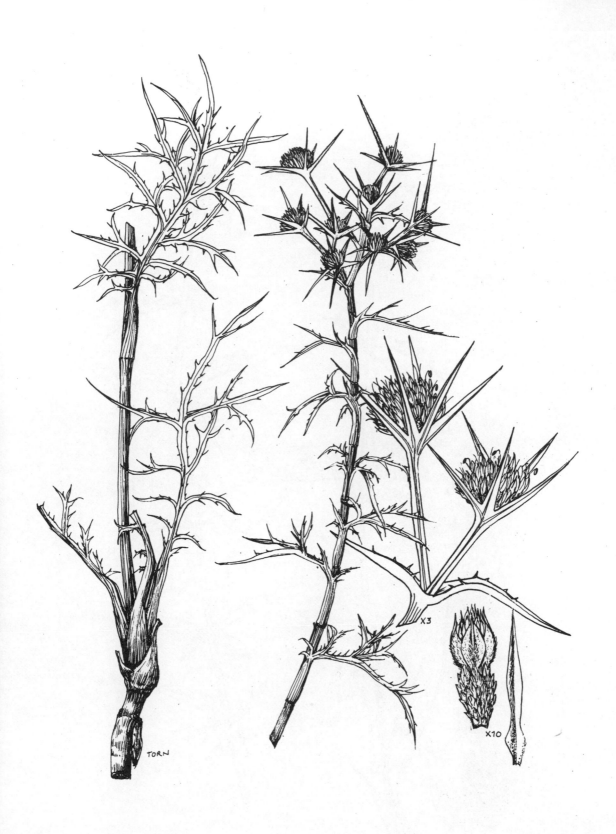

556. Eryngium glomeratum Lam. חַרְחֲבִינָה מְגֻבֶּבֶת

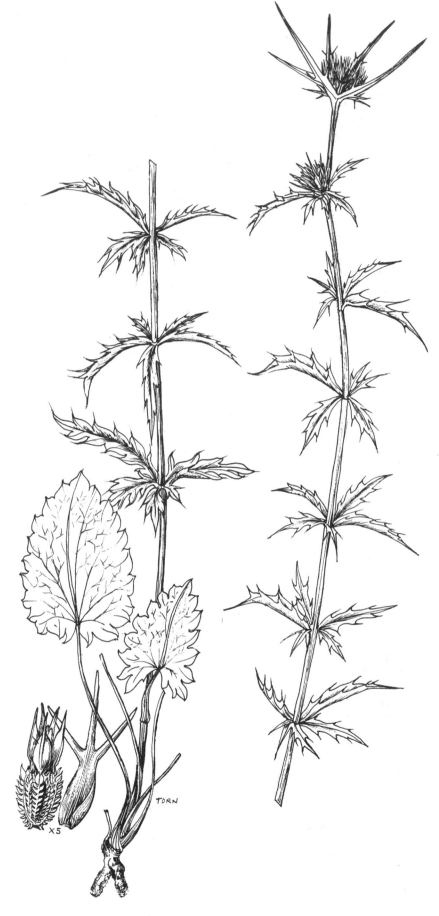

557. Eryngium falcatum Laroche חַרְחֲבִינָה חֶרְמֵשִׁית

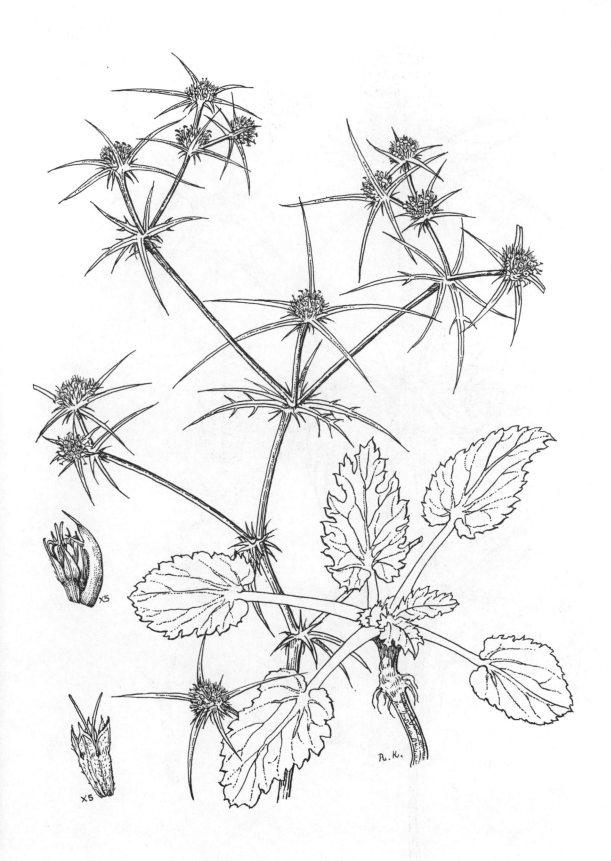

558. Eryngium creticum Lam.   חַרְחֲבִינָה מַכְחִילָה

559. Eryngium maritimum L.   חַרְחֲבִינָה חוֹפִית

560. Lagoecia cuminoides L. נוֹצָנִית כַּדּוּרִית

×7

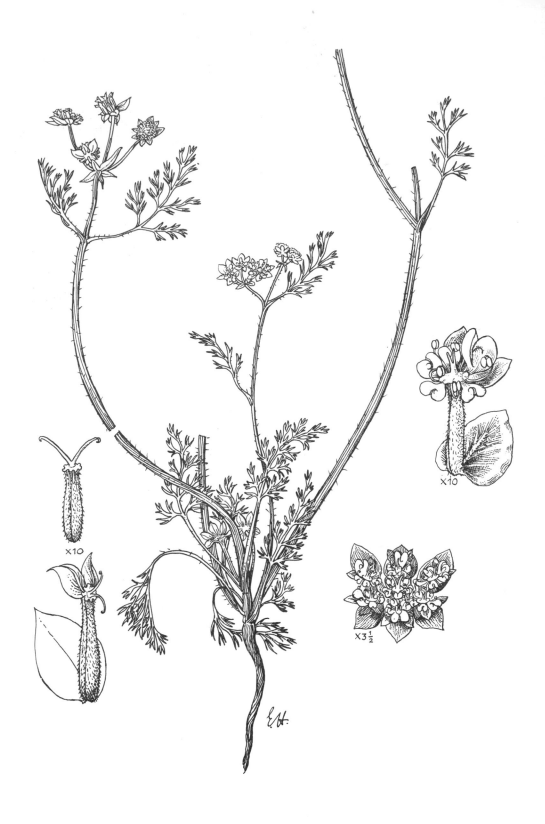

561. Anisosciadium isosciadium Bornm. סוֹכְשֶׁךְ מִדְבָּרִי

562. Myrrhoides nodosa (L.) Cannon   מַפְרִיק נָפוּחַ

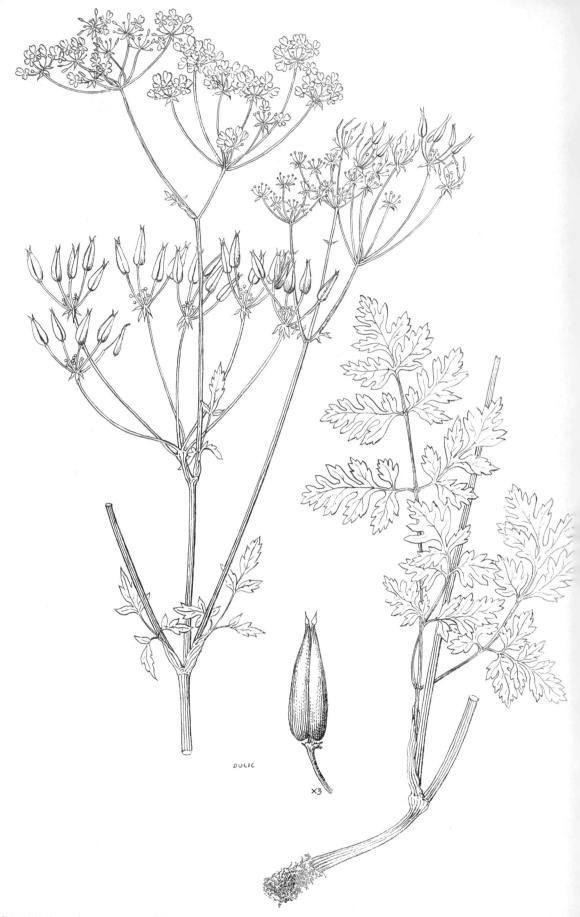

563. Anthriscus lamprocarpus Boiss. סְיָגִית מַבְרִיקָה

564. Scandix pecten-veneris L.   מַסְרֵק שׁוּלַמִּית

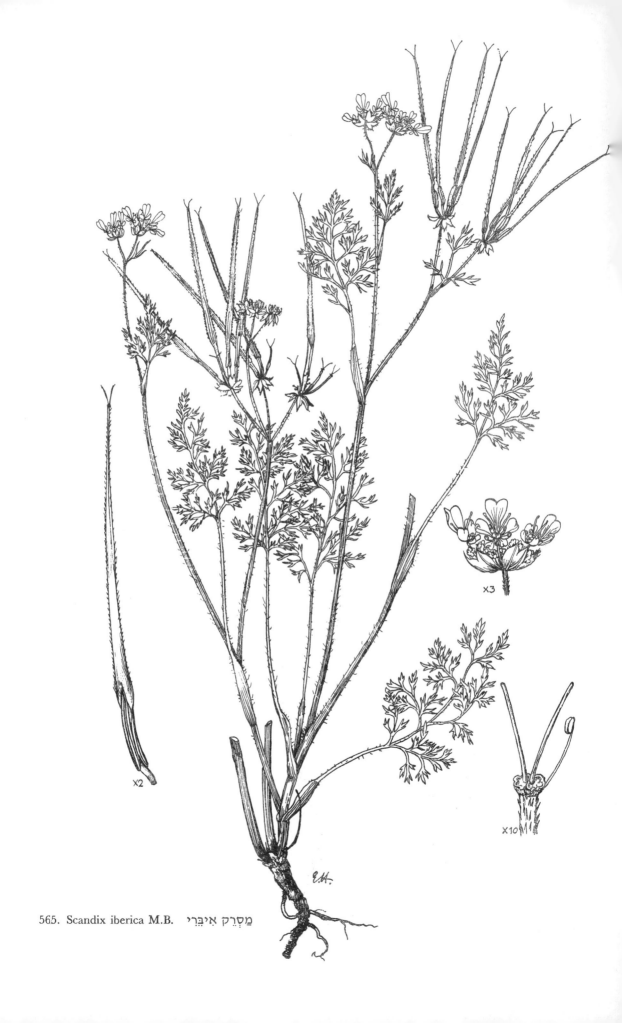

565. Scandix iberica M.B. מַסְרֵק אִיבֵּרִי

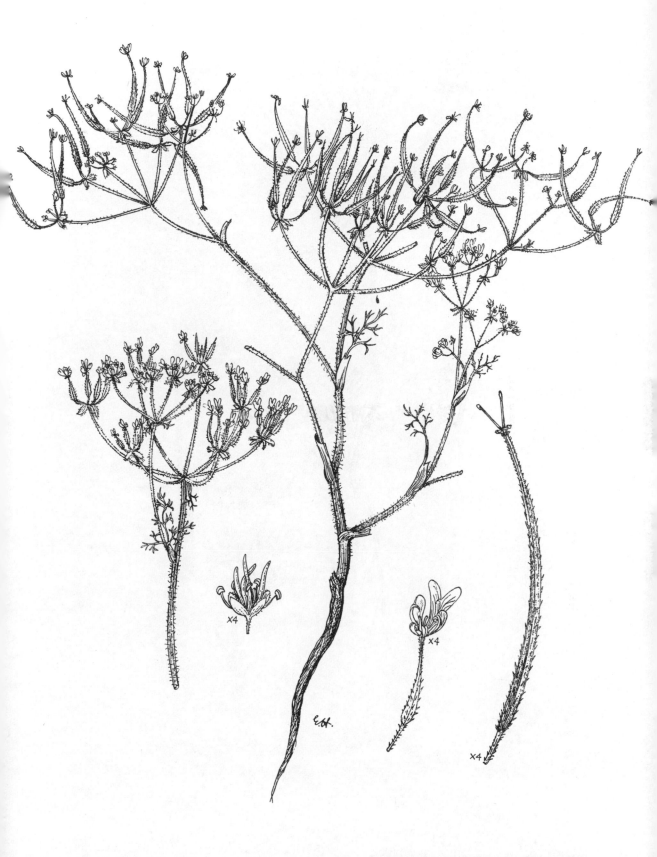

566. Scandix falcata Lond. מַסְרֵק מַגְלָנִי

X10

X3

TORN

567. Scandix stellata Banks et Sol.   מַסְרֵק כּוֹכָבִי

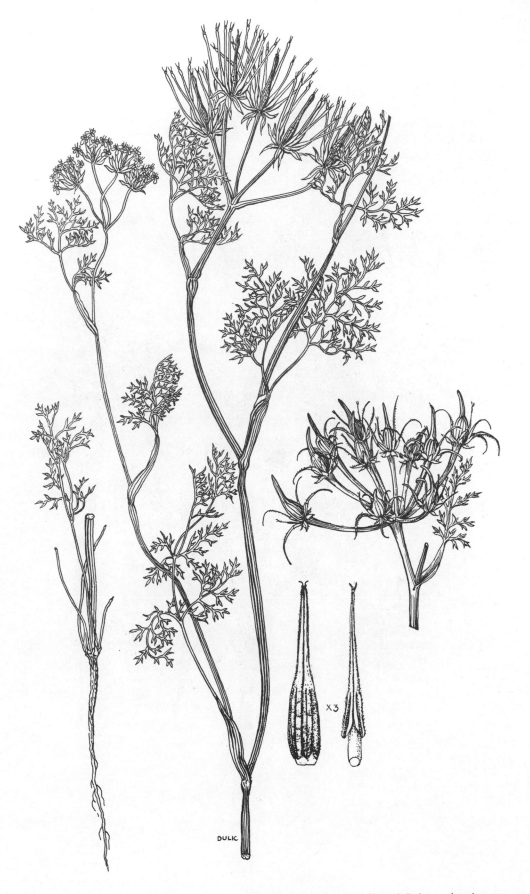

568. Scandix palaestina (Boiss.) Boiss. מַסְרֵק אַרְצִישְׂרְאֵלִי

569. Chaetosciadium trichospermum (L.) Boiss.   שַׂעֲרוּר שָׂעִיר

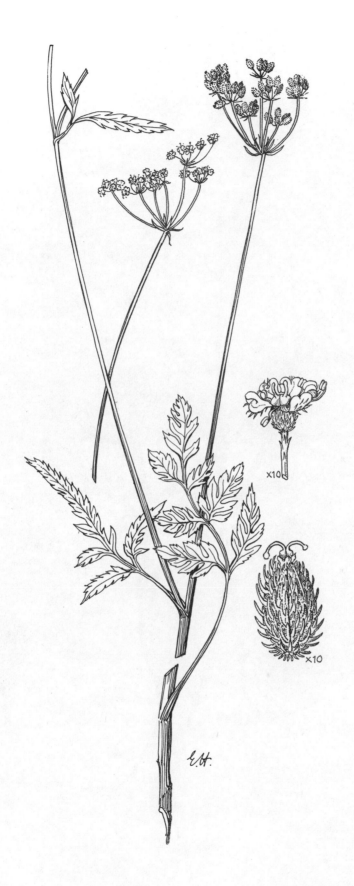

570. Torilis japonica (Houtt.) DC. גְּזִיר נָדִיר

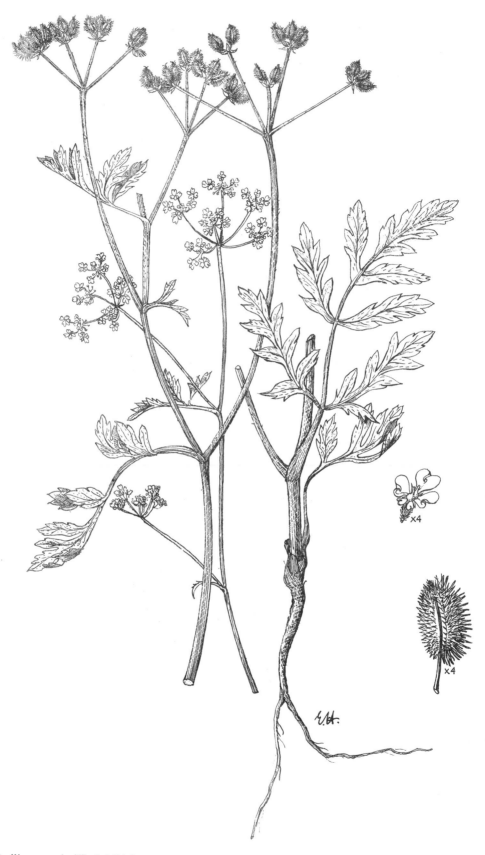

x4

x4

571. Torilis arvensis (Huds.) Link   גְּזִיר מַזִּיק

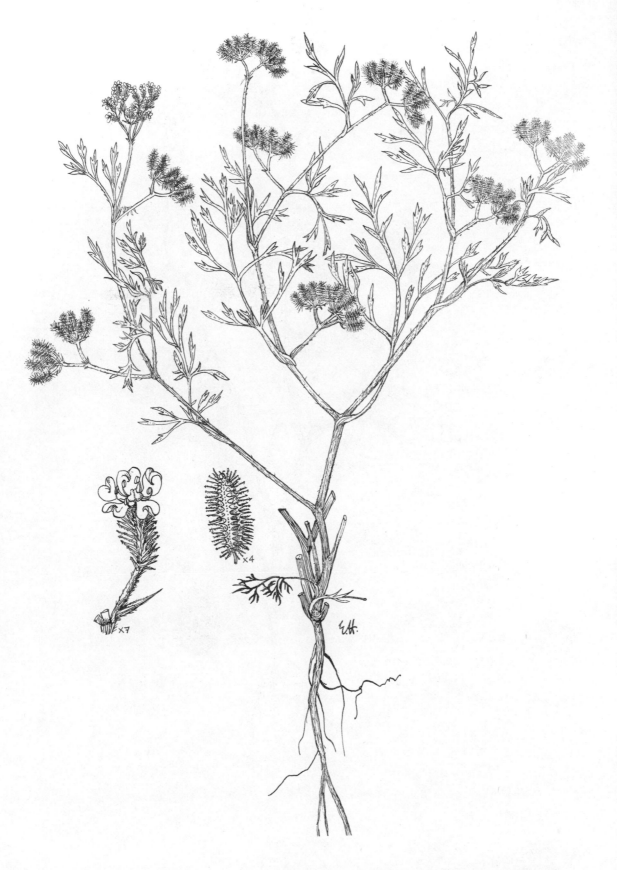

572. Torilis leptophylla (L.) Reichb. f. גָּזִיר דַּק־עָלִים

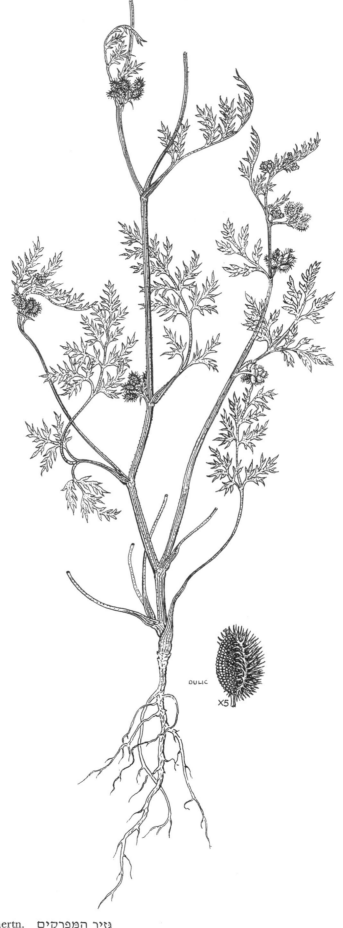

573. Torilis nodosa (L.) Gaertn. גְּזִיר הַמִּפְרָקִים

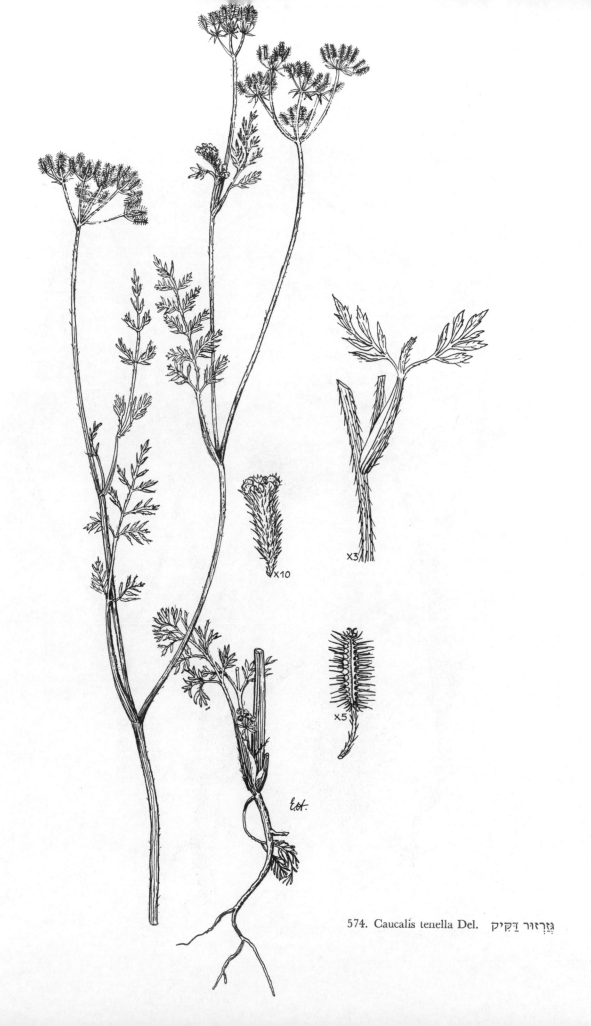

574. Caucalis tenella Del. גְּזַרְזוּר דַּקִּיק

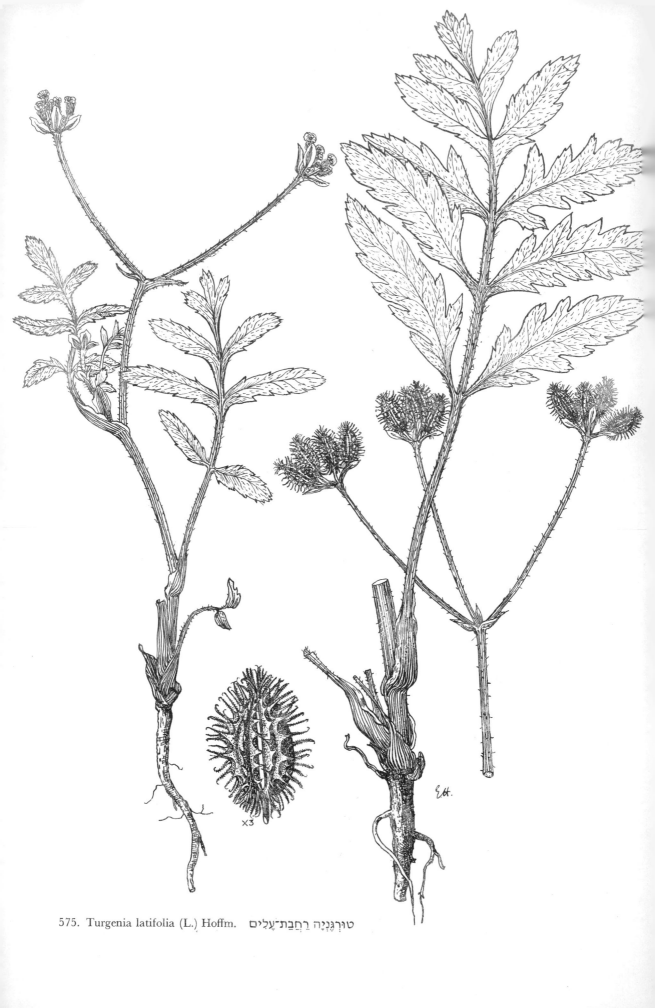

575. Turgenia latifolia (L.) Hoffm. טוּרְגֶּנְיָה רַחֲבַת־עָלִים

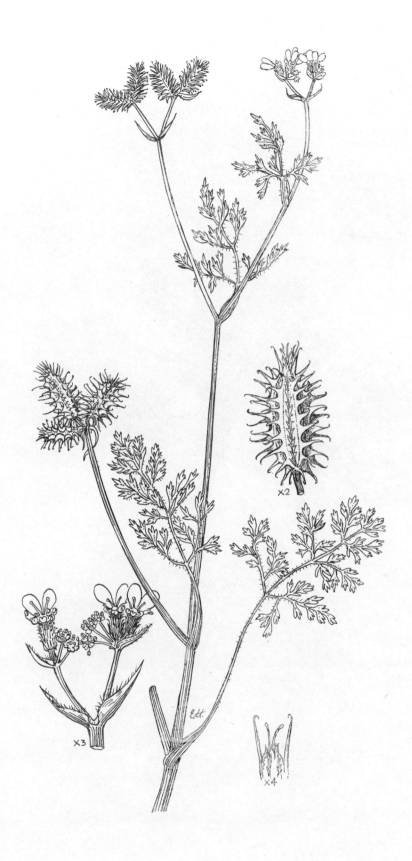

576. Orlaya daucoides (L.) Greuter אֲחִיגֶּזֶר הֶהָרִים

577. Pseudorlaya pumila (L.) Grande   גִּזְרָנִית הַחוֹף

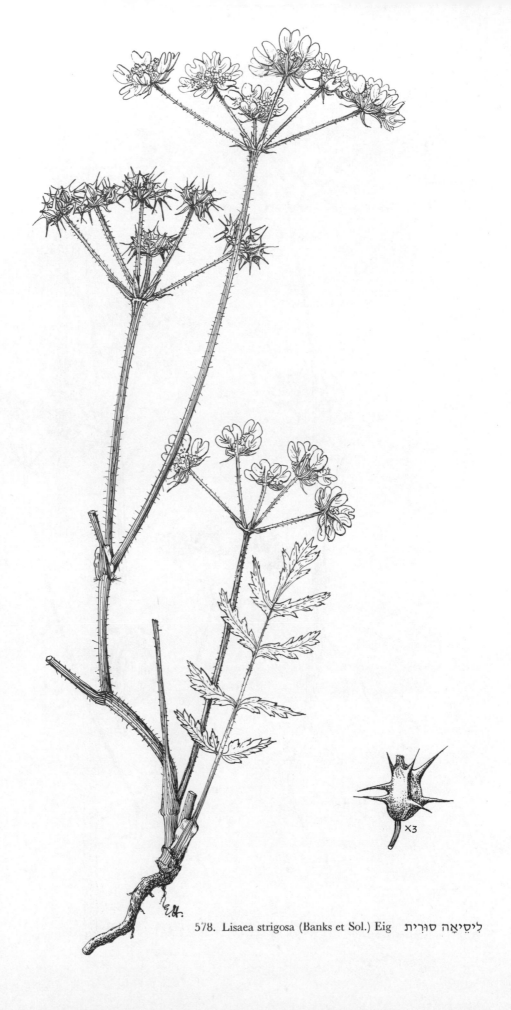

578. Lisaea strigosa (Banks et Sol.) Eig לִיסֵיאָה סוּרִית

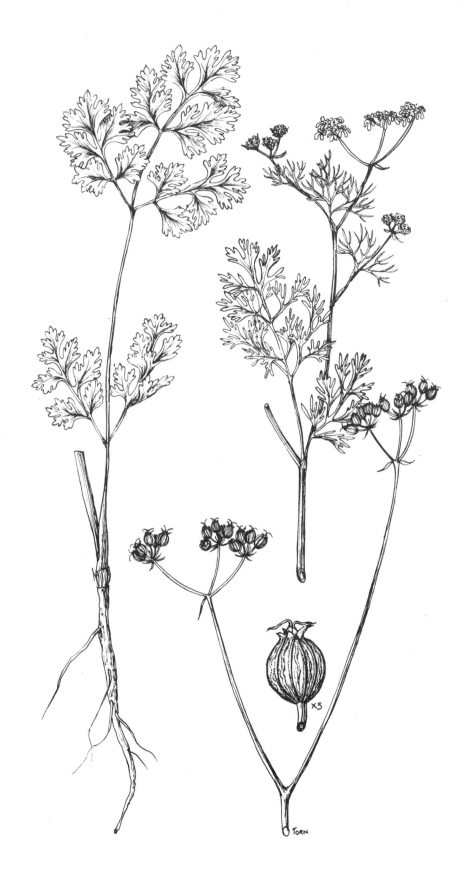

579. Coriandrum sativum L.   גַּד הַשָּׂדֶה

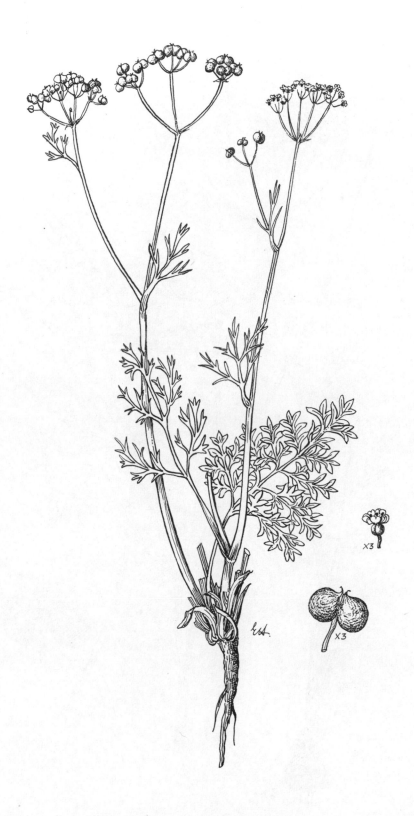

580. Bifora testiculata (L.) Spreng. חֲרִירַיִם מְצוּיִים

581. Astoma seselifolium DC.   אַסְתּוֹם מָצוּי

582. Smyrnium olusatrum L. מוֹרִית גְּדוֹלָה

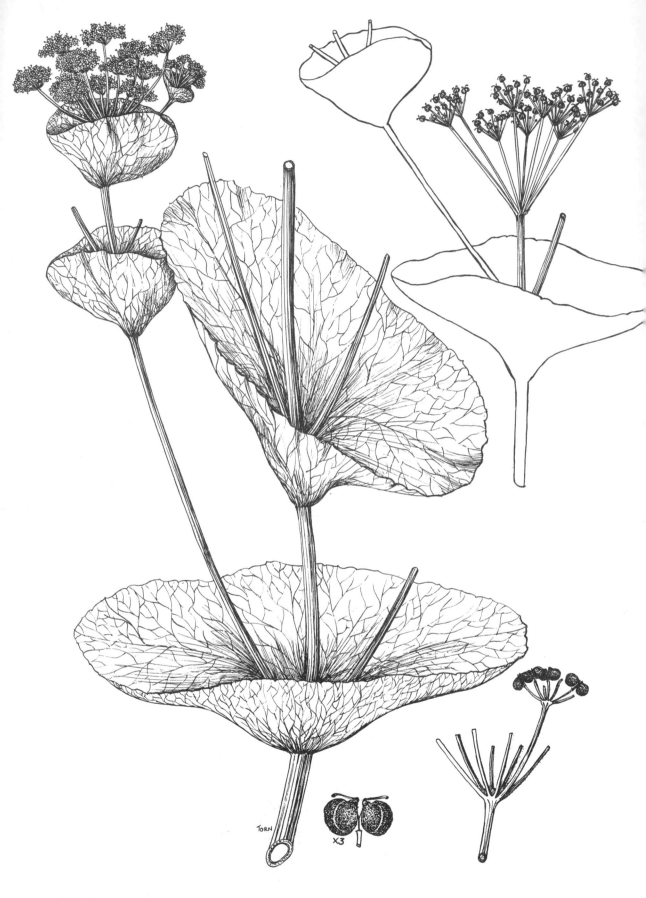

583. Smyrnium connatum Boiss. et Ky. מוֹרִית קְלוּטָה

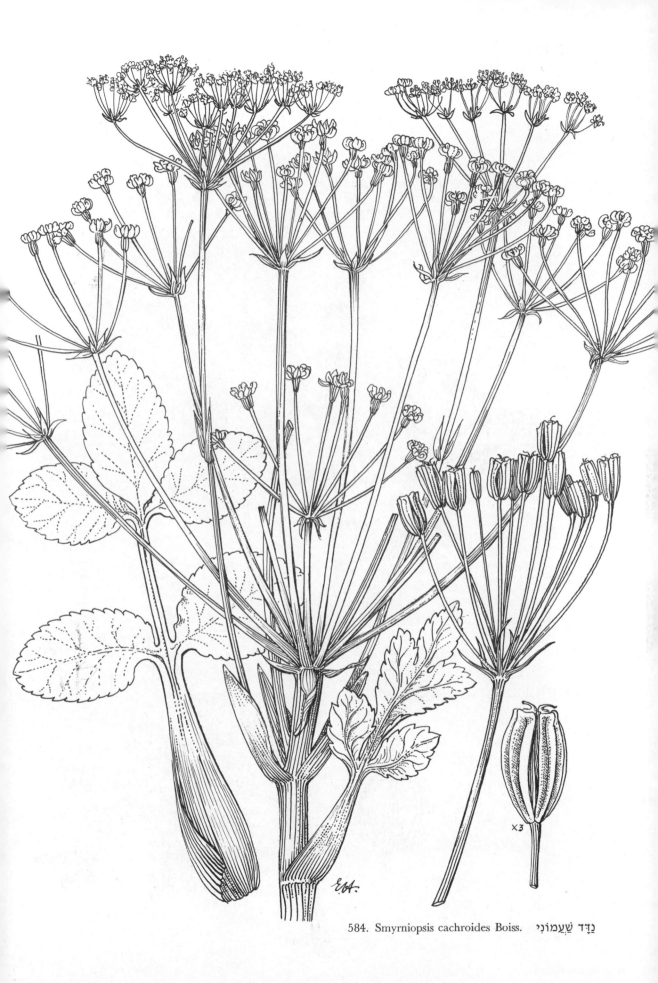

584. Smyrniopsis cachroides Boiss. נָדָד שַׁעֲמוֹנִי

585. Conium maculatum L. רוֹשׁ עָקֹד

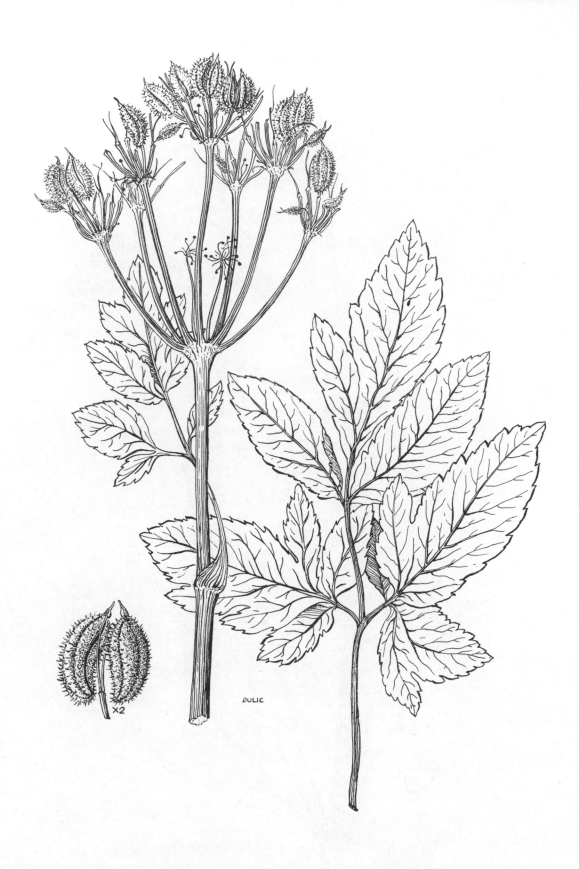

586. *Lecokia cretica* (Lam.) DC. לֵקוֹקְיָה כְּרֵתִית

TORN

587. Hippomarathrum boissieri Reut. et Hausskn. שֵׁמְרָר בּוּאַסְיֶה

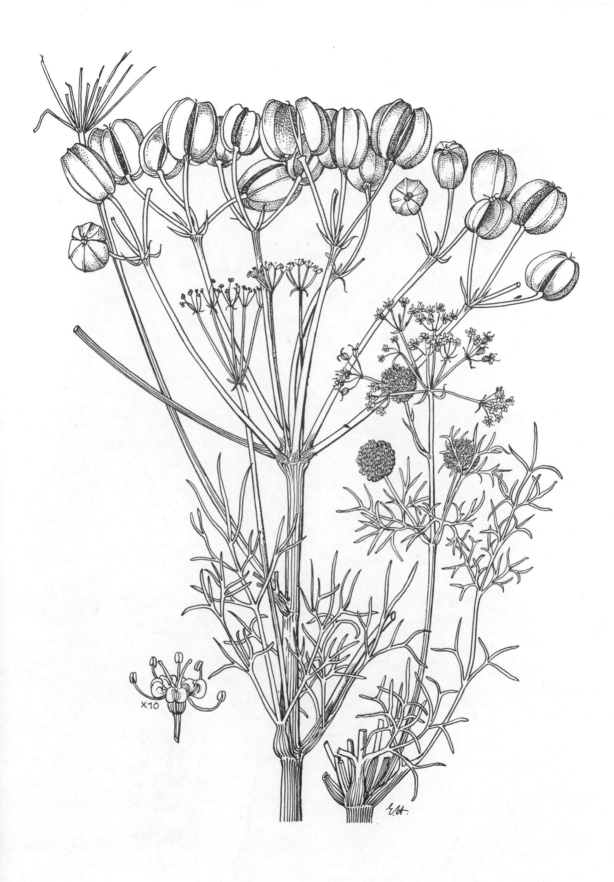

588. Prangos goniocarpa (Boiss.) Zoh. פְּרַנְגּוֹס מְצֻלָּע

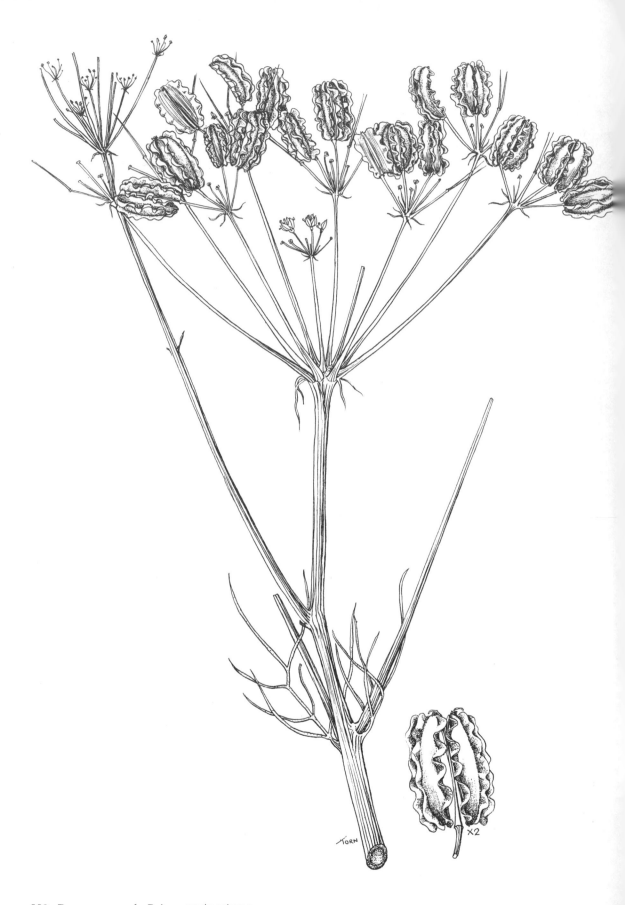

X2

589. Prangos asperula Boiss. פְּרַנְגּוֹס שָׂעִיר

כְּנֵפָה חֲרוּקָה זַן טִיפּוּסִי

590. Heptaptera crenata (Fenzl) Tutin var. crenata

TORN

591. Heptaptera crenata (Fenzl) Tutin var. anatolica (Boiss.) Zoh. כְּנֵפָה חֲרוּקָה זַן אֲנָטוֹלִי

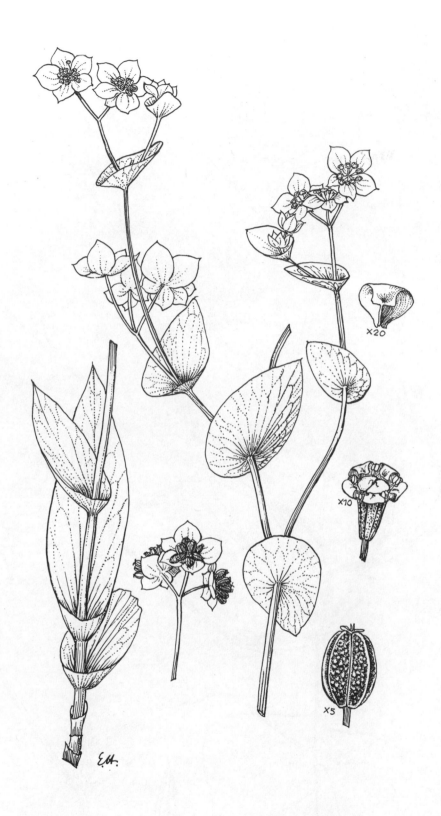

592. *Bupleurum lancifolium* Hornem. צְלַע־הַשּׁוֹר הַחֲרוּזָה

593. Bupleurum odontites L.   צֶלַע־הַשׁוֹר הַמְעֹרֶקֶת   ×5

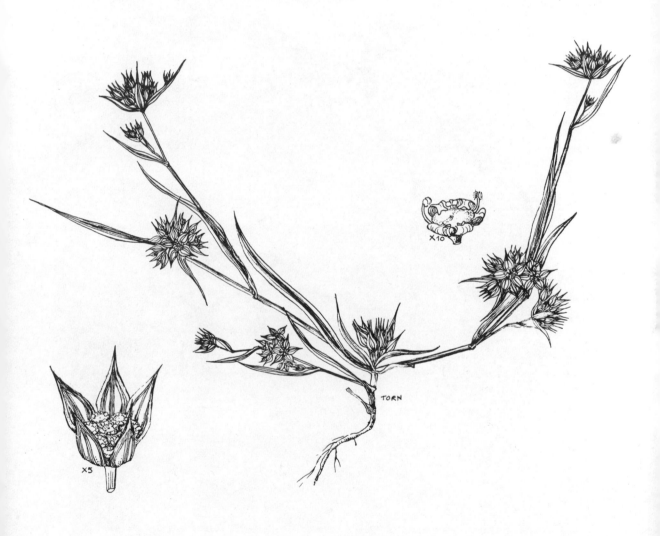

X10
TORN
X5

594. Bupleurum nodiflorum Sm. צְלַע־הַשּׁוֹר הַקְּטַנָּה

595. Bupleurum brevicaule Schlecht.   צֶלַע־הַשּׁוֹר הָאֲשׁוּנָה

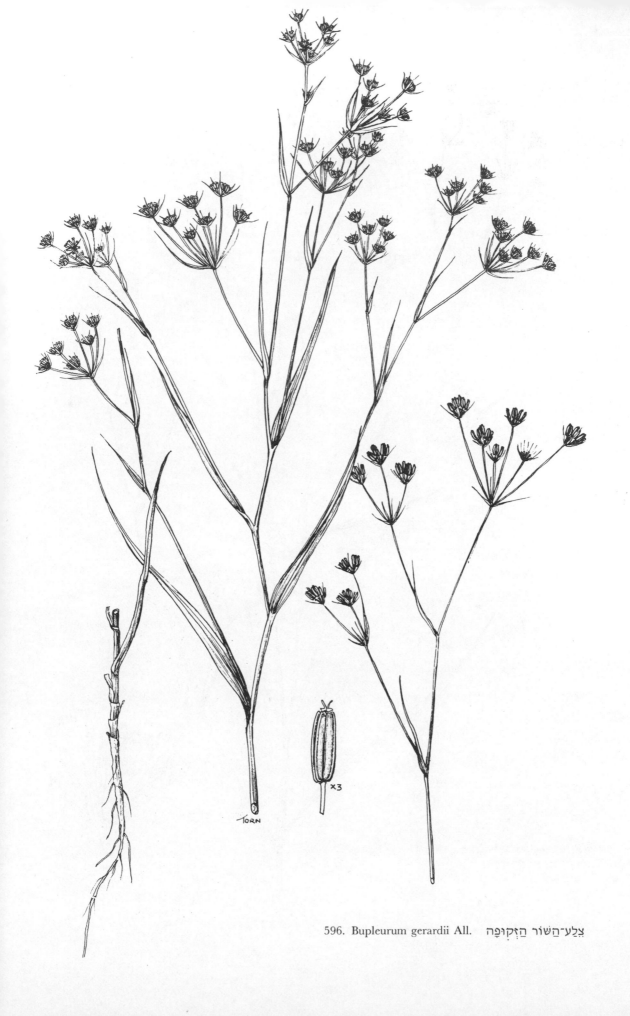

596. Bupleurum gerardii All. צְלַע־הַשּׁוֹר הַזְּקוּפָה

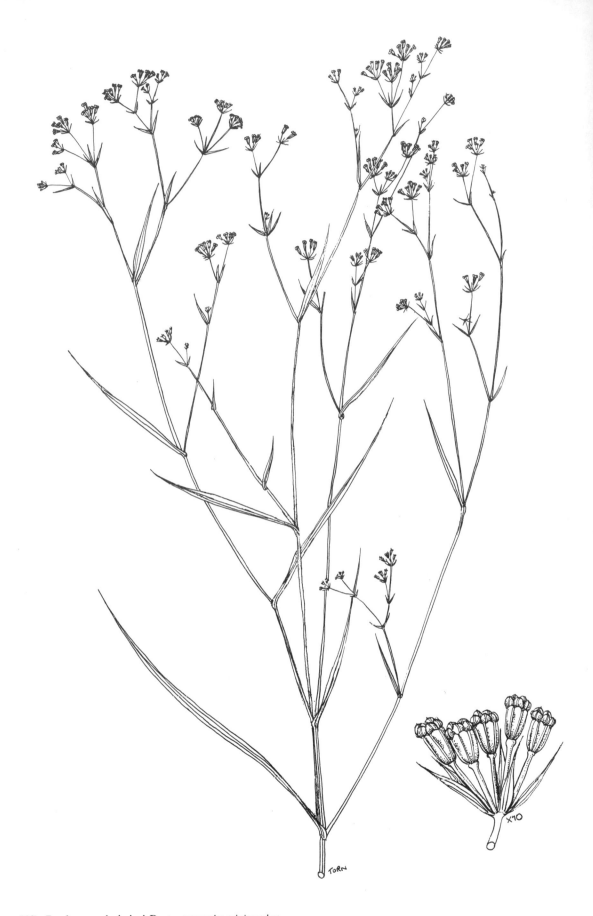

X10

TORN

597. Bupleurum boissieri Post　צֶלַע־הַשּׁוֹר בּוֹאַסְיֶה

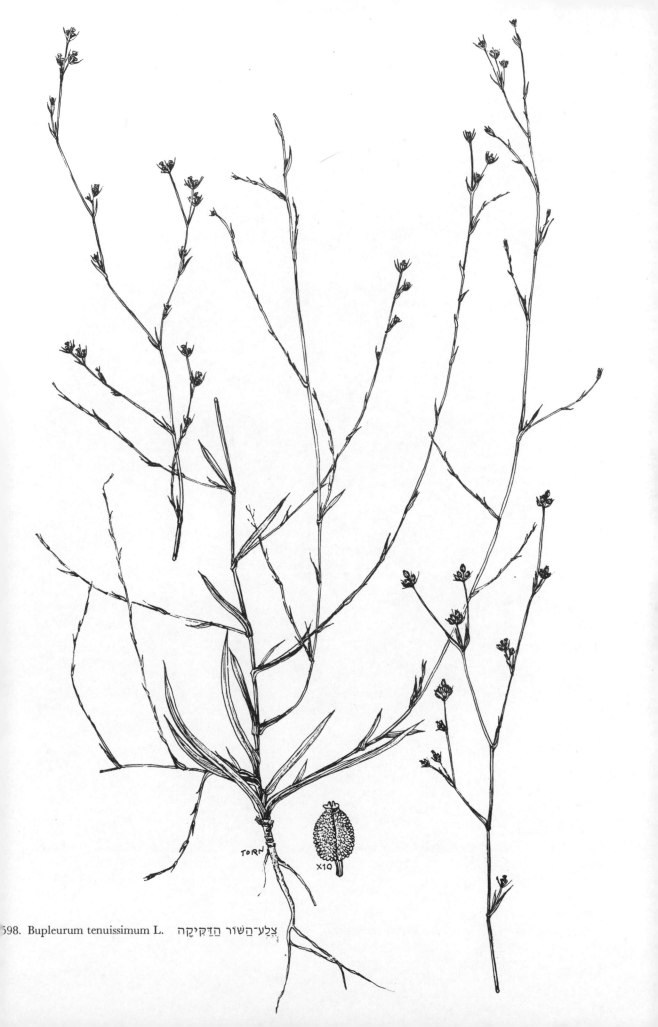

598. Bupleurum tenuissimum L. צְלַע־הַשּׁוֹר הַדַּקִּיקָה

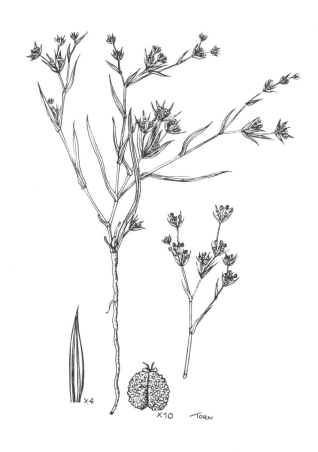

599. Bupleurum semicompositum L. צֶלַע־הַשּׁוֹר הָעַרְבָתִית

X10

TORN

600. Apium graveolens L.   כַּרְפַּס רֵיחָנִי

601. Apium nodiflorum (L.) Lag.   כַּרְפַּס הַבִּצּוֹת

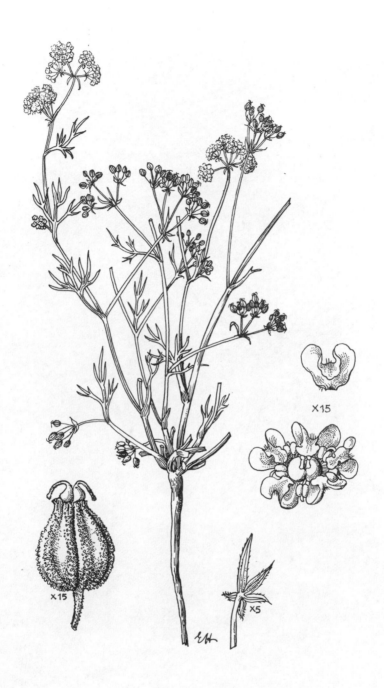

X15

X15

X5

602. Trachyspermum ammi (L.) Sprague כַּמְנוֹנִית קוֹפְּטִית

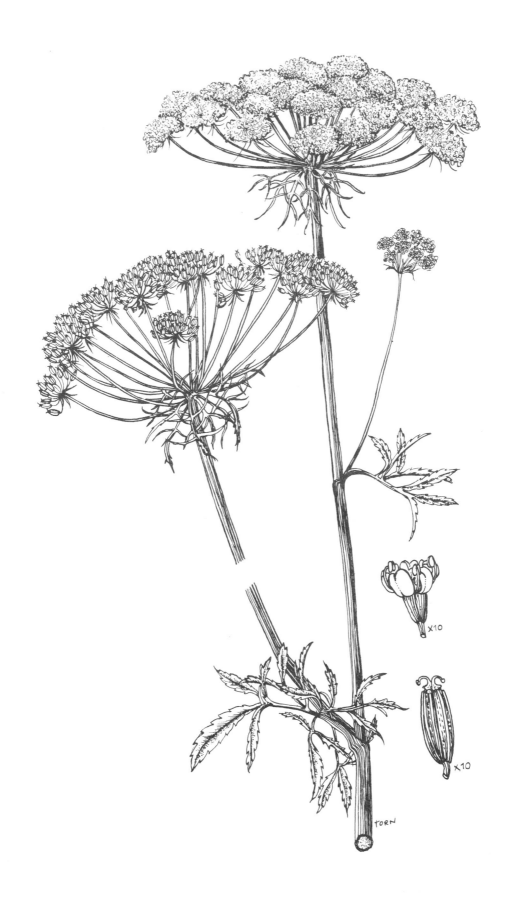

603. Ammi majus L. אַמִּיתָה גְּדוֹלָה

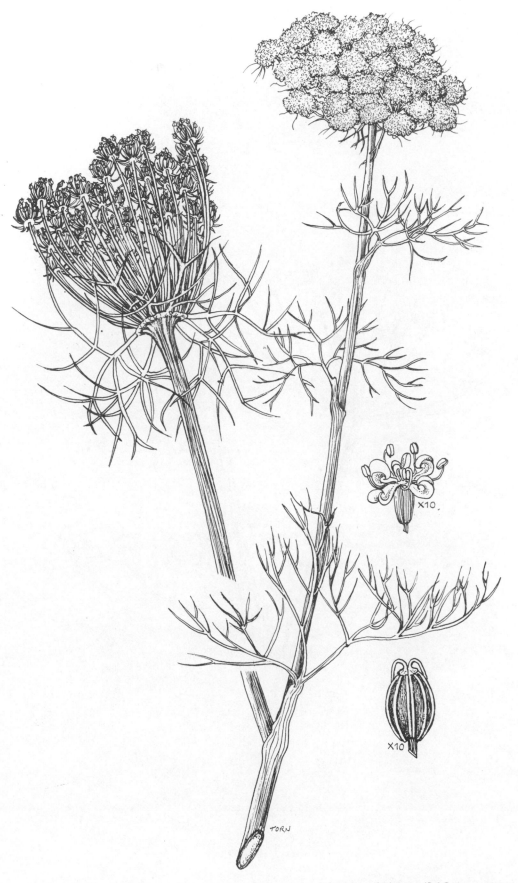

604. Ammi visnaga (L.) Lam. אַמִּיתָה קֵיצִית

605. Ridolfia segetum (L.) Moris   נִירִית הַקָּמָה

606. Falcaria vulgaris Bernh. חֶרְמֵשִׁית הַשָּׂדוֹת

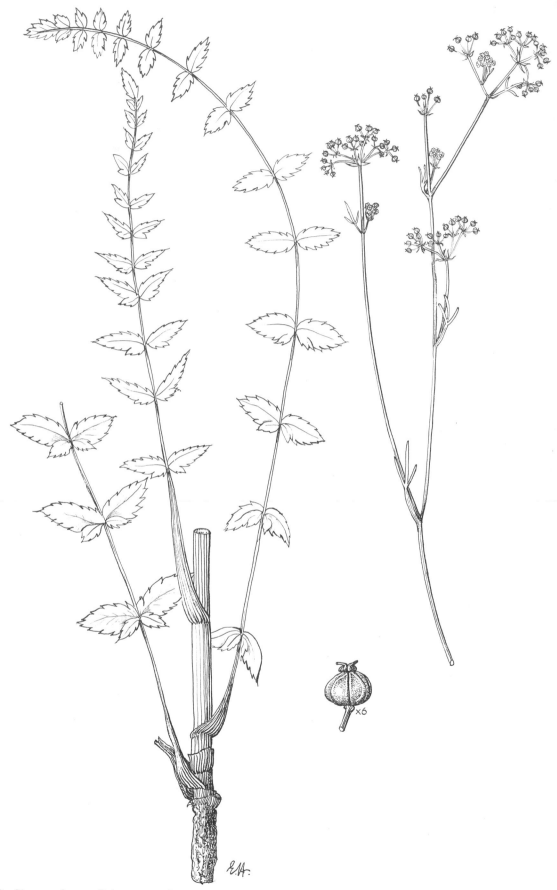

607. Sison exaltatum Boiss. סִיסוֹן קִפֵּחַ

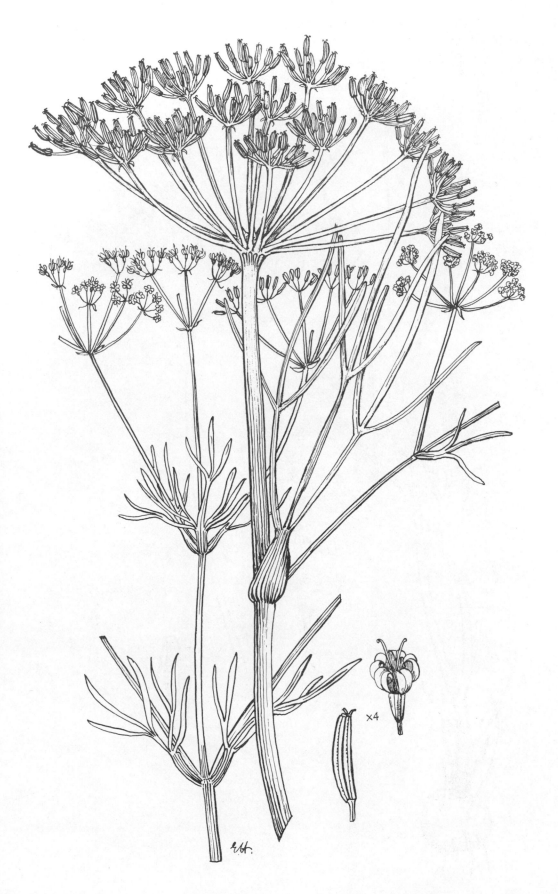

608. Bunium ferulaceum Sm. כְּרַוְיָה כִּלְכִּית

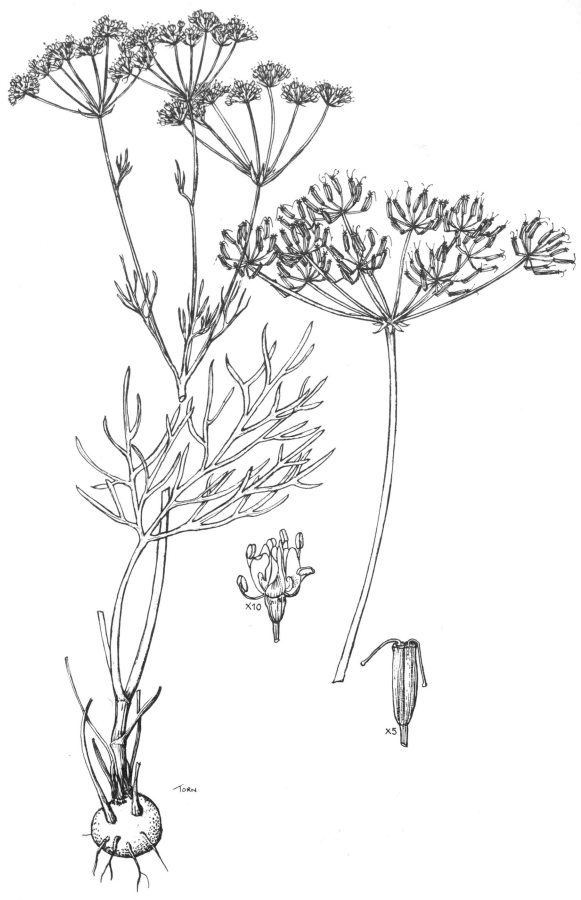

X10
X5
TORN

609. Bunium elegans (Fenzl) Freyn כַּרַוְיָה נָאָה

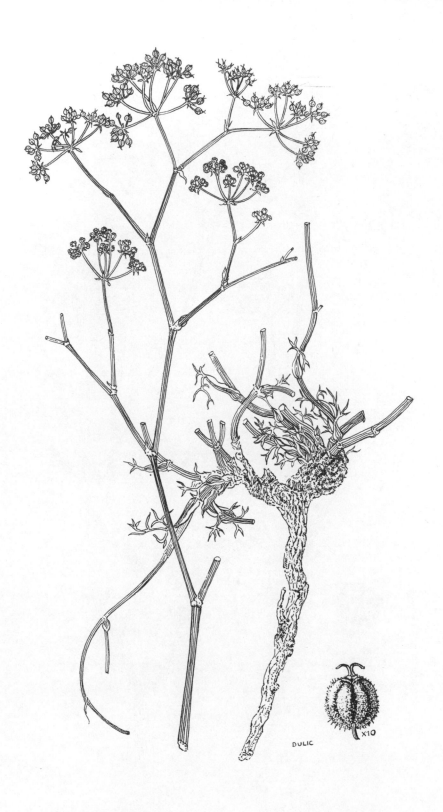

610. Pituranthos tortuosus (Desf.) Benth. et Hook. f. קַזּוּחַ עָקֹם

611. Pituranthos triradiatus (Hochst.) Aschers. et Schweinf. קְזוֹחַ שְׁלֹשׁ־קַרְנִי

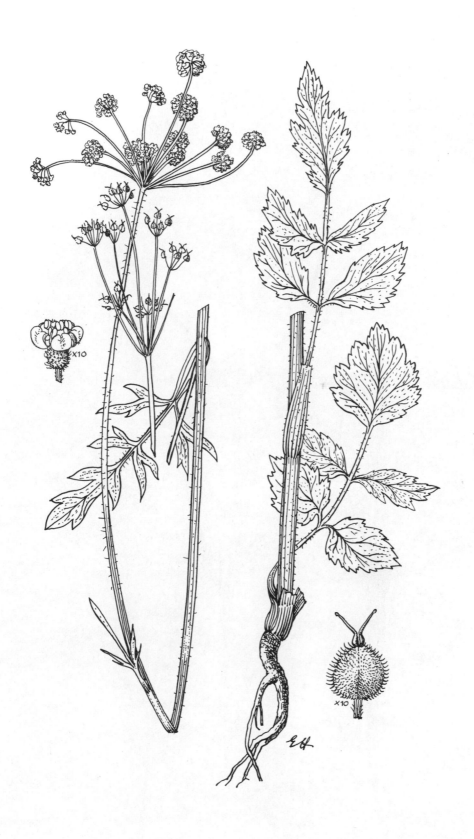

612. Pimpinella peregrina L.　כַּמְנוֹן קָפֵחַ

X5

TORN

613. Pimpinella corymbosa Boiss. כַּמְנוֹן עָנֵף

614. Pimpinella olivieri Boiss.　כַּמְנוֹן אוֹלִיבְיֶה

615. Pimpinella anisum L.   כַּמְנוֹן הָאָנִיס

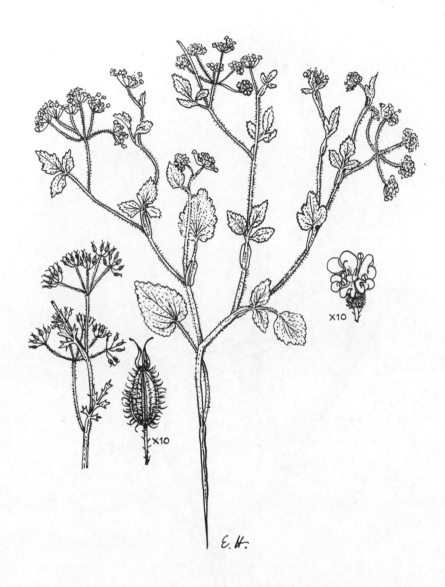

616. Pimpinella eriocarpa Banks et Sol.   כַּמְנוֹן שָׂעִיר

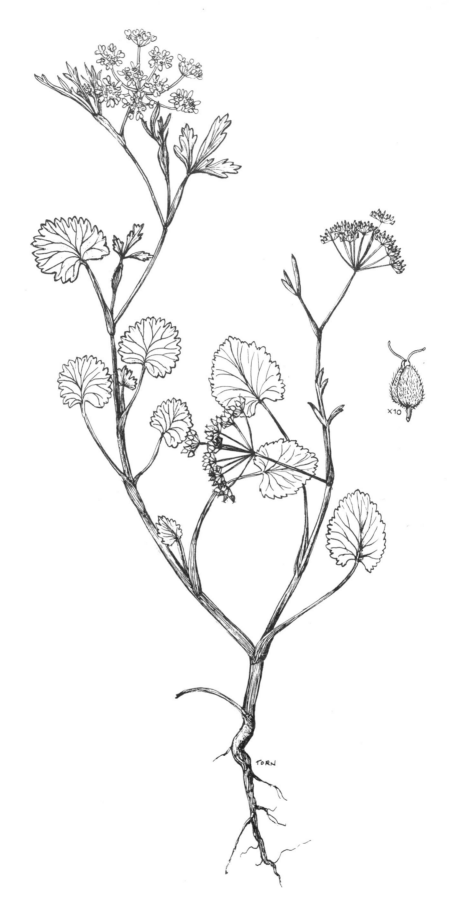

617. Pimpinella cretica Poir. var. cretica   כַּמְנוֹן כְּרֵתִי זַן טִיפּוּסִי

617a. Pimpinella cretica Poir. var. petraea (Nab.) Zoh. כַּמְנוֹן כְּרֵתִי זַן אֲדוֹמִי

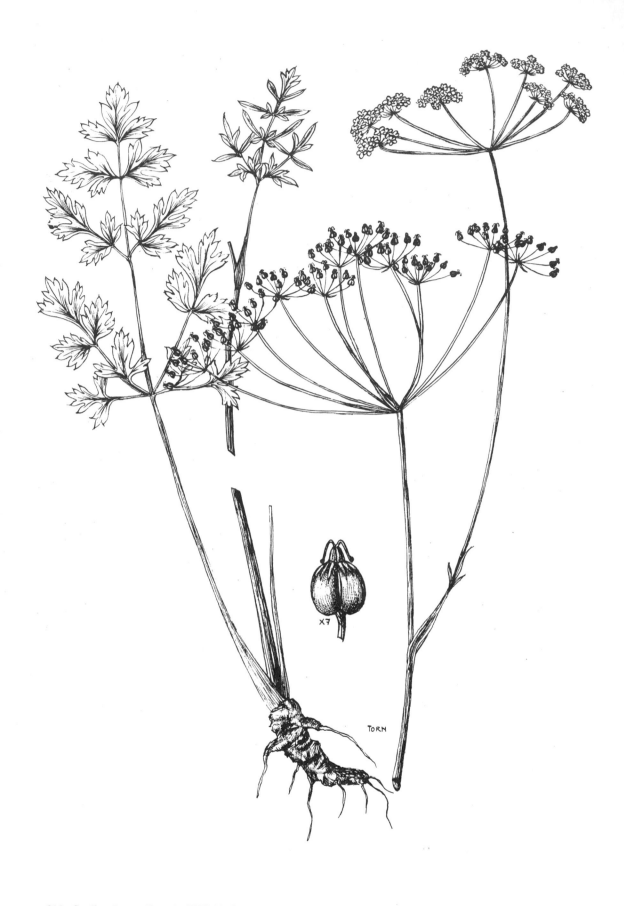

618. Scaligeria napiformis (Willd.) Grande   סְקָלִיגֶרְיָה כְּרֵתִית

619. Scaligeria hermonis Post   סְקָלִיגֶרְיָה חֶרְמוֹנִית

TORN

X7   X7

X10

X10

620. Berula erecta (Huds.) Coville   בְּרוּלָה זְקוּפָה

×5

621. Crithmum maritimum L. קְרִיתְמוֹן יַמִּי

622. Oenanthe fistulosa L. יֵינִית נְבוּבָה

TORN

X3

623. Oenanthe pimpinelloides L.   יֵינִית כַּמְנוֹנִית

624. Oenanthe silaifolia M.B. יֵינִית בֵּינוֹנִית

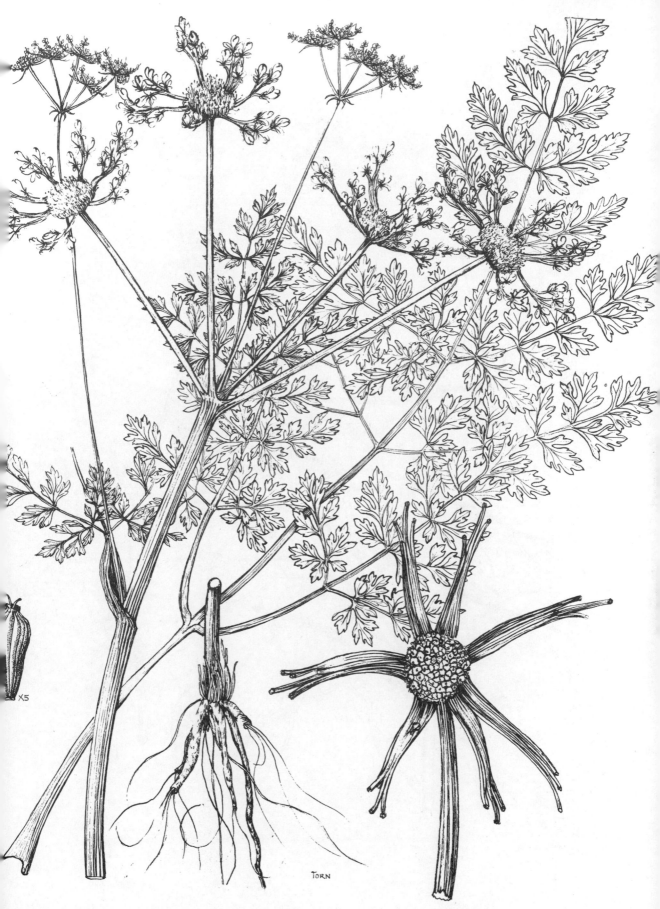

625. Oenanthe prolifera L.   יֵינִית חֲרוּזָה

×5

TORN

626. Foeniculum vulgare Mill. שֶׁמֶר פָּשׁוּט

627. Anethum graveolens L.   שֶׁבֶת רֵיחָנִי

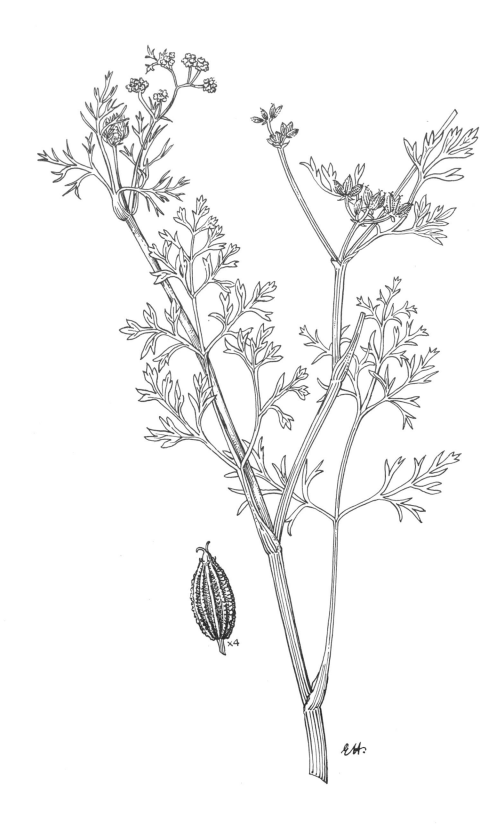

628. Capnophyllum peregrinum (L.) Lag. גִּבְשׁוֹנִית הַשָּׂדֶה

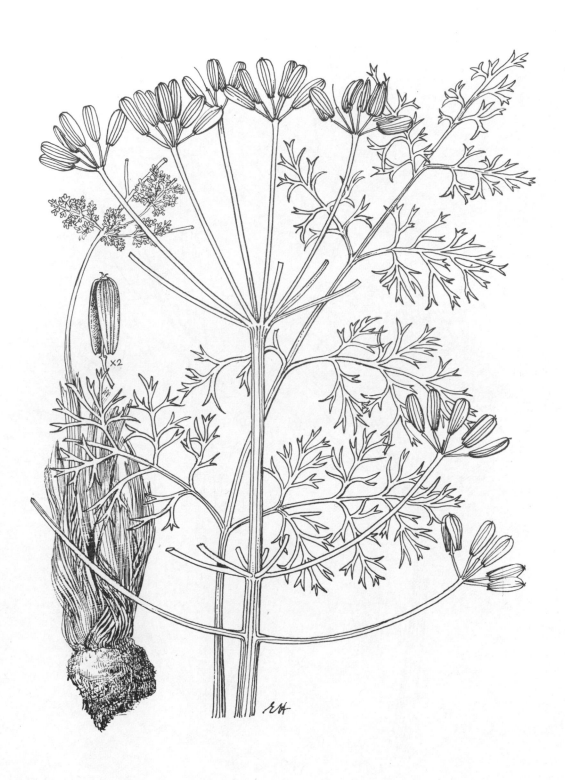

629. Ferula biverticillata Thiéb. כֶּלֶךְ דּוּ-דּוֹרִי

630. Ferula samariae Zoh. et Davis כֶּלֶךְ שׁוֹמְרוֹנִי

631. Ferula daninii Zoh.   כֶּלֶךְ דָּנִין

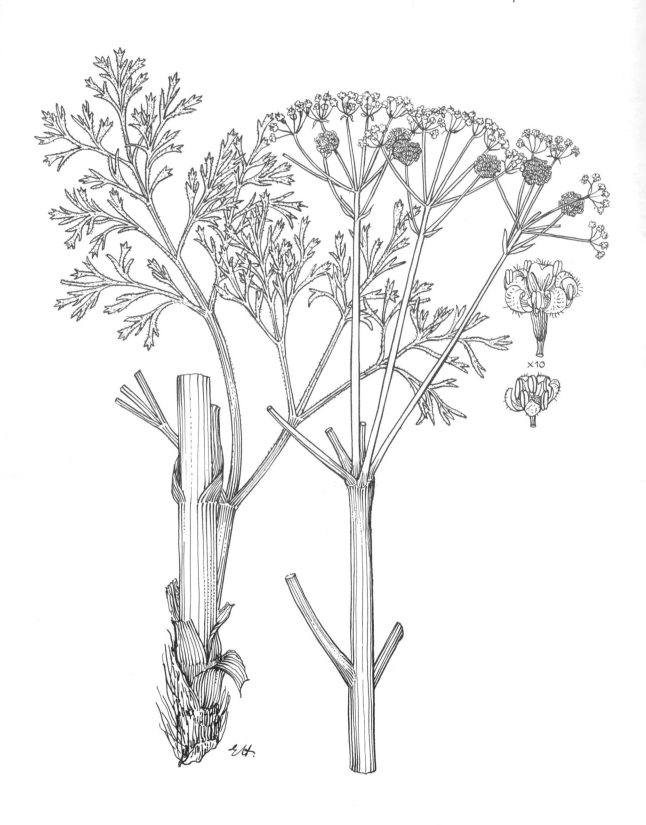

632. Ferula blanchei Boiss. כֶּלֶךְ בְּלַנְשׁ

X2

TORN

633. Ferula communis L.   כֶּלֶךְ מָצוּי

634. Ferula tingitana L.   כֶּלֶךְ מָרוֹקָנִי

635. Ferula sinaica Boiss. var. sinaica   כֶּלֶךְ סִינַי זַן טִיפּוּסִי

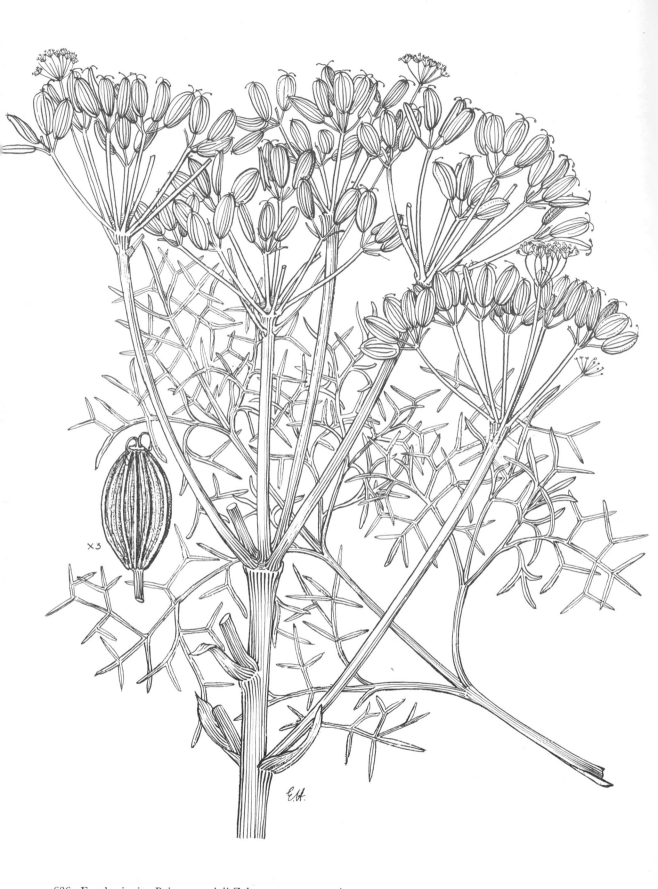

636. Ferula sinaica Boiss. var. eigii Zoh. כֶּלֶךְ סִינַי זַן אִיג

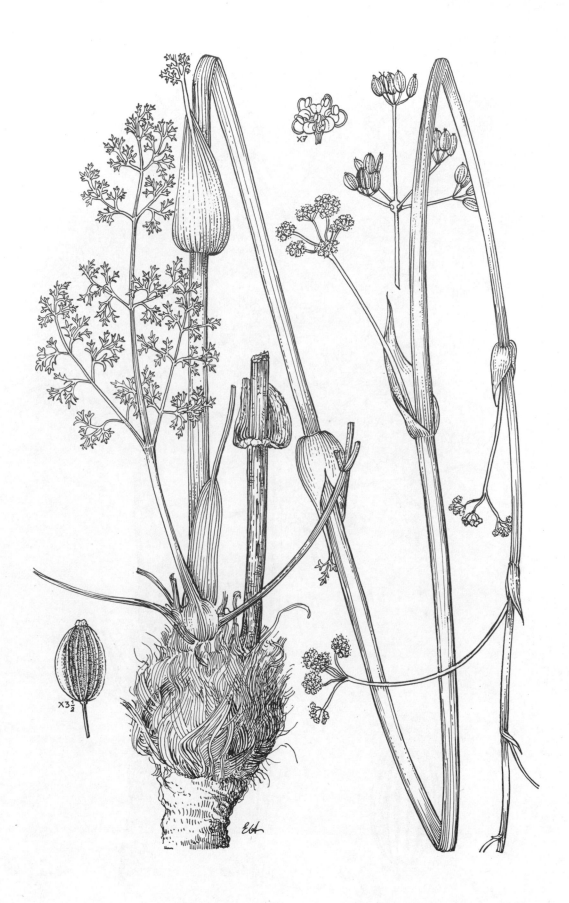

637. Ferula negevensis Zoh.   כֶּלֶךְ נֶגְבִּי

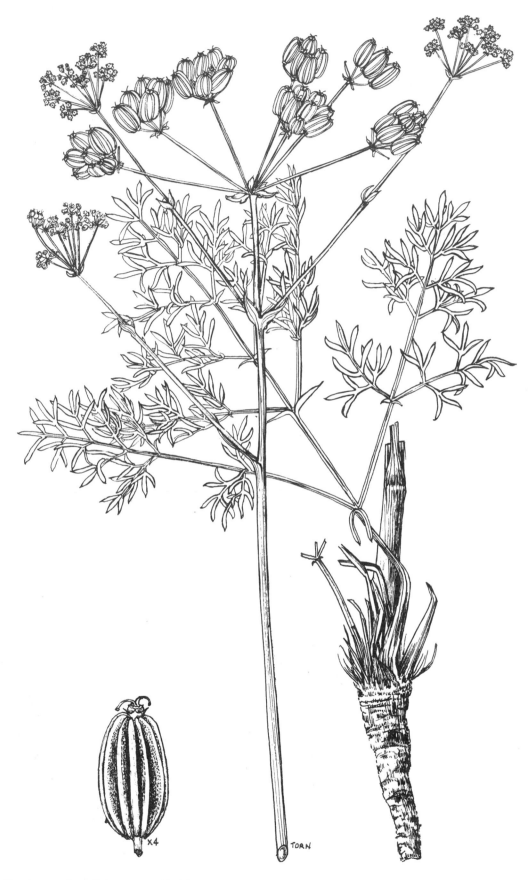

638. Ferulago syriaca Boiss.   כְּלַכְלָךְ סוּרִי

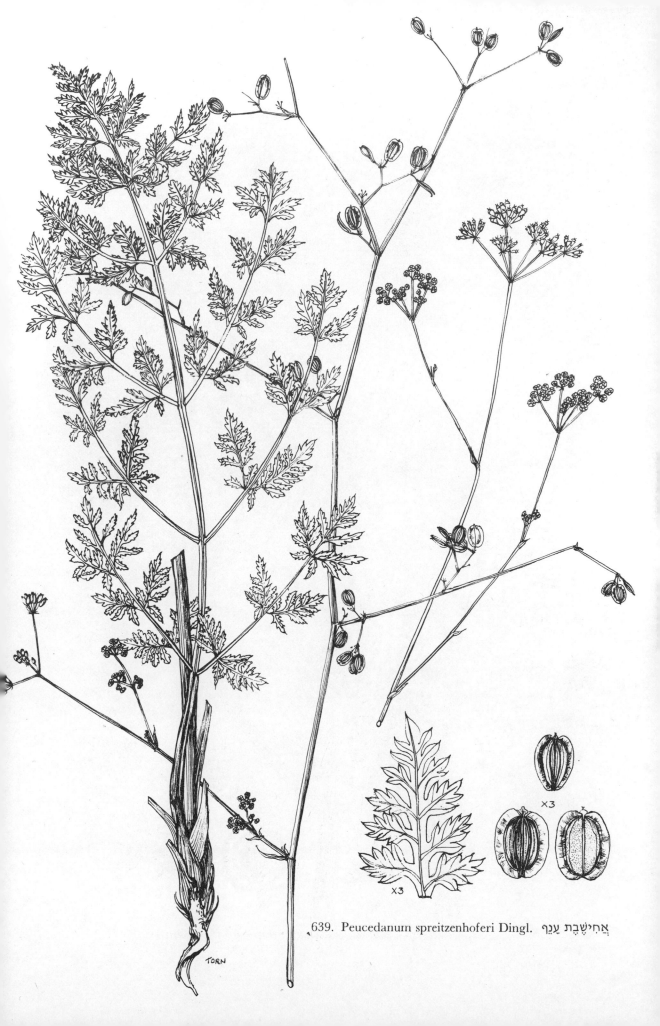

639. Peucedanum spreitzenhoferi Dingl. אֲחִישֶׁבֶת עָנֵף

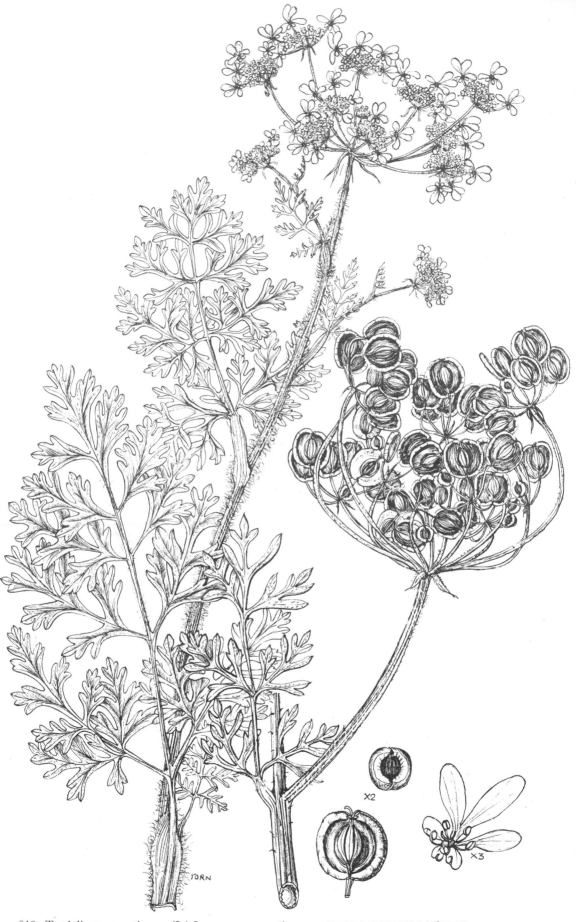

640. Tordylium aegyptiacum (L.) Lam. var. aegyptiacum   דַּרְכְּמוֹנִית מִצְרִית זַן טִיפּוּסִי

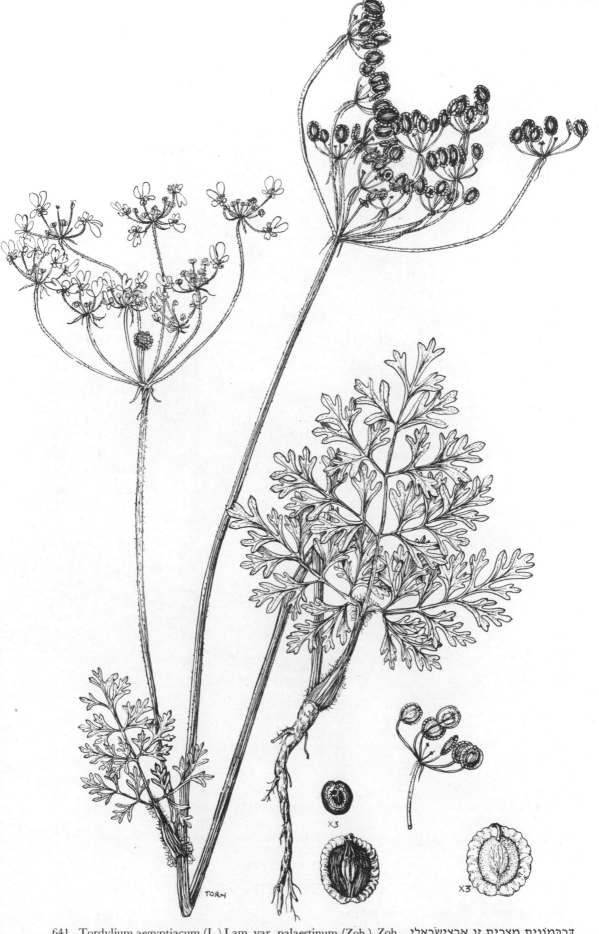

641. Tordylium aegyptiacum (L.) Lam. var. palaestinum (Zoh.) Zoh. דַּרְכְּמוֹנִית מִצְרִית זַן אֶרֶץ־יִשְׂרְאֵלִי

642. Tordylium syriacum L.   דַּרְכְּמוֹנִית סוּרִית

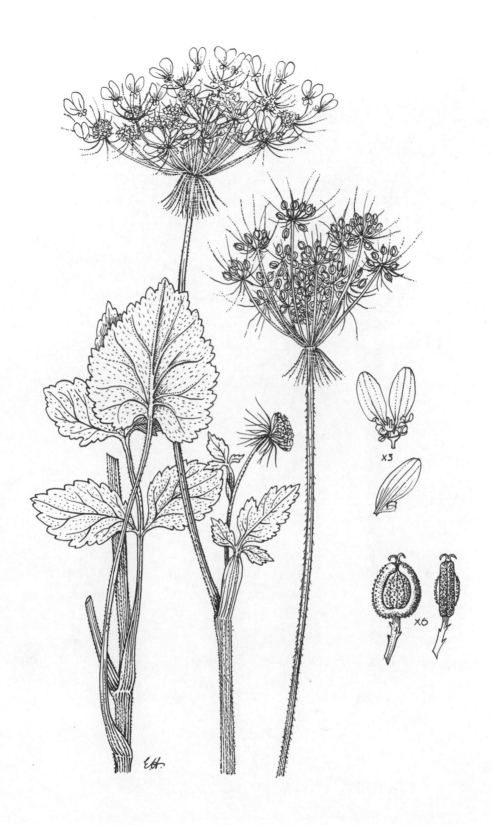

643. *Ainsworthia trachycarpa* Boiss. סַלְסִלָּה מְצוּיָה

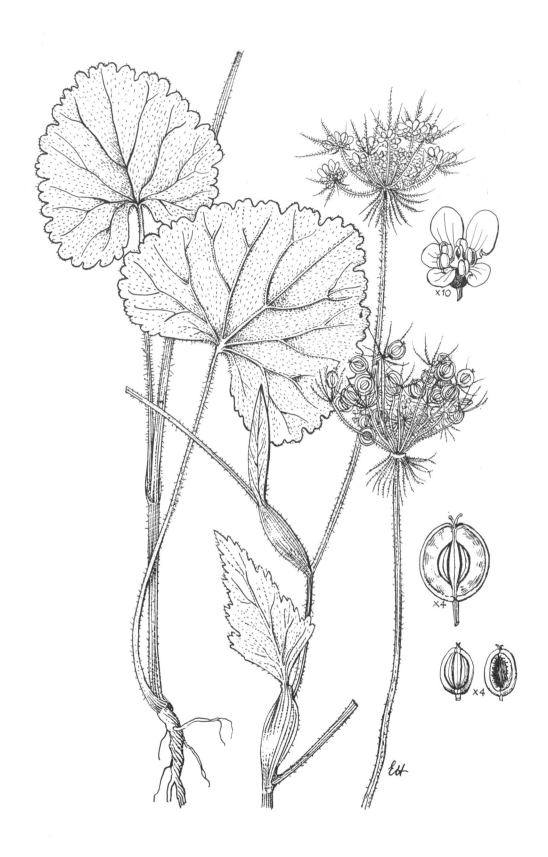

644. *Ainsworthia carmeli* Boiss. סַלְסִלַּת הַכַּרְמֶל

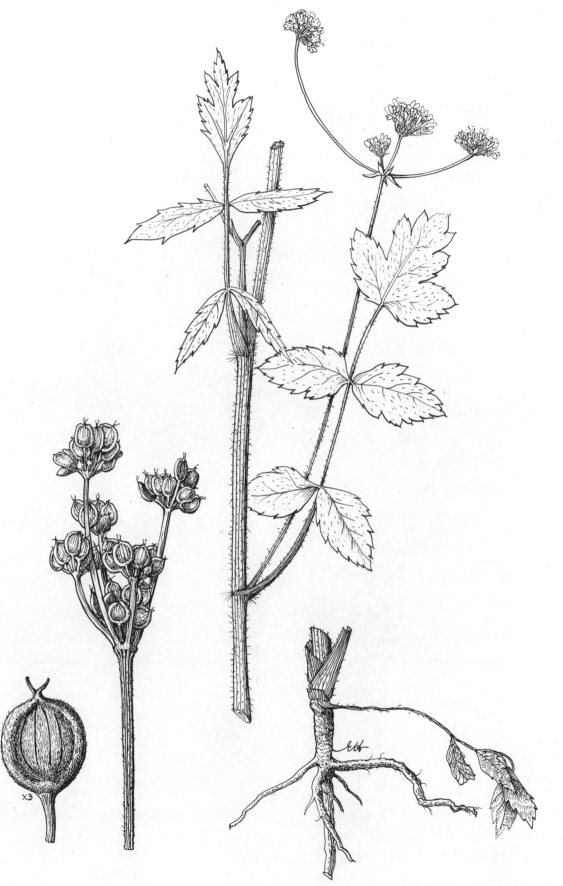

x3

645. Synelcosciadium carmeli (Labill.) Boiss.   דַּל־קַרְנַיִם כַּרְמְלִי

646. Zosima absinthiifolia (Vent.) Link   זוֹזִימָה מִדְבָּרִית

647. Malabaila sekakul (Banks et Sol.) Boiss.   אֲגוֹרָה מִדְבָּרִית

648. Exoacantha heterophylla Labill.   צְנִינָה קוֹצָנִית

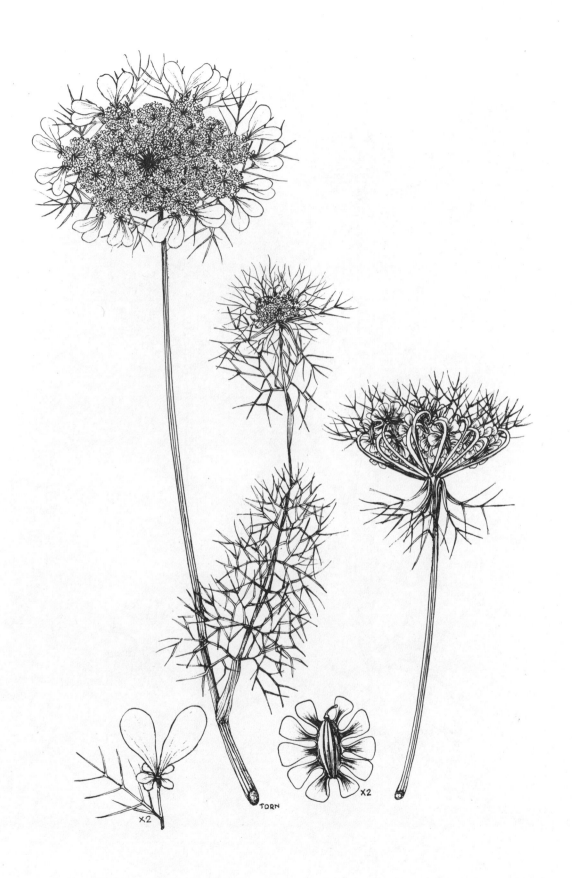

649. Artedia squamata L. שַׁפְרִירָה קַשְׂקַשָּׂנִית

650. Daucus bicolor Sm.   גֶּזֶר מָצוּי

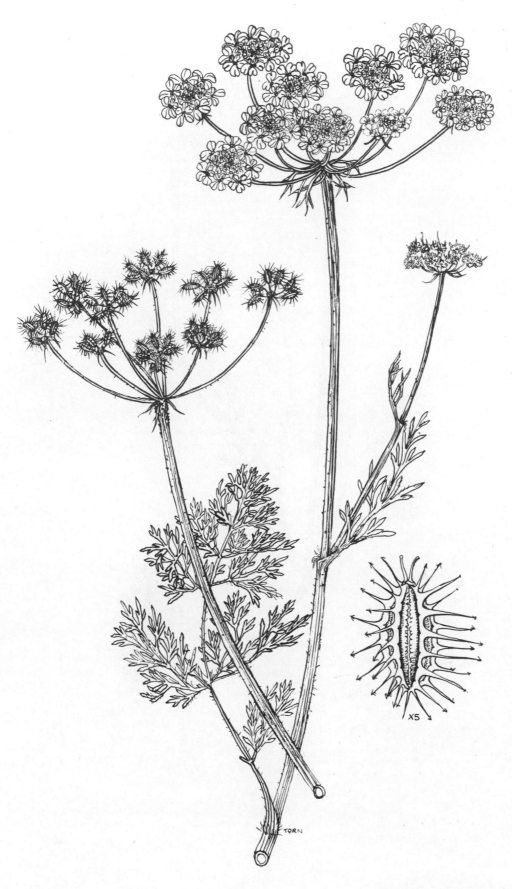

651. *Daucus litoralis* Sm.   גֶּזֶר הַחוֹף

652. Daucus guttatus Sm.   גֶּזֶר עָדִין

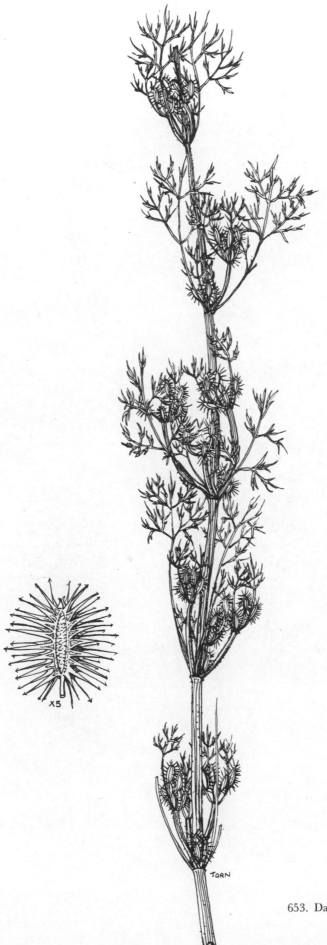

653. Daucus subsessilis Boiss.   גֶּזֶר יוֹשֵׁב

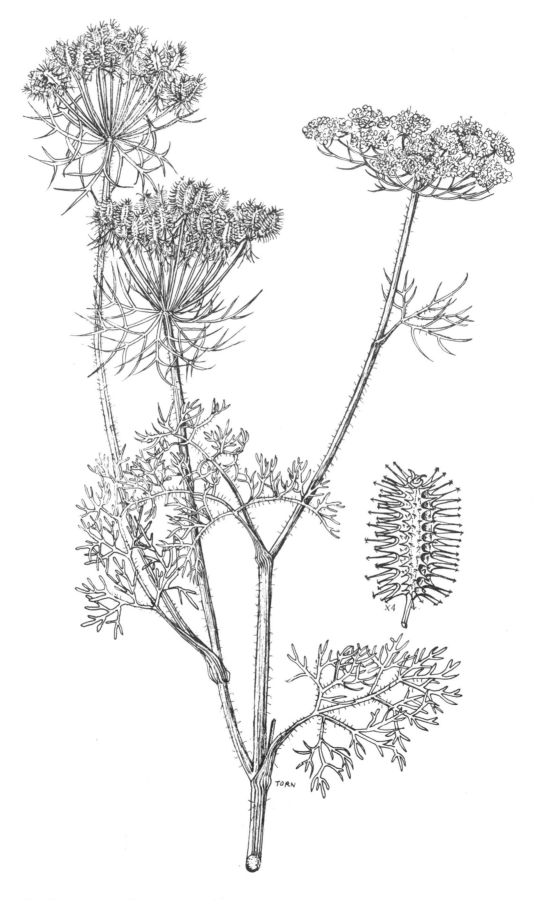

654. Daucus aureus Desf.　גֶּזֶר זָהֹב

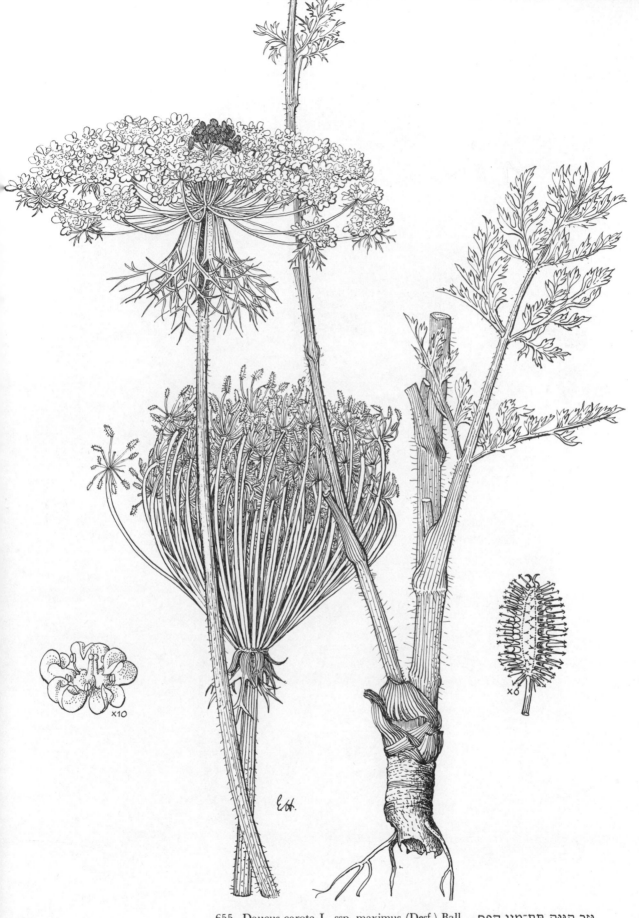

655. Daucus carota L. ssp. maximus (Desf.) Ball   גֶּזֶר הַגִּנָּה תַּת־מִין קִפֵּחַ

656. Daucus jordanicus Post גֶּזֶר הַיַּרְדֵּן

LIST OF PLATES WITH EXPLANATIONS

1 **Platanus orientalis L.** — Fruiting branch; flower.
2 **Crassula alata (Viv.) Berger** — Habit; part of branch with long-pedicelled flowers; same with short-pedicelled flowers; flowers; fruit.
3 **Umbilicus intermedius Boiss.** — Plant in flower; flower.
4 **Rosularia libanotica (L.) Sam. ex Rech. f.** — Plant in flower; nectary scale; flower.
5 **Rosularia lineata (Boiss.) Berger** — Plant in flower; nectary scale; flower.
6 **Sedum laconicum Boiss. et Heldr.** — Flowering stems; flower; nectary scale.
7 **Sedum nicaeense All.** — Flowering branch; flower; nectary scale.
8 **Sedum caespitosum (Cav.) DC.** — Plant in flower; flower; nectary scale; seed; fruit (spreading follicles); open follicles.
9 **Sedum pallidum M.B.** — Plant in flower; flowers; nectary scale; stamen.
10 **Sedum rubens L.** — Plant in flower; flower from beneath showing calyx (above); same – side view (below); nectary scale; part of flower showing sepal, stamen, nectary scale and follicle.
11 **Sedum hispanicum L.** — Plant in flower; nectary scales; flower; flower from beneath showing sepals.
12 **Sedum litoreum Guss.** — Plant in flower; flower; seed; nectary scale.
13 **Sedum palaestinum Boiss.** — Flowering plants; fruit (follicles); flower; nectary scale.
14 **Sedum microcarpum (Sm.) Schönl.** — Plant in flower; flowering branch; flower.
15 **Saxifraga hederacea L.** — Plant in flower; flower; fruit in persistent calyx.
16 **Rubus sanguineus Frivaldszk.** — Flowering and fruiting branches.
17 **Rubus tomentosus Borkh. var. tomentosus.** — Flowering and fruiting branch; flower; petal.
18 **Potentilla geranioides Willd.** — Plant in flower and fruit; fruit; achene; flower.
19 **Potentilla reptans L. [correct name: P. kotschyana Fenzl]** — Plant in flower and fruit; flower; achene.
20 **Aphanes arvensis L.** — Plant in flower; branch with an axillary glomerule of flowers; flower; fruit.
21 **Agrimonia eupatoria L.** — Flowering and fruiting branches; fruit.
22 **Sanguisorba minor Scop. ssp. verrucosa (Link ex G. Don) Holmboe** — Flowering branch; leaf; fruit; staminate, pistillate and hermaphrodite flowers.
23 **Sarcopoterium spinosum (L.) Sp.** — Branch in flower; twig in fruit; staminate and pistillate flowers.
24 **Rosa canina L. var. verticillacantha (Mérat) Baker** — Branch in flower and fruit; flower showing reflexed calyx lobes, stamens and free styles.
25 **Rosa phoenicia Boiss.** — Flowering branch; flower showing reflexed calyx lobes, free stamens and united styles.
26 **Pyrus syriaca Boiss.** — Flowering branch; fruit.
27 **Eriolobus trilobatus (Labill. ex Poir.) M. Roem.** — Branches with leaves, flower and fruits.
28 **Crataegus azarolus L.** — Flowering and fruiting branches.
29 **Crataegus aronia (L.) Bosc. ex DC. var. aronia** — Flowering and fruiting branches; flower.
30 **Crataegus monogyna Jacq.** — Flowering and fruiting branches.
31 **Amygdalus communis L.** — Flowering branch with young fruit; mature fruit.

INDEX OF PLATES

* The correct name is A. cordata
** The correct name is A. hauarensis

* The correct name is Chrozophora oblongifolia
** The correct name is C. obliqua

* The correct name is H. syriacum ssp. syriacum
** The correct name of the variety is var. subalata

* The original epithet is secacul
** The correct name is Medicago doliata var. muricata

תִּלְתָּן קִפּוֹדָנִי זן טיפוסי (251): צמח נושא פרחים; גביע; פרח; מפרש; גביע פורה.

תִּלְתָּן רָפֶה זן מָצוּי (232): צמח נושא פרחים ופרי; פרח; גביע פורה.

תִּלְתָּן שַׁלְמוֹנִי (261): ענף פורח; קרקפת בפרי; גביע פורה; פרח.

תִּלְתָּן תְּרִיסָנִי (269): ענף פורח; פרח; קרקפת פורה.

תִּלְתָּן תַּת־קַרְקָעִי זן טיפוסי (275): צמח נושא פרחים ופרי; קרקפת של פירות; גביע פורה עם פרי בולט; קרקפת של פרחים.

תֻּרְמוֹס אֶרֶצִישְׂרְאֵלִי (54): צמח נושא פרחים; פרחים; עלעל; פרי.

תֻּרְמוֹס הֶהָרִים תת־מין מִזְרָחִי (53): צמח נושא פרחים; פרחים; קטע מענף נושא פרי.

תֻּרְמוֹס צָהֹב (58): ענף נושא פרחים ופרי; פרי; זרע; פרח.

תֻּרְמוֹס צַר־עָלִים זן טיפוסי (57): ענף נושא פרחים ופרי; פרח.

תֻּרְמוֹס שָׂעִיר (56): ענף פורח; פרי; פרח; גביע פתוח.

תֻּרְמוֹס תַּרְבּוּתִי זן טיפוסי (55): צמח נושא פרחים.

תִּלְתַּן בְּלַנְשׁ (256): צמח נושא פרחים ופרי; גביעים פורים; פרח.

תִּלְתָּן גְּלָנִי זן טיפוסי (247): צמח נושא פרחים ופרי; קרקפת בפריחה; גביע פורה.

תִּלְתָּן דָּגוּל (233): צמח נושא פרחים ופרי; פירות עם גביע וכותרת קיימים (מלפנים ומאחור).

תִּלְתָּן דּוּ־גוֹנִי (258): צמח נושא פרחים ופרי; פרח (מלמטה); גביעים פורים.

תִּלְתָּן דּוֹקְרָנִי (250): צמח נושא פרחים ופרי; קרקפת בפרי; פרח.

תִּלְתָּן דַּל־פְּרָחִים (272): צמח נושא פרחים ופרי; פרח.

תִּלְתַּן הָאַרְגָּמָן זן טיפוסי (255): צמח נושא פרחים ופרי; גביע פורה; פרחים; מפרש; גביע חתוך.

תִּלְתַּן הַבִּצּוֹת (242): צמח נושא פרחים ופרי; גביע פורה עם כותרת קיימת.

תִּלְתַּן הַכַּדּוּרִים (273): צמח נושא פרחים ופרי; פרח.

תִּלְתַּן הַכַּפְתּוֹרִים (252): צמח נושא פרחים; קרקפות בפרי מלמטה ומלמעלה; גביע פורה; פרח.

תִּלְתַּן הַמָּגֵן (270): צמח נושא פרחים; גביע פורה; פרח.

תִּלְתַּן הַנְּבִיאִים (260): צמח נושא פרחים ופרי; גביעים פורים (משמאל ומימין למטה); פרח.

תִּלְתָּן הָפוּךְ זן טיפוסי (244): צמח נושא פרחים ופרי; גביע פורה.

תִּלְתַּן הַקֶּצֶף (240): צמח נושא פרחים ופרי; פרחים; פרי עם גביע, חפה וכותרת קיימים.

תִּלְתַּן הַשָּׂדֶה (253): צמח נושא פרחים ופרי; פרח.

תִּלְתַּן וָוִילוֹב (264): צמח נושא פרחים ופרי; פרח; גביעים פורים.

תִּלְתָּן זוֹחֵל זן עֲנָקִי (231): צמח נושא פרחים ופרי; פרח.

תִּלְתָּן חָדוּד זן טיפוסי (268): ענף נושא פרחים ופרי; גביעים פורים (1); זן כַּרְמְלִי – ענף נושא פרחים ופרי; גביע פורה; פרחים (2).

תִּלְתָּן חָנוּק (239): צמח נושא פרחים ופרי; כותרת; גביע; פרי; גביע פורה.

תִּלְתָּן חַקְלָאִי (235): צמח נושא פרחים ופרי; פרח.

תִּלְתָּן יִשְׂרְאֵלִי (276): ענף נושא פרחים ופרי; פירות.

תִּלְתָּן כּוֹכָבִי (249): ענף נושא פרחים ופרי; פרח; גביע פורה.

תִּלְתָּן לָבִיד (246): זן מִזְרָחִי – צמח נושא פרחים ופרי; פרח; גביע פורה (1–3); זן צָמִיר – ענף נושא פרי; גביע פורה (4–5); זן טיפוסי – קרקפת פורה; גביע פורה (6); זן כְּפוּף־שִׁנַּיִם – ענף נושא פרי; גביע פורה (7).

תִּלְתָּן לָבָן (267): צמח נושא פרחים ופרי; פרח; גביע פורה.

תִּלְתָּן מַאְדִּים (237): צמח נושא פרחים ופרי; פרח; פרי עם גביע וכותרת קיימת.

תִּלְתָּן מֵירוֹנִי (263): צמח נושא פרחים ופרי; גביעים פורים; פרח; עלה.

תִּלְתָּן מְשֻׁלְחָף זן קֵרֵחַ (243): צמח נושא פרחים; פרח; גביע פורה עם כותרת קיימת.

תִּלְתָּן נָאֶה (259): צמח נושא פרחים ופרי; גביע פורה; פרח.

תִּלְתָּן נָחוּת (271): ענפים נושאי פרחים ופרי; פרח; גביעים פורים.

תִּלְתָּן נִמִּי (238): צמח נושא פרחים ופרי; פרי עם גביע וכותרת קיימת.

תִּלְתָּן פְּלִשְׁתִּי זן טיפוסי (234): ענף נושא פרחים ופרי; פירות עם גביע וכותרת קיימת (מראה קדמי ואחורי).

תִּלְתָּן צָמִיר (274): צמח נושא פרחים ופרי; פרח.

תִּלְתָּן צַר־עָלִים (254): צמח נושא פרחים ופרי; גביע פורה; פרח.

תִּלְתַּן קוּשְׁטָא (266): צמח נושא פרחים ופרי; פרח; גביעים פורים.

תִּלְתָּן קְלוּסִי זן כְּתָנִי (245): צמח נושא פרחים ופרי; גביע פורה (משמאל למטה); פרחים של זן טיפוסי (משמאל); ענף נושא פרי וגביע פורה של אותו הזן (מימין).

שַׁלְחוּפָן קְרוּמִי (123): צמח נושא פרחים ופרי; פרח; גביע חתוך בו נראה הפרי הצעיר.

שָׁמִיר קוֹצָנִי (449): ענפים נושאי פרחים ופרי; פרי מוקף מלל; פרח.

שְׁמָר פָּשׁוּט (626): ענפים נושאי פרחים ופרי; עלה תחתון; דו־זרעון.

שְׁמַרַר בּוֹאַסְיֶה (587): ענפים נושאי פרחים ופרי; פרח; דו־זרעון.

שִׁמְשׁוֹן אֱזוֹבְיוֹנִי (498): ענף נושא פרחים ופרי; פרח; עלה גביע.

שִׁמְשׁוֹן הַמִּדְבָּר (502): צמח נושא פרחים ופרי; הלקט בתוך גביע.

שִׁמְשׁוֹן הַנֶּגֶב (501): צמח נושא פרחים ופרי; הלקט בתוך גביע.

שִׁמְשׁוֹן הַשַּׁלְחוּפִיּוֹת זן טיפוסי (499): ענף נושא פרחים ופרי; הלקט (מימין).

שִׁמְשׁוֹן הַשַּׁלְחוּפִיּוֹת זן רִיסָנִי (499a): הלקט.

שִׁמְשׁוֹן יוֹשֵׁב (505): ענף נושא פרחים ופרי; הלקט בתוך גביע.

שִׁמְשׁוֹן לִיפִּי (504): צמח נושא פרחים ופרי; עלה; גביעים פורים עם הלקטים.

שִׁמְשׁוֹן מָצוּי (508): צמח נושא פרחים ופרי; הלקט בתוך גביע.

שִׁמְשׁוֹן מִצְרִי (509): צמח נושא פרחים ופרי; קטע של ענף נושא פרי.

שִׁמְשׁוֹן סְגַלְגַּל (503): צמח נושא פרחים ופרי; הלקט בתוך גביע.

שִׁמְשׁוֹן קָהִירִי (500): צמח נושא פרחים ופרי; פרח; גביע פורה עם הלקט.

שִׁמְשׁוֹן רִיסָנִי זן טיפוסי (506): ענף נושא פרחים ופרי; זרע; הלקט בתוך גביע.

שִׁמְשׁוֹן רִיסָנִי זן קְטַן־פְּרִי (506a): צמח נושא פרחים ופרי; זרע; הלקט עם הגביע.

שִׁמְשׁוֹן שָׂעִיר (507): צמח נושא פרחים ופרי; זרע; ענף נושא פרי.

שִׁמְשׁוֹנִית הַטְּפִין (497): צמח נושא פרחים ופרי; זרע; הלקט פתוח; פרח פתוח; גביעים; פרח.

שָׁנִית גְּדוֹלָה (541): ענף פורח; פרח; פרח חתוך.

שָׁנִית הַקּוֹרָנִית (539): צמח נושא פרחים ופרי; פרח; גביע; גביע פורה פתוח עם הלקט.

שָׁנִית מִתְפַּתֶּלֶת (540): צמח נושא פרחים; פרח.

שָׁנִית קְטַנַּת־עָלִים (538): צמח נושא פרחים ופרי; קטע של ענף נושא פירות עם הלקט חתוך; פרח.

שָׁנִית רַחֲבַת־עָלִים (536): צמח נושא פרחים ופרי; גביע עם עלי; גביע; פרח; זרע.

שָׁנִית שְׁוַת־שִׁנַּיִם (537): צמח נושא פרחים ופרי; פרח; גביע; קטע של ענף נושא פירות.

שַׂעֲרוּר שָׂעִיר (569): צמח נושא פרחים ופרי; דו־זרעון; פרח.

שַׁפְרִירָה קַשְׂקַשָּׂנִית (649): ענפים נושאי פרחים ופרי; פרח היקפי; דו־זרעון.

שָׁקֵד מִזְרָחִי (33): ענף נושא עלים; פרי.

שָׁקֵד מָצוּי (31): ענף נושא פרחים ופרי צעיר; פרי.

שָׁקֵד עֲרָבִי (34): ענפים נושאי פרחים ופרי; פרי.

שָׁקֵד קְטַן־עָלִים (32): ענפים פורחים; פרי; גלעין.

שַׁרְעוֹל אֲדוֹמִי (67): צמח נושא פרחים; חפה; גביע חתוך.

שַׁרְעוֹל שָׂעִיר זן טיפוסי (66): צמח נושא פרחים ופרי; פרח; גביע פורה עם פרי; פרי.

תִּלְתָּן אֲלֶכְּסַנְדְּרוֹנִי (265): צמח נושא פרחים; פרח; גביע פורה.

תִּלְתָּן אַלְמָוֶת (241): ענף נושא פרחים ופרי; פרי עם גביע, חפה וכותרת קיימים; פרח.

תִּלְתָּן אֶרֶץ־יִשְׂרְאֵלִי (257): צמח נושא פרחים; גביע פורה; פרח.

תִּלְתַּן בּוֹאַסְיֶה (236): צמח בפריחה; קטע של ענף נושא פרי; פרי עם גביע וכותרת קיימים.

תִּלְתָּן בֵּירוּתִי (262): ענפים נושאי פרחים ופרי; פרח; מפרש; משוט; סירה; גביעים פורים; גביע חתוך.

תִּלְתָּן בַּלּוּטִי זן מְעֹרָק (248): צמח נושא פרחים; עלעל עם בלוטות בשפתו; פרח; ענף פורח שבו נראים עלי־לוואי בלוטיים.

קְרוֹטָלַרְיָה מִצְרִית (50): ענף נושא פרחים ופרי.
קְרִיתְמוֹן יַמִּי (621): ענפים נושאי פרחים ופרי; פרח; דו־זרעון.
קְרָסוּלָה מְכֻנֶּפֶת (2): הצמח; קטע ענף בעל פרחים ארוכי עוקצים; קטע של ענף נושא פרחים קצרי־עוקצים; פרחים; פרי.
קַרְקַשׁ צָהֹב (71): ענפים נושאי פרחים ופרי; פרי פתוח עם זרעים; שחלה.
קַרְקַשׁ קִילִיקִי (70): ענפים נושאי פרחים ופרי; שחלה. (צויר לפי צמח מתורכיה.)

רוֹשׁ עָקֹד (585): ענף נושא פרחים ופרי; פרח; דו־זרעון.
רֹתֶם הַמִּדְבָּר זן טיפוסי (63): ענף נושא פרחים ופרי; פרי; ענף נושא פרי של זן בַּשָׂרָנִי (מימין).
רְתֵמָה קוֹצָנִית (61): ענפים נושאי פרחים ופרי; פרח.

שַׂבָּר לָבָן (352): ענף פורח וענף נושא פרי; פרח; פרי מלמעלה ומן הצד.
שַׁבְרָק דָּבִיק (174): ענף פורח; פרח; גביע פורה; פרי.
שַׁבְרַק הַקַּרְקֶפֶת (178): צמח נושא פרחים ופרי; גביע פורה; זרע.
שַׁבְרָק לָבָן (172): ענף נושא פרחים ופרי; פרח.
שַׁבְרָק מַלְבִּין (179): ענף פורח; גביע פורה מלווה בחפה; פרח; חלק של ענף נושא פרי.
שַׁבְרָק מְגֻדָּן (168): ענף נושא פרחים ופרי; פרי.
שַׁבְרָק מָצוּי תת־מין טיפוסי (167): ענף נושא פרחים ופרי.
שַׁבְרָק מְשֻׁבָּל (180): צמח נושא פרחים ופרי; פרח מלווה בעלים; גביע פורה.
שַׁבְרָק מְשֻׁנָּן זן גָּדוֹל (177): צמח נושא פרחים ופרי; גביע פורה; ענף נושא פרי; זרע; קטע של ענף נושא פרח.
שַׁבְרָק מְשֻׁנָּץ (169): צמח נושא פרחים ופרי; פרי.
שַׁבְרָק נָטוּי זן זָעִיר (173): צמח נושא פרחים; פרח; ענף נושא פרי.

שַׁבְרָק סִיצִילִי (170): צמח נושא פרחים ופרי.
שַׁבְרָק סַסְגּוֹנִי (175): צמח נושא פרחים ופרי; עלעלים; פרח; גביע פורה.
שַׁבְרָק קוֹצָנִי זן מָצוּי (166): משמאל – ענף עם עלים (צורה חורפית); מימין – ענף נושא פרחים ופרי (צורה קיצית); גביע פורה עם פרי.
שַׁבְרָק קְצַר־פֶּרַח (171): צמח נושא פרחים ופרי; פרי עם עוקץ המסתיים במלען.
שַׁבְרָק שָׂעִיר (176): צמח נושא פרחים; ענף נושא פרי; גביע פורה; זרע; פרח.
שֶׁבֶת רֵיחָנִי (627): צמח נושא פרחים ופרי; דו־זרעון; פרח.
שׁוּשׁ קוֹצָנִי זן טיפוסי (122): ענפים נושאי פרחים ופרי; פרח; פרי.
שׁוּשׁ קֵרֵחַ זן בַּלּוּטִי (121): ענפים נושאי פרחים ופרי.
שׁוֹשַׁנְתִּית הַלְּבָנוֹן (4): צמח נושא פרחים; קשקש צופני; פרח.
שׁוֹשַׁנְתִּית מְשֻׂרְטֶטֶת (5): צמח נושא פרחים; קשקש צופני; פרח.
שְׁזִיף הַדֹּב (36): ענפים נושאי פרחים ופרי; פרי.
שִׁטַּת הַנֶּגֶב (39): ענף נושא פרחים ופרי; עלעלים.
שִׁטַּת הַסּוֹכֵךְ (41): ענף נושא פרחים ופרי; עלעלים.
שִׁטָּה מַלְבִּינָה (38): ענפים נושאי פרחים ופרי; פרח.
שִׁטָּה סְלִילָנִית (40): ענף נושא פרחים ופרי; פרי.
שִׁטָּה רַעֲנַנָּה (42): ענף נושא פרי.
שֵׁיזָף הַשִּׂיחַ (452): ענפים נושאי פרחים ופרי; פרח.
שֵׁיזָף מָצוּי (450): ענף נושא פרי; ענף פורח; פרח.
שֵׁיזָף שָׂעִיר (451): ענפים נושאי פרי.
שְׁלוֹחִית קֵרַחַת (382): צמח נושא פרחים ופרי; פרח עליוני; פרח אבקני; הלקט.
שְׁלוֹחִית שְׂעִירָה (383): צמח נושא פרחים ופרי; הלקט.

פִּשְׁתָּה שְׂעִירָה (373): צמח נושא פרחים; עלה; עלה גביע; קטע של ענף נושא פרי.

צוּרִית אֲדֻמָּה (8): צמח נושא פרחים; פרח; קשקש צופני; זרע; פרי (מפוחיות מפושקות); מפוחיות פתוחות.

צוּרִית אֶרֶץ־יִשְׂרְאֵלִית (13): צמחים נושאי פרחים; פרי (מפוחית); פרח; קשקש צופני.

צוּרִית בַּלּוּטִית (10): צמח נושא פרחים; פרח (מלמטה) ובו נראה הגביע; פרח (מן הצד); קשקש צופני; חלק מפרח בו נראים: עלה גביע, אבקן, קשקש צופני ומפוחית.

צוּרִית גְּבוֹהָה (7): ענף פורח; פרח; קשקש צופני.

צוּרִית חוֹפִית (12): צמח נושא פרחים; פרח; זרע; קשקש צופני.

צוּרִית חִוֶּרֶת (9): צמח נושא פרחים; פרחים; קשקש צופני; אבקן.

צוּרִית יְוָנִית (6): ענפים בפריחה; פרח; קשקש צופני.

צוּרִית סְפָרַדִּית (11): צמח נושא פרחים; קשקשים צופניים; פרח; פרח מלמטה בו נראה הגביע.

צוּרִית קְטַנַּת־פְּרִי (14): צמח נושא פרחים; ענף פורח; פרח.

צַחֲנָן מַבְאִישׁ (48): ענף נושא פרחים ופרי; פרי; פרח.

צֶלַע־הַשּׁוֹר בּוֹאַסְיֶה (597): ענף פורח; ענף נושא פרי; דו־זרעון.

צֶלַע־הַשּׁוֹר הָאֲשׁוּנָה (595): צמח נושא פרחים ופרי; ענף פורח; סוככונים – סגור ופתוח.

צֶלַע־הַשּׁוֹר הַדַּקִּיקָה תת־מין טיפוסי (598): צמח נושא פרחים; דו־זרעון; ענף נושא פרי.

צֶלַע־הַשּׁוֹר הַזְּקוּפָה (596): צמח נושא פרחים; דו־זרעון; ענף נושא פרי.

צֶלַע־הַשּׁוֹר הַחֲרוּזָה זן טיפוסי (592): ענפים נושאי פרחים ופרי; עלה כותרת; פרח; דו־זרעון.

צֶלַע־הַשּׁוֹר הַמְעֻרֶקֶת זן טיפוסי (593): צמח נושא פרחים; פרח; דו־זרעון; ענף נושא פירות; חפה של מעטפת.

צֶלַע־הַשּׁוֹר הָעֲרָבָתִית (599): צמח נושא פרחים; חפה הסוכך; דו־זרעון; ענף נושא פירות.

צֶלַע־הַשּׁוֹר הַקְּטַנָּה (594): צמח נושא פרחים ופרי; סוככון; פרח.

צִלְעָן הַגָּלִיל (62): ענפים נושאי פרחים ופרי; פרח.

צְנִינָה קוֹצָנִית (648): צמח נושא פרחים; סוככון צדדי עם עלי מעטפת ומעטפית; דו־זרעון; סוכך מרכזי פורה.

קֶדֶד אֲדוּמִי (116): צמח נושא פרחים; פרי.

קֶדֶד אֲדֹם־פְּרָחִים (109): ענף פורח; פרח.

קֶדֶד אַהֲרוֹנִי (103): צמח נושא פרחים ופרי; פרי.

קֶדֶד אַהֲרוֹנְסוֹן (102): צמח נושא פרי; פרי.

קֶדֶד אַלֶכְּסַנְדְּרוֹנִי (101): צמח נושא פרחים; פרי.

קֶדֶד אָפִיל (79): צמח נושא פרחים ופרי; פרח; פרי חתוך.

קֶדֶד אֶרֶץ־יִשְׂרְאֵלִי תת־מין טיפוסי (89): ענף נושא פרחים ופרי; פרי (מצד הבטן); פרח; פרי של תת־מין יְרוּשַׁלְמִי (a).

קֶדֶד בְּאֵר־שֶׁבַע זן טיפוסי (99): צמח נושא פרחים ופרי; פרח; פרי.

קֶדֶד בְּאֵר־שֶׁבַע זן מְאֹרָךְ (100): צמח נושא פרחים; גביע חתוך ובו נראה פרי צעיר.

קֶדֶד בֵּירוּתִי (91): צמח נושא פרחים ופרי; פרי.

קֶדֶד בֵּית־הַלַּחְמִי (110): ענף פורח; פרח; פרי.

קֶדֶד גְּדוֹל־פְּרִי זן טיפוסי (94): ענפים נושאי פרחים ופרי; פרח; עלעלים.

קֶדֶד דָּלִיל (106): ענפים נושאי פרחים ופרי; פרח.

קֶדֶד דַּמַּשְׂקָאִי זן קֵרֵחַ (78): צמח נושא פרחים ופרי; פרח; חתך בפרי.

קֶדֶד הָאַנְקוֹלִים זן טיפוסי (87): ענף נושא פרחים ופרי; פרח; ענף נושא פירות של זן קְטַן־פֵּרוֹת.

קֶדֶד הָאֶצְבָּעוֹת (92): ענף נושא פרחים ופרי; פרח.

קֶדֶד הַבָּשָׁן זן טיפוסי (118): צמח נושא פרחים; פרי.

עֲרַבְרַבָּה קְטַנַּת־פְּרָחִים (546): ענף נושא פרחים ופרי; הלקט פתוח עם זרעים.

עֲרַבְרַבָּה שְׂעִירָה (545): ענף נושא פרחים ופרי.

פָּגוֹנְיָה דְּבִיקָה זן גְּדוֹל־פְּרָחִים (356): צמח נושא פרחים ופרי; פרי; הלקט פתוח; עלה.

פָּגוֹנִיַּת סִינַי (357): צמח נושא פרחים ופרי; פרי.

פָּגוֹנְיָה עֲרָבִית (362): צמח נושא פרחים ופרי; קטע של ענף; פרי.

פָּגוֹנְיָה צָרַת־עָלִים (358): צמח נושא פרחים ופרי; פרי.

פָּגוֹנְיָה קְטַנַּת־פְּרָחִים (359): צמח נושא פרחים ופרי; פרי; פרח.

פָּגוֹנְיָה רַחֲבַת־עָלִים (355): צמח נושא פרחים ופרי.

פָּגוֹנְיָה רַכָּה זן טיפוסי (360): ענף נושא פרחים ופרי; פרי.

פָּגוֹנְיָה רַכָּה זן מַקְרִיחַ (361a): צמח נושא פרחים ופרי; פירות; פרח; עלה; ענף נושא פרחים ופרי של זן שָׂעִיר (b).

פֶּטֶל לָבִיד זן טיפוסי (17): ענף נושא פרחים ופרי; פרח; עלה כותרת.

פֶּטֶל קָדוֹשׁ (16): ענפים נושאי פרחים ופרי.

פֵּיגָם מָצוּי (427): ענף נושא פרחים ופרי; הלקט; פרח.

פֵּיגָמִית בְּלַנְשׁ (431): צמח נושא פרחים ופרי; פרח; הלקט.

פֵּיגָמִית הַשִּׂיחַ (428): צמח נושא פרחים ופרי; אבקן; שחלה ועמוד עלי; פרח (פתוח); פרח; ענף נושא פרי.

פֵּיגָמִית מְגֻבְשֶׁשֶׁת (432): צמח נושא פרחים ופרי; פרחים; הלקט; חלק מעלה.

פֵּיגָמִית מְגֻבְשֶׁשֶׁת צורה אֲרֻכַּת־עָלִים (432a): ענף פורח; פרח; אבקן; קטע של גבעול ובו נראות הבלוטות; הלקט.

פֵּיגָמִית מְצוּיָה תת־מין טיפוסי (430): צמח נושא פרחים ופרי; קטע של ענף פורח; הלקטים.

פֵּיגָמִית פּוֹר תת־מין נֶגְבִּי (429): צמח נושא פרחים ופרי; פרחים; הלקט.

פַּקְטוֹרוֹבְסְקִיַּת אֲשֶׁרְסוֹן (200): צמח נושא פרחים ופירות תת־אדמתיים; פרח; קטע של ענף עם עוקץ ארוך ופרי תת־אדמתי.

פְּרַנְגּוֹס מְצֻלָּע זן מְכֻנָּף (588): ענפים נושאי פרחים ופרי; פרח.

פְּרַנְגּוֹס שָׂעִיר (589): ענף נושא פרי; דו־זרעון.

פְּרַנְקֶנְיָה מְאֻבֶּקֶת (530): צמח נושא פרחים ופרי; קטע של ענף נושא פרחים ופרי; פרח; גביע; עלה כותרת; הלקט; זרע.

פְּרַנְקֶנְיָה שְׂעִירָה (529): צמח נושא פרחים; עלי כותרת; פרח מלווה בעלים; עלה.

פַּרְסַת־הַסּוּס דַּלַּת־הַתַּרְמִילִים תת־מין טיפוסי (153): ענף נושא פרחים ופרי; פרח.

פַּרְסַת־הַסּוּס הַמַּקְרִינָה (156): צמח נושא פרחים ופרי; פרח; פרי.

פַּרְסַת־הַסּוּס רַבַּת־הַתַּרְמִילִים תת־מין אֵילָתִי (155): צמח נושא פרחים ופרי; פרח; קטע מפרי.

פַּרְסַת־הַסּוּס רַבַּת־הַתַּרְמִילִים תת־מין טיפוסי (154): צמח נושא פרחים ופרי; פרי.

פִּשְׁתָּה אַרְסִית (379): צמח נושא פרחים; פרח.

פִּשְׁתָּה אֲשׁוּנָה זן מְשֻׁבָּל (378): צמח נושא פרחים ופרי; פרח; קטע של ענף נושא פרי.

פִּשְׁתָּה גְּדוֹלָה (380): צמח נושא פרחים; פרחים ללא כותרת.

פִּשְׁתַּת הַחוֹף (376): צמח נושא פרחים ופרי; עלה; פרח; הלקט; קשווה של הלקט עם זרע; זרע.

פִּשְׁתַּת הַמַּכְבֵּד (377): ענף נושא פרחים ופרי; עלה גביע; פרח; גביע פורה והלקט.

פִּשְׁתַּת הָעֲרָבוֹת (375): צמח נושא פרחים ופרי.

פִּשְׁתָּה מְצוּיָה (381): צמח נושא פרחים ופרי; גביע פורה והלקט.

פִּשְׁתָּה צָרַת־עָלִים (374): ענפים נושאי פרחים ופרי; פרח (ללא עלי הכותרת); עלה כותרת; גביע פורה והלקט.

אבקני בחיק עלה מלווה מכל צד בשני פרחים
עליינים; פרח עלייני (חתוך); פרי.

מִתְנָן צָמִיר (489): צמח נושא פרחים ופרי; פרח
עלייני בין עלים; פרח עלייני (חתוך); פרי.

מִתְנָן שָׂעִיר (487): ענף פורח; פרח אבקני; פרח
עלייני.

נַדָּד שַׁעֲמוֹנִי (584): ענפים נושאי פרחים ופרי;
עלה תחתון; דו־זרעון.

נוֹצָנִית כַּדּוּרִית (560): צמח נושא פרחים; סוככן.

נְטוֹפִית הַמִּדְבָּר (483): ענף נושא פרחים ופרי;
פרודות; פרי.

נְטוֹפִית רְפוּאִית (484): ענף פורח; פרודות.

נְטוֹפִית שְׂעִירָה (485): צמח נושא פרחים ופרי;
גביע וגביעון; פרודות.

נִיל דַּל־עָלִים (64): ענף נושא פרי.

נִיל מַכְסִיף (65): צמח נושא פרי; ענף פורח; פרח.

נִירִית הַקָּמָה (605): ענף נושא פרחים ופרי; דו־
זרעון.

נֵר־הַלַּיְלָה הַחוֹפִי (548): ענף פורח; קטע של ענף
נושא פירות ופרי חתוך.

סֶגֶל עָטוּי (493): צמחים נושאי פרחים ופרי;
פרחים. (ציור לפי צמחים שנאספו באירן.)

סֶגֶל צָנוּעַ (494): צמח נושא פרחים; פרחים;
הלקט פתוח עם גביע; זרע.

סֶגֶל שְׁלֹש־גּוֹנִי (491): צמח נושא פרחים ופרי;
הלקט פתוח עם גביע; עלי כותרת (מלמעלה);
גביע.

סֶגֶל תָּמִים תְּת־מִין יְרוּשַׁלְמִי (492): צמח נושא
פרחים ופרי; פרחים; הלקט פתוח עם גביע.

סוֹכְשֵׁךְ מִדְבָּרִי זַן אֲדֹמִי (561): צמח נושא פרחים;
פרי ממרכז הסוכך; פרי מהיקף הסוכך עם
חפה ועלי־גביע חיצוניים; פרח מהיקף הסוכך;
סוככן. (תקן את השם בציור כנ"ל.)

סִיגִית מַבְרִיקָה (563): צמח נושא פרחים ופרי;
דו־זרעון.

סִיסוֹן קֵפֵּחַ (607): צמח נושא פרחים ופרי; דו־
זרעון.

סִירָה קוֹצָנִית (23): ענף פורח; ענף נושא פרי;
פרח זכרי ופרח נקבי.

סֶלְוָדוֹרָה פֶּרְסִית (444): ענף נושא פרחים ופרי;
פרחים.

סַלְסִלַּת הַכַּרְמֶל (644): צמח נושא פרחים ופרי;
פרח; דו־זרעונים.

סַלְסִלָה מְצוּיָה (643): ענפים נושאי פרחים ופרי;
פרח; עלה כותרת; דו־זרעונים מן החזית
ומן הצד.

סַפְלִילָה זְעִירָה (554): צמח נושא פרחים ופרי;
דו־זרעון; פרח.

סַפְלִילָה מְצוּיָה (553): צמח נושא פרחים ופרי;
דו־זרעון.

סַפְלִילָה קְטַנָּה (552): צמח נושא פרחים ופרי;
דו־זרעון.

סְקַלִיגֶרְיָה חֶרְמוֹנִית (619): צמח נושא פרחים ופרי;
דו־זרעון; ענף פורח.

סְקַלִיגֶרְיָה כְּרֵתִית (618): צמח נושא פרחים ופרי;
דו־זרעון.

עֲדָשָׁה מִזְרָחִית (301): צמח נושא פרחים ופרי;
פרי.

עֲדָשָׁה מְצוּיָה זַן קֵרֵחַ (300): צמח נושא פרחים;
ענף נושא פרי; פרי.

עֲדָשָׁה תַּרְבּוּתִית (299): צמח נושא פרחים ופרי;
זרעים מן הצד ומן הגב.

עֲזֶרֶר אָדֹם (28): ענפים נושאי פרחים ופרי.

עֲזֶרֶר חַד־גַּלְעִינִי (30): ענפים נושאי פרחים ופרי.

עֲזֶרֶר קוֹצָנִי זַן טִיפוֹסִי (29): ענפים נושאי פרחים
ופרי; פרח.

עֲטִיָּה זְעִירָה (20): צמח נושא פרחים; ענף עם
קבוצת פרחים בחיק עלה; פרח; פרי.

עֵץ־הַשֶּׁמֶן הַמַּכְסִיף (490): ענפים נושאי פרחים
ופרי.

אֲרַבְרַבָּה מְרֻבַּעַת (547): ענפים נושאי פרחים
ופרי.

מַסְרֵק כּוֹכְבִי (567): צמח נושא פרי; צמח נושא פרחים; פרח; דו־זרעון.

מַסְרֵק מַגְלְנִי (566): צמח נושא פרחים ופרי; ענף פורח; פרח אבקני; פרח פורה; דו־זרעון.

מַסְרֵק שׁוּלַמִּית (564): צמח נושא פרחים ופרי; דו־זרעונים מהצד ומהגב.

מָעוֹג אָפִיל (472): ענף נושא פרחים ופרי; פרי חתוך.

מָעוֹג כְּרֵתִי (473): ענפים נושאי פרחים ופרי; פרודה; עלי כותרת; פרי מלמעלה ומלמטה.

מָעוֹג מְנֻקָּד (471): ענף נושא פרחים ופרי; פרודה; גביעון; פרי בתוך גביע וגביעון; פרי.

מָעוֹג קֵפַּח (470): ענף פורח; עלה כותרת פרודה; פרי.

מַפְרִיק נָפוּחַ (562): צמח נושא פרי; דו־זרעון; ענף פורח.

מָקוֹר־הַחֲסִידָה הָאָרוֹךְ זן גְּדוֹל־כּוֹתֶרֶת (340a): צמח נושא פרחים ופרי; חלק של פרודה; פרודה.

מָקוֹר־הַחֲסִידָה הָאָרוֹךְ זן טיפוסי (340): צמח נושא פרחים ופרי.

מָקוֹר־הַחֲסִידָה הַגָּדוֹל (342): ענף פורח; חלק של פרודה; פרי.

מָקוֹר־הַחֲסִידָה הַגָּזוּר זן טיפוסי (337): ענף נושא פרחים ופרי; חלק של פרודה ובו רואים את הגומה; פרודה; גביע.

מָקוֹר־הַחֲסִידָה הַחֶלְמִיתִי (348): ענף נושא פרחים ופרי; פרח; פרודה.

מָקוֹר־הַחֲסִידָה הֶחָלָק (347): צמח נושא פרחים ופרי; פרח; פרודה.

מָקוֹר־הַחֲסִידָה הַיָּפֶה זן טיפוסי (344): צמח נושא פרחים ופרי; חלק של פרודה; פרודה.

מָקוֹר־הַחֲסִידָה הַמִּדְבָּרִי (339): צמח נושא פרחים ופרי; פרח; פרודה.

מָקוֹר־הַחֲסִידָה הַמַּלְבִּין (334): צמח נושא פרחים ופרי; פרודה.

מָקוֹר־הַחֲסִידָה הַמְעֻצֶּה (335): צמח נושא פרחים ופרי; פרודה.

מָקוֹר־הַחֲסִידָה הַמְפֻצָּל זן טיפוסי (345): ענף נושא פרחים ופרי; פרודה.

מָקוֹר־הַחֲסִידָה הַמְפֻצָּל זן מְאָבָּק (345a): צמח נושא פרחים ופרי; פרודה; פרח.

מָקוֹר־הַחֲסִידָה הַמָּצוּי (338): צמח נושא פרחים ופרי; פרח; פרודה; פרודה ובה נראים הגומה והחריצים.

מָקוֹר־הַחֲסִידָה הַמִּצְרִי זן כַּפְתּוֹרִי (349): ענף נושא פרחים ופרי; פרודה; פרח; עלה כותרת; עלה גביע.

מָקוֹר־הַחֲסִידָה הַנֶּגְבִּי (341): צמח נושא פרי; פרודה; ענף פורח. (צויר לפי צמח מאלג׳יריה.)

מָקוֹר־הַחֲסִידָה הַקֵּרֵחַ (333): צמח נושא פרחים ופרי; פרודה.

מָקוֹר־הַחֲסִידָה הָרוֹמָאִי (336): צמח נושא פרחים ופרי; פרודה.

מָקוֹר־הַחֲסִידָה הַשָּׂעִיר (332): צמח נושא פרחים ופרי; פרודה.

מָקוֹר־הַחֲסִידָה הַתֵּל־אָבִיבִי (343): ענפים נושאי פרחים ופרי; פרודה; חלק של פרודה.

מָקוֹר־הַחֲסִידָה תְּמִים־עָלִים (346): ענף נושא פרחים ופרי; עלה; פרודה.

מַרְבֵּה־חָלָב אֲדֻמִּי (435): צמח נושא פרחים ופרי; זרע; הלקט עם עלי־גביע; כותרת; עלה־גביע פנימי; עלי־גביע חיצוניים.

מַרְבֵּה־חָלָב מוֹנְפֶּלִינִי (433): צמח נושא פרחים ופרי; קטע של ענף נושא פרי; הלקט; עלי; כותרת ואבקנים; פרח פתוח.

מַרְבֵּה־חָלָב רָתְמִי (434): צמח נושא פרחים ופרי; כותרת; פרח פתוח; אבקנים ועמוד עלי; הלקט; זרע.

מַרְקוּלִית מְצוּיָה (388): צמח זכרי בפריחה (משמאל); קטע של ענף פורח; פרח אבקני; צמח נקבי נושא פרחים ופרי (מימין); פרח עליוני; הלקטים.

מִשְׁנֶצֶת קוֹצָנִית (157): צמח נושא פרחים ופרי; פרי.

מַתְנָן מָצוּי (488): ענף נושא פרחים ופרי; פרח

וֶרֶד הַכֶּלֶב זן דּוּר־הַשִּׂכִּים (24): ענף נושא פרחים ופרי; פרח בו נראים: עלי־גביע מופשלים, אבקנים ועליים חופשיים.

וֶרֶד צִידוֹנִי (25): ענף פורח; פרח בו נראים: עלי־גביע מופשלים, אבקנים חופשיים ועליים שזורים יחד.

זוּגָן אָדֹם (365): ענף נושא פרחים ופרי; פרי; פרחים; אבקן.

זוּגַן הַשִּׂיחַ (363): ענפים נושאי פרחים ופרי; פרח.

זוּגָן לָבָן (366): ענף נושא פרחים ופרי; פרח; אבקן; פרי.

זוּגָן פָּשׁוּט (367): צמח נושא פרחים ופרי; פרח; אבקן; פרי.

זוּגָן רָחָב (364): ענף נושא פרחים ופרי; פרח; אבקן.

זוּזִימָה מִדְבָּרִית (646): צמח נושא פרחים; סוכך נושא פרי; פרח; דו־זרעון.

זְנַב־הָעַקְרָב הַשִּׂכְּנִי זן שְׂעַרְעַר (146): צמח נושא פרחים ופרי; פירות של זן טיפוסי (משמאל למטה).

זַצְנִיָּה מִזְרָחִית (354): צמח נושא פרחים ופרי; פרח; פרי.

זַקּוּם מִצְרִי (372): ענף פורח; פרח; פרי.

חֲזֹרֶר הַחֹרֶשׁ (27): ענפים נושאי עלים, פרח ופרי.

חָטְמִית הַגָּלִיל זן טיפוסי (476): ענף פורח; פרי בתוך גביע; פרודה; עלה כותרת.

חָטְמִית זְהֻבָּה זַן קֵרֵחַ (475): צמח נושא פרחים.

חָטְמִית זִיפָנִית (479): ענף פורח; פרי; פרודה.

חָטְמִית מְאֻצְבַּעַת זן טיפוסי (480): ענף פורח; פרודה; עלה כותרת; קטע של ענף נושא פרי.

חָטְמִית מְשֻׂרְטֶטֶת (477): צמח נושא פרחים ופרי; פרי סגור בתוך הגביע והגביעון; עלה כותרת; פרודה.

חָטְמִית נְטוּלַת־כְּנָפַיִם (481): ענף פורח; פרח; פרי בתוך גביע; פרודה.

חָטְמִית עֵין־הַפָּרָה זן טיפוסי (474): ענף נושא פרחים ופרי.

חָטְמִית צְהֻבָּה זן מוֹאָבִי (478): ענף פורח; עלה כותרת; פרי; פרודה.

חָטְמִית קֵרַחַת זן קְצַר־גְּבִיעוֹן (482): ענף פורח; עלה; פרי; עלה כותרת; פרודות.

חֲלַבְלוּב אֲרַם־צוֹבָא (412): ענף נושא פרחים ופרי; כוסית עם אבקנים ופרח עלייני; הלקט; זרע.

חֲלַבְלוּב בֵּירוּתִי (405): צמח נושא פרחים ופרי; כוסית עם אבקנים ופרח עלייני; הלקט; זרע.

חֲלַבְלוּב גַּרְגְּרִי זן טיפוסי (391): צמח נושא פרחים ופרי; קטע של ענף עם עלים נגדיים; כוסית עם הלקט.

חֲלַבְלוּב דָּחוּס (397): צמח נושא פרחים ופרי; הלקט; זרע; כוסית עם אבקנים ופרח עלייני.

חֲלַבְלוּב הַגַּלְגַּל (409): ענף נושא פרחים ופרי; כוסית עם אבקנים ופרח עלייני; כוסית עם הלקט; זרע.

חֲלַבְלוּב הַחוֹף זן טיפוסי (420): ענף נושא פרחים ופרי; כוסית עם הלקט; זרע.

חֲלַבְלוּב הַיָּם (422): ענף נושא פרחים ופרי; זרע; כוסית עם אבקנים ופרח עלייני.

חֲלַבְלוּב הַכַּדּוּרִים (395): צמח נושא פרחים ופרי; כוסית עם אבקנים ופרח עלייני.

חֲלַבְלוּב הַמִּדְבָּר (419): צמח נושא פרחים; כוסית עם בלוטות ופרח עלייני מלווה בעלי תפרחת; כוסית מצדה התחתון.

חֲלַבְלוּב הַשִּׂיחַ (399): ענף נושא פרחים ופרי; כוסית עם אבקנים ופרח עלייני; הלקט; זרע.

חֲלַבְלוּב הַשֶּׁמֶשׁ (404): צמח נושא פרחים ופרי; כוסית עם אבקנים ופרח עלייני; זרע.

חֲלַבְלוּב חָרוּץ (415): צמח נושא פרחים ופרי; זרעים; כוסית עם אבקנים ופרח עלייני.

חֲלַבְלוּב מְגֻבְשָׁשׁ זן טיפוסי (402): ענף נושא פרחים ופרי; הלקט; קטע של ענף פורח.

חֲלַבְלוּב מַגַּלָּנִי זן מְקֻפָּח (414): צמח נושא פרחים ופרי; כוסית עם אבקנים ופרח עלייני; הלקט; זרע.

חֲלַבְלוּב מָצוּי (416): צמח נושא פרחים ופרי;

גַּרְגְּרָנִית מִדְבָּרִית (181): צמח נושא פרחים ופרי; פרי; פרח.

גַּרְגְּרָנִית מוֹאָבִית (184): צמח נושא פרחים ופרי; פרח; קטע מענף עם עלי-לוואי; עוקץ עם פירות.

גַּרְגְּרָנִית מְצוּיָּה תת־מין טיפוסי (197): צמח נושא פרחים ופרי; פרי; פרח.

גַּרְגְּרָנִית מַקְרִינָה (187): ענפים נושאי פרחים ופרי.

גַּרְגְּרָנִית מְשֻׁבֶּלֶת (198): צמח נושא פרחים ופרי; פרי.

גַּרְגְּרָנִית נוֹאֶה (196): צמחים נושאי פרחים ופרי; פרח; פרי.

גַּרְגְּרָנִית נִימִית זן טיפוסי (192): צמח נושא פרחים ופרי; פרח; פרי.

גַּרְגְּרָנִית סוּרִית זן טיפוסי (189): ענף נושא פרחים ופרי; פרח; פרי.

גַּרְגְּרָנִית עֲרָבִית (182): צמח נושא פרחים ופרי; פרח.

גְּרוּיָה שְׂעִירָה (453): ענף נושא פרחים ופרי; גלעין; פרי; פרח.

גֵּרָנְיוֹן גָּזוּר (326): צמח נושא פרחים ופרי; עלה כותרת; פרי; פרודה.

גֵּרָנְיוֹן הָאַרְגָּמָן (330): ענף נושא פרחים ופרי; פרי; פרודה; עלה כותרת.

גֵּרָנְיוֹן הַלְּבָנוֹן (324): צמח נושא פרחים ופרי; פרודה.

גֵּרָנְיוֹן הַפְּקָעוֹת זן טיפוסי (323): צמח נושא פרחים ופרי; פרי; פרודה; עלה כותרת; עלה גביע.

גֵּרָנְיוֹן נָאֶה (325): צמח נושא פרחים ופרי; עלה כותרת; פרודה.

גֵּרָנְיוֹן נוֹצֵץ (331): צמח נושא פרחים ופרי; זרע; פרודה.

גֵּרָנְיוֹן עָגֹל (327): ענף נושא פרחים ופרי; פרח; פרודה; זרע; פרי.

גֵּרָנְיוֹן רַךְ (328): צמח נושא פרחים ופרי; עלה כותרת; זרע; פרי.

גֵּרָנְיוֹן שְׁלֹשׁ־כְּנָפַי זן עָקֹד (329): ענף נושא פרחים ופרי; זרע מצד הבטן (למעלה); זרע מצד הגב (למטה).

דְּבְדְּבָן שָׂרוּעַ 35): ענף פורח; פרחים לפני ההאבקה (מימין) ואחריה (משמאל); פרי.

דִּבְשָׁה אִיטַלְקִית (229): ענף נושא פרחים ופרי; פרי.

דִּבְשָׁה הֲדוּרָה (228): ענפים נושאי פרחים ופרי; פרי.

דִּבְשָׁה הָדִית זן טיפוסי (230): ענף נושא פרחים ופרי; פרח; פרי.

דִּבְשָׁה חֲרוּצָה זן הַמִּזְרָע (227): ענף נושא פרחים ופרי; קטע של ענף נושא פירות צעירים (למעלה); קטע של ענף נושא פירות בוגרים (למטה).

דִּבְשָׁה חֲרוּצָה זן טיפוסי (226): ענף נושא פרחים ופרי; קטע של ענף נושא פרי.

דִּבְשָׁה לְבָנָה (224): צמח נושא פרחים; ענף נושא פרי; פרי.

דִּבְשָׁה סִיצִילִית (225): צמח נושא פרחים ופרי; פרי.

דֹּלֶב מִזְרָחִי (1): ענף נושא פרי; פרח.

דַּל־קַרְנַיִם כַּרְמְלִי (645): צמח נושא פרחים; ענף נושא פרי; דו־זרעון.

דַּפְנָה צָרַת־עָלִים (486): ענף פורח; פרח חתוך לאורכו.

דַּרְכְּמוֹנִית מִצְרִית זן אֶרֶץ־יִשְׂרְאֵלִי (641): צמח נושא פרחים ופרי; סוככון נושא פרי; דו־זרעון דמוי־כד ודו־זרעונים דמויי־דיסקוס.

דַּרְכְּמוֹנִית מִצְרִית זן טיפוסי (640): ענפים נושאי פרחים ופרי; פרח; דו־זרעון דמוי־כד ודו־זרעון דמוי־דיסקוס.

דַּרְכְּמוֹנִית סוּרִית (642): צמח נושא פרחים ופרי; דו־זרעון.

הָגָה מָצוּי (165): ענף פורח; פרי.

הֲדַס מָצוּי (542): ענפים נושאי פרחים ופרי.

הִיבִּיסְקוּס מְשֻׁלָּשׁ (457): צמח נושא פרחים ופרי; זרע; פרי.

הִיבִּיסְקוּס סְגַלְגַּל (456): צמח נושא פרחים ופרי; הלקט פתוח; זרע.

בְּקִיָה צְהֻבָּה זן שָׂעִיר (291): ענפים נושאי פרחים ופרי; פרח; סירה; עלה־לוואי.

בְּקִיָה צָרְפָתִית זן טיפוסי (297): ענף נושא פרחים ופרי; פרח; עלה של זן מְשֻׁנָּן.

בְּקִיָה קְטַנָּה (286): ענף נושא פרחים ופרי; פרחים.

בְּקִיַת קַפְרִיסִין (283): צמח נושא פרחים ופרי; עלה־לוואי; פרח; סירה; משוט.

בְּקִיָה שְׂעִירָה תת־מין טיפוסי (279): ענפים נושאי פרחים ופרי.

בְּקִיָה תַּרְבּוּתִית (295): קטע של ענף נושא פרי של תת־מין טיפוסי (1); ענף בפריחה ופרי של תת־מין צַר־עָלִים (2); ענף נושא עלים ופרי של תת־מין לִבְנִי (3).

בְּקַעֲצוּר הַחֹרֶשׁ (15): צמח נושא פרחים; פרח; פרי בתוך גביע.

בֶּרְגִּיָּה אֲמָנִית (531): צמח נושא פרחים; הלקט פתוח; הלקט צעיר; חלק של ענף פורח.

בֵּרוּלָה זְקוּפָה (620): ענפים נושאי פרחים ופרי; עלה תחתון; פרח; דו־זרעון.

בַּת־חֶלְמִית שְׂרוּעָה (469): צמח נושא פרחים ופרי; פרודה.

גִּבְשׁוֹנִית הַשָּׂדֶה (628): ענף נושא פרחים ופרי; דו־זרעון.

גַּד הַשָּׂדֶה (579): צמח וענפים נושאי פרחים ופרי; דו־זרעון.

גָּזִיר דַּק־עָלִים זן טיפוסי (572): צמח נושא פרחים ופרי; פרח; דו־זרעון.

גָּזִיר הַמִּפְרָקִים (573): צמח נושא פרחים ופרי; דו־זרעון.

גָּזִיר מַזִּיק תת־מין מַאְדִּים (571): צמח נושא פרחים ופרי; פרח; דו־זרעון.

גָּזִיר נָדִיר (570): ענפים נושאי פרחים ופרי; פרח; דו־זרעון.

גֶּזֶר הַגָּנָּה תת־מין קִפֵּחַ (655): צמח נושא פרחים ופרי; פרח; דו־זרעון.

גֶּזֶר הַחוֹף זן טיפוסי (651): ענפים נושאי פרחים ופרי; דו־זרעון.

גֶּזֶר הַיַּרְדֵּן (656): צמח בפריחה; דו־זרעון; ענף נושא פרי.

גֶּזֶר זָהֹב זן טיפוסי (654): ענפים נושאי פרחים ופרי; דו־זרעון.

גֶּזֶר יוֹשֵׁב (653): ענף נושא פרי; דו־זרעון.

גֶּזֶר מָצוּי (650): צמח נושא פרחים ופרי; פרח; דו־זרעון.

גֶּזֶר עָדִין (652): צמח נושא פרחים ופרי; דו־זרעון.

גְּזַרְזוּר דַּקִּיק (574): צמח נושא פרחים ופרי; פרח; קטע של ענף; דו־זרעון.

גְּזַרְנִית הַחוֹף זן טיפוסי (577): צמח נושא פרחים ופרי; קטע של ענף פורח; דו־זרעון.

גַּרְגְּרָנִית בֵּירוּתִית זן טיפוסי (199a): ענף נושא פרחים ופרי (הענף מימין, ולא כפי שסומן בטעות בתמונה).

גַּרְגְּרָנִית גְּלִילִית זן טיפוסי (191): צמח נושא פרחים ופרי; פרח; פרי.

גַּרְגְּרָנִית הַחוֹף (185): צמח נושא פרחים ופרי; פרי.

גַּרְגְּרָנִית הַטַּבַּעַת (188): ענף נושא פרחים ופרי; פרח; פרי.

גַּרְגְּרָנִית הַכּוֹכָב זן טיפוסי (194): צמח נושא פרחים ופרי; עוקץ עם פירות; פרח.

גַּרְגְּרָנִית חַד־פִּרְחִית (195): צמח נושא פרחים ופרי; קטע של ענף נושא פרחים; קטע של ענף נושא פרי.

גַּרְגְּרָנִית יְוָנִית (199): צמח נושא פרחים ופרי; פרח (הצמח שמשמאל המסומן בטעות ב־a).

גַּרְגְּרָנִית יְרוּשָׁלַיִם (190): צמח נושא פרחים ופרי; פרי.

גַּרְגְּרָנִית כּוֹכְבָנִית (186): צמח נושא פרחים ופרי; פרי.

גַּרְגְּרָנִית לִילָכִית (193): ענפים נושאי פרחים ופרי; פרח; פרי.

גַּרְגְּרָנִית מְאֻנְקֶלֶת (183): צמח נושא פרחים ופרי; פרח; פרי.

אֵשֶׁל הַפְּרָקִים (522): ענף נושא פרחים ופרי; חלק של ענף נושא עלים; הדיסקוס עם זירי האבקנים; פרח.

אֵשֶׁל חוֹבֵק (526): ענף פורח; חלק של ענף נושא עלים; פרח; עלה כותרת; עלי; הדיסקוס עם אבקניו.

אֵשֶׁל מְרֻבָּע זן טיפוסי (524): ענף נושא פרחים ופרי; חלק מענף פורח; דיסקוס האבקנים של זן מִדְבָּרִי (מלמעלה); דיסקוס האבקנים של זן טיפוסי (מלמטה).

אֵשֶׁל מְרֻבָּע זן מֵאִיר (524a): ענף פורח; דיסקוס האבקנים עם הזירים; פרח עלייני; פרח יושב על ענף; עלה גביע; עלה כותרת; קטע של ענף נושא עלים.

אֵשֶׁל מִתְנַנִּי זן טיפוסי (527): ענף פורח; הדיסקוס של האבקנים; עלי; פרח; עלה גביע; עלה כותרת; קטע של ענף נושא עלים.

אֵשֶׁל סִינַי (520): ענף פורח; עלה כותרת; קטע של ענף נושא פרח; הדיסקוס עם אבקניו.

אֵשֶׁל עַב־שִׁבֹּלֶת זן פְּלִשְׁתִּי (523): ענף פורח; קטע של ענף נושא פרח; עלה כותרת; הדיסקוס עם אבקניו.

אֵשֶׁל קְטַן־פְּרָחִים זן טיפוסי (525): ענף פורח; עלה כותרת; פרח; עלי גביע; דיסקוס עם אבקניו.

אַשְׁלִיל אֶרֶץ־יִשְׂרְאֵלִי (514): ענף פורח; קטע של ענף נושא עלה וניצן; חתך בעלה; עלה כותרת; פרח; גביע חתוך; אבקנים. (צ״ל אַשְׁלִיל שָׂעִיר זן אֶרֶץ־יִשְׂרְאֵלִי.)

אַשְׁלִיל הַנֶּגֶב (512): ענף פורח; עלה כותרת; אבקנים; שחלה עם עמוד עלי; חתך רוחב בעלה; פרח; גביע חתוך.

אַשְׁלִיל מְסֹרָג (515): צמח נושא פרחים; פרח; הלקט; עלה כותרת; אבקן.

אַשְׁלִיל שָׂעִיר (513): ענף פורח; פרח; עלה כותרת; אבקנים; גביע חתוך; קטע של ענף צעיר; קטע של ענף נושא עלה וניצן; חתך רוחב בעלה.

בַּהַק עַקְרַבִּי (351): צמח נושא פרחים ופרי; פרח; חלק של פרודה; עלה גביע מבפנים; עלה גביע מבחוץ.

בַּהַק צָחֹר (350): צמח נושא פרחים ופרי; פרודה.

בִּיבֶּרְשְׁטַיְנִיָּה שְׂסוּעָה (322): ענף פורח; שורש; עלה; פרח.

בֶּן־סִירָה קָטָן תת־מין מְיֻבָּל (22): ענף פורח; עלה; פרי; פרחים אבקניים; פרח עלייני ופרח דו־מיני.

בִּקְיָה אֲנָטוֹלִית (296): ענפים נושאי פרחים ופירות.

בִּקְיָה אֶרֶץ־יִשְׂרְאֵלִית (280): ענף נושא פרחים ופרי; פרח; סירה.

בִּקְיָה דַּקִּיקָה (288): צמח נושא פרחים ופרי; פרח.

בִּקְיָה דַּקַּת־עָלִים (278): ענפים נושאי פרחים ופרי (שתי צורות).

בִּקְיַת הַבִּצּוֹת (289): ענפים נושאי פרחים ופרי.

בִּקְיַת הַגָּלִיל תת־מין טיפוסי (298): ענפים נושאי פרחים ופרי.

בִּקְיַת הַחוּלָה (281): ענף נושא פרחים ופרי; פרח; קטע של ענף עם עלי־לוואי.

בִּקְיַת הַכִּלְאַיִם (293): צמח נושא פרחים ופרי; משוט; סירה; גביע; קטע של ענף עם עלי־לוואי; פרי.

בִּקְיַת הַכַּרְשִׁינָה (285): ענף נושא פרחים ופרי; פרח; סירה; משוט.

בִּקְיַת הַמֶּשִׁי זן טיפוסי (292): צמח נושא פרחים ופרי.

בִּקְיָה חֲדוּדָה (294): צמח נושא פרחים ופירות צעירים; עלי־לוואי; גביע; ענף נושא פרי; זרע. (צויר לפי צמח מתורכיה.)

בִּקְיַת יִזְרְעֶאל (282): ענפים נושאי פרחים ופרי; פרי.

בִּקְיָה מְדָרְבֶּנֶת זן טיפוסי (284): צמח נושא פרחים ופרי; פרח; סירה.

בִּקְיָה מְצוּיָה (290): ענפים נושאי פרחים ופרי; פרח.

בִּקְיָה עֲדִינָה (287): ענף נושא פרחים ופרי; פרח.

אַסְפֶּסֶת הַחוֹף זן טיפוסי (215): צמח נושא פרחים ופרי; פרח; פרי.

אַסְפֶּסֶת הַחִלָּזוֹן זן טיפוסי (221): צמח נושא פרחים ופרי; מראה השטח העליון של כריכה אמצעית; פרי.

אַסְפֶּסֶת הַיָּם (205): ענף נושא פרחים ופרי; פרי.

אַסְפֶּסֶת הַכְּתָרִים (210): צמח נושא פרחים ופרי; פרי.

אַסְפֶּסֶת זְעִירָה (203): צמח נושא פרחים ופרי; פרחים; פרי.

אַסְפֶּסֶת כַּדּוּרִית (218): צמח נושא פרחים ופרי; פרי.

אַסְפֶּסֶת מְפֻצֶּלֶת זן טיפוסי (211): צמח נושא פרחים ופרי; פרי; השטח העליון של כריכה פנימית בפרי; ענף נושא פרחים ופרי של זן קְצַר־שְׁכִים (a).

אַסְפֶּסֶת מְצוּיָה זן טיפוסי (213): ענפים נושאי פרחים ופרי; פרי; השטח העליון של כריכה אמצעית; פרחים.

אַסְפֶּסֶת מְצֻיֶּצֶת (201): צמח נושא פרחים ופרי; פרי.

אַסְפֶּסֶת מְקֻמֶּטֶת (207): ענף נושא פרחים ופרי; פרי; השטח העליון של כריכות הפרי.

אַסְפֶּסֶת מְשֻׂוֶּרֶת זן רִיסָנִי (222): ענפים נושאי פרחים ופרי.

אַסְפֶּסֶת עֲדַשְׁתִּית (202): ענף נושא פרחים ופירות.

אַסְפֶּסֶת קְטוּעָה זן אֲרוֹךְ־שְׁכִים (216): צמח נושא פרחים ופרי; פרי.

אַסְפֶּסֶת קְטַנָּה (212): צמח נושא פרחים ופרי; פרח; פרי.

אַסְפֶּסֶת קְעוּרָה (206): ענף נושא פרחים ופרי; פרח.

אַסְפֶּסֶת שְׁכָנִית (219): צמח נושא פרחים ופרי; פרי.

אַסְפֶּסֶת תַּרְבּוּתִית (204): צמח נושא פרחים; פרח; ענף נושא פרי; פרי.

אַסְתּוֹם מָצוּי (581): צמח וענפים נושאי פרחים ופרי; פרח; דו־זרעון.

אָפוּן מָצוּי זן טיפוסי (317): צמח נושא פרחים ופרי.

אָפוּן נָמוּךְ (316): ענפים נושאי פרחים ופרי.

אָפוּן קִפֵּחַ (315): ענפים נושאי פרחים ופרי.

אַרְבַּע־כְּנָפוֹת מְצוּיוֹת (142): ענף נושא פרחים ופרי; קטע של ענף נושא פרי; פרי חתוך.

אַרְבַּע־כְּנָפוֹת צְהֻבּוֹת (141): צמח נושא פרי; קטע של ענף נושא פרחים.

אֶשְׁחָר אֶרֶץ־יִשְׂרְאֵלִי (446): ענף נושא פרי; עלה; פרח עלייני; פרח אבקני.

אֶשְׁחָר דּוּ־זַרְעִי (445): ענף נושא פרי; ענף פורח; עלים מצדם התחתון והעליון; בית־גלעין; פרח.

אֶשְׁחָר מְנֻקָּד (447): ענף נושא פרי; חלק מענף (מוגדל); בית־גלעין; עלה מצדו התחתון; פרח צעיר; ענף פורח.

אֶשְׁחָר רְחַב־עָלִים (448): ענפים פורחים; פרחים; ענף נושא פרי.

אֵשֶׁל אֶרֶץ־יִשְׂרְאֵלִי (518): ענף פורח; פרח; עלה כותרת; דיסקוס האבקנים עם הזירים.

אֵשֶׁל הַיְאוֹר זן אֵילָתִי (521b): ענף נושא פרחים ופרי; דיסקוס האבקנים עם אבקנים; פרח; עלה כותרת; הלקט; חלק של ענף נושא עלים.

אֵשֶׁל הַיְאוֹר זן טיפוסי (521): ענף נושא פרחים ופרי; הלקט פתוח; עלה כותרת; חלק של ענף נושא פרח; דיסקוס האבקנים עם הזירים.

אֵשֶׁל הַיְאוֹר זן קְטַן־פְּרָחִים (521a): ענף פורח; פרח; עלה כותרת; דיסקוס האבקנים עם אב־קנים.

אֵשֶׁל הַיַּרְדֵּן (519): ענף פורח; דיסקוס האבקנים עם אבקנים; פרח; עלה כותרת.

אֵשֶׁל הַכִּנֶּרֶת (517): ענף פורח; חלק של ענף נושא פרח; עלה כותרת; עלה גביע; דיסקוס האבקנים עם הזירים; חלק מענף נושא עלים.

אֵשֶׁל הַנֶּגֶב (516): ענף פורח; פרח יושב על הענף; עלה כותרת; דיסקוס האבקנים עם הזירים.

אֵשֶׁל הָעֲרָבָה (582): ענף נושא פרחים ופרי; פרח; עלה כותרת; קטע של ענף נושא פרח צעיר; הדיסקוס עם אבקניו.